曹 操

（155—220年）

字孟德

东汉末年杰出的

政治家

军事家

文学家

······

复旦百年人类学丛书之二

追根寻迹

探寻"曹操墓事件"背后的真实

吴苡婷

著

上海科学技术出版社

推荐语

科技记者，除完成正常的新闻报道外，还有一项神圣的使命——科学普及。要做好科学普及工作，需要具备探求科学之谜的自觉性、求新学习的主动性、攻坚克难的坚韧性、热心工作的执着性。作者正是凭这四点，从错综复杂、千头万绪的史料中理出头绪，从纷繁的政治、科技、人文的史实中找到真相，扫除"七十二疑"的种种疑难，带领读者了解"曹操墓事件"。

——中国科技新闻学会顾问、全国优秀科普作家 徐九武

经过考古学家多年的努力，传说有"七十二疑冢"的曹操墓终于确定了具体位置。本书介绍了基因科学的前沿知识，同时用社会科学的方法论阐述了历史事实，有力地说明了将自然科学与社会科学的融合是发现历史规律、抓住真理的必由之路。

——上海大学终身教授 邓伟志

科学与人文，无时不在，无处不有，察之不尽，言之不竭。在揭晓曹操墓真伪之谜的道路上，作者从科学与人文的视角，孜孜不倦地探索，为世人展现出一个逻辑严密、内涵丰富的推理过程。

——天文学家、上海科普作家协会终身名誉理事长、资深科技出版人 卞毓麟

零星、孤立、分散的知识是信息，组织起来的知识是科学。作者正是这样一位优秀的组织者。

——作家、电视导演、制片人 赵致真

一个新闻工作者应该站在客观公立的角度去辨析一个充满矛盾的社会现象，尽可能给公众一个明确的答案。本书是一位在新闻战线上工作多年的科技记者经历了多年探寻，分析归纳后撰写的科学人文图书，也是从第三方视角对当年那段喧嚣岁月有深度和高度的总结报告。

——《科技日报》上海记者站站长、高级记者 王春

吴苡婷

上海大学社会学硕士、《上海科技报》主任记者、中国科技新闻学会科技传播理论研究专委会理事、中国科学技术协会"科普中国"专家、上海理工大学新闻与传播方向联合培养单位硕士研究生导师。

在20多年的科技记者生涯中，撰写了几百万字的科技报道，大量新闻作品获得良好的社会效益和经济效益。曾获上海新闻奖、全国科技传播优秀新闻作品奖、全国科技报系统优秀作品奖、上海科技新闻奖、上海教育新闻奖等40多个新闻奖项，发表论文近20篇。主办的"科坛春秋"自媒体号总阅读量近2亿次。

楔子

- 河南安阳西高穴大墓究竟是不是曹操高陵？

- 古邺城有两座曹魏王陵，为何西高穴大墓不是曹魏末代皇帝的王原陵？

- 洛阳西朱村大墓为何是魏明帝曹叡之墓？

- 西高穴大墓中百件文物背后是否有故事？

- 距离曹操高陵 7.5 千米的西门豹祠蕴含了哪些信息？

- 西晋文学家陆机与陆云的书信中为何会有大量曹操遗物的信息？

- 几座疑似曹操墓中，究竟哪一座是真的？

- 规制问题为何是判断曹操墓真假的重要依据？

- 号称有铁证的造假质疑者居然是网上通缉犯？

- 线粒体和 Y 染色体的测定有何不同？

- 古 DNA 和现代 DNA 的检测有何不同？

- 为何曹操后人的 Y 染色体 DNA 倒推，能得到曹操的遗传信息？

- 为何当年曹操遗骨的测定没有完成？

- 西高穴大墓发掘后为何会出现轩然大波？

- 曹操墓造假的"社会流瀑效应"是怎样形成的？

关于曹操墓的众多疑问，都可以在本书中找到答案。

序一

复旦大学校长
中国科学院院士

金力

1953 年，英国剑桥大学的詹姆斯·沃森和弗朗西斯·克里克发现一个绝美而简单的事实——DNA 呈双螺旋状结构。这一发现震惊了全世界，两人因此获得诺贝尔生理学或医学奖。这一发现也开启了基因科学研究的序幕。

20 世纪 90 年代，我有幸参与了人类基因组计划，之后又在基因组水平深入解析了东亚人群的遗传多样性特征，并阐明了东亚人群多个性状的适应性变异的分子遗传学基础，在基因科学领域做了一些基础性的工作。回国后，我在复旦大学继续开展相关研究工作。2007 年，我主持的"Y 染色体多态性与东亚人群的起源、迁徙和遗传结构的研究"项目获得了国家自然科学奖二等奖。

2009 年末，河南安阳发现曹操墓的消息传来，全国为之震动，但曹操墓的最终认定过程非常波折，其中充满了学术争议。

2010 年年初，复旦大学迅速组成跨学科的科研团队，介入曹操 Y 染色体的推断工作中。我们广泛征集曹操的后裔，开展了全国性的基因提取工作。经由复旦大学生命科学学院伦理委员会通过，根据知情同意的原则，在全国各地采集了 79 个曹姓家族的 280 个男性和其他姓氏的 446 个男性外周血样本。

最后，复旦大学科研团队从样本中获取了染色体单倍群 O2-F1462，并与曹操叔祖父曹鼎的遗骨 Y 染色体单倍群成功对应，这一工作的科学性从而得到证明。我们也找到了 Y 染色体 6 000 万个碱基对每一代位点发生突变的规律。在之后的研究中，我们基于曹操 Y 染色体研究工作获得的成果又陆续解决了很多历史疑难问题。

历史学与基因科学正不断地亲密靠近，科学与人文之间从没有如此接近。复旦大学在曹操墓的跨学科研究中得到很大收获。2014 年，复旦大学筹备发起"人类表型组"国际大科学计划。科学界希望通过全景表型测量与数据汇算分析，帮助人们最终弄明白从基因到各尺度表型特征的关联机制及其对人体健康与疾病的影响。人类表型组计划的科学发现，最终将支撑人类更加精准地干预和治疗疾病，调控和管理健康。

十多年来，围绕曹操墓的各种争论很多，学术论文也不少，还有铺天盖地的新闻报道。虽然西高穴大墓为曹操墓的事实已经被越来越多的考古工作者所接受，但是很多国人只是通过报刊媒体的报道片段性地知悉，而对这个全国瞩目、世界关注的考古事件全貌缺乏整体了解，难以理性、全面思考，也不清楚该事件的后续发展。

《追根寻迹——探寻"曹操墓事件"背后的真实》正好填补了这个缺憾。本书作者有多年的科技新闻工作经验，曾参加复旦大学当年召开的多次新闻发布会，并深入科研第一线采访。书中详述了曹操墓发掘的来龙去脉，对大量的历史事实进行了清晰梳理，从人类几百万年前的进化史讲到波澜壮阔的曹魏时代，并且延伸到近代，时间跨度非常大。值得一提的是，本书对基因科学进行了扎实的科普工作。此外，本书还从社会学角度对"曹操墓事件"进行了客观和理性的分析，内容横亘古今和中外，具有一定的深度。

序二

中国社会科学院学部委员

刘庆柱

2009 年 12 月，我受邀请前往西高穴大墓进行考察。当时，已经有一批考古专家对其主人的归属进行了探讨。我们之所以判断这座大墓为曹操墓，并不是一时兴起，而是有着较为严密的论证。但是在之后的岁月中，学术问题逐渐被社会化，一个考古事件被弄成一个文化事件。

初次见到吴苡婷女士是在 2018 年 1 月，当时我受邀参加复旦大学生命科学学院人类遗传学与人类学系成立仪式，她向我提了很多问题。说实话，我对记者心存戒备。但是与吴苡婷女士接触下来，我发现并非是我脑海中固有的形象，她认真地阅读文献，小心翼翼地求证，并不是人云亦云地轻易下结论。后来，她只身去安阳曹操墓现场调研，结束后又和我探讨交流了很多问题。

这本科普人文著作从一个专业新闻记者的视野，回溯那一段喧嚣过往，生动通俗地回答了当年社会公众对"曹操墓事件"的一些疑问，读者可以从其中获得自己想要的满意答案。

复旦大学历史系教授

韩昇

2010 年一开年，网络上排山倒海般的热议倏然而起，围绕着考古队宣布在河南安阳发现曹操墓究竟真否而展开。一个考古发现演变成为网络热点话题，反映的是社会大众对考古的关注，背后则是高昂的文化热情。当时，我虽然对此有所关注，却没想到竟然会与我相关联，并且演变成为文理跨学科的"历史人类学"的生成。

十多年过去了，往事依稀。记得 2010 年元月的一天，时任复旦大学宣传部副部长方明来电，问我是否有兴趣研究曹操墓。这正是我的研究领域，所以没有犹豫就答应了。很快和生命科学院李辉教授会面，大约一个小时，我们便确定了研究方向和分工路径，分头组织起历史学、考古学、人类学、语言学和现代人类学教育部重点实验室等校内外多学科专家，开会进行学术研讨、完善研究方案。学校也向媒体透露，复旦大学曹操墓的研究工作启动。记者云集而来，全国各大报刊媒体皆有报道，大家最关心的就是墓中埋葬的真是曹操吗？

我们的底气在于复旦大学是中国现代生物遗传学科的奠基校，谈家桢院士创建的遗传学国家重点实验室的研究水平不言而喻。后有金力院士创建现代人类学教育部重点实验室，自从 20 世纪 90 年代以来坚持不懈地进行东亚人群的基因调查与研究，积累了全球最丰富的东亚人群基因库。当初，我们想得比较简单，只要从安阳大墓尸骨提取基因，便可一举判明。在此基础上推进 DNA 鉴定在历史学和考古学的运用等。这条路才开步就碰壁，却给了我们以转机：能否从现代人身上，结合历史文献、家谱方志，探索出追寻祖宗传承谱系的研究新路。如果这条路走通了，那就叩开了全新的学术世界大门，以后小到历史人物，中到家族部落，大到民族的基因谱系，皆可通过历史与科学相结合的手段得到确切的证据。在会议室内，我们一次次展开热烈讨论。当时启动时的真实写照是，设想十分超前，前景却迷雾重重。

意想不到的事情密集发生，紧接着就有电话打进来，一群姓"操"的村民告诉我们，为了避开仇家的追杀，这群真正的曹操后人改姓换名，用曹操的名字做姓，请求验证。还有号称曹操真实本家的夏侯氏，以及分散于全国各地的曹氏家族。之后，来电铺天盖地，无时无刻，不舍昼夜。有支持的、提供线索的，还有质疑和批评的。

面对各种声浪，我仅做了一件事情，就是把批评记录下来。往往就是批评指出了我们的盲点，值得珍视。当时，网上流传一句话："喂，复旦喊你去验基因。"

复旦真的喊你去验基因。我们成立多个团队，分头到上海图书馆查阅"浩瀚"的家谱，绘制现代曹氏的分布地图，并根据地图奔赴各地采集基因。有人抬出深埋于地下的族谱；有号称宋代南迁于深山之中的纯正曹氏家族兄弟相携而来，讲述各种匪夷所思的口述传承故事，那股热情与真诚挥之不去。实地采集基因让我的飞行体验增多，飞机时常晚点，中午候机，凌晨才到达，筋疲力尽却兴奋难眠。有人半是关心半是打趣对我说："都是年轻时做田野考古，哪有你这把年纪才奔波于田间地头。"无奈啊，历史本来与考古密不可分，谁叫我年轻时没有田野考古的历练，只好老来补课了。人生没有能够省略的近道，该补的都得补，或许这就是天意。

这番历练确实改变了我。之后，我们继续进行许多项目研究，在山林原地、悬崖绝壁，从当年战争的现场采集尸骨，使我对历史的认识从理论还原到实践，经验启发了感悟，进而沉思。中古玉壁战场的尸骨堆积到与城同高，让人切身感受到战争的危害。各部族战士尸骨，各地墓葬发掘出来的尸骨，通过提取基因可去追寻他们的来龙去脉。与历史文献的交相印证，同现代人类基因研究结合，我们要一点一点地积累，最终做成中华民族形成的谱系。历史学和分子生物学从平面拼合到立体融合，是一个随着研究不断深入的过程。从跨学科合作开始，我们心心相印，坚持携手走在路上，就像《诗经》说的"执子之手，与子偕老"，就这样走成一个崭新的历史人类学科。

感谢吴苡婷女士为我们回放这段历程。她用细腻的笔触将历历往事娓娓道来，清晰而生动。在"新冠"疫情期间，一天夜晚，我接到她从河南安阳打来的电话。她将通过现场采访当事人得知的、我们未曾了解的情况告诉我。新闻媒体人的责任感驱使她冒着危险，不顾辛劳，反复多次深入现场进行细致调查，全面记录曹操墓发掘的过程。她站在观察者的立场，把考古、历史、DNA 等各方研究者的视角、方法和讨论综合起来，立体地再现从一件考古发掘事件到一个崭新学科诞生的风雨历程，曲折真实，引人入胜。

曹操墓发掘恐怕是中国考古学建立以来学科参与最多的个案，因为要讲清楚其中的关系和揭示奥秘，需要多学科知识的支撑。吴苡婷女士为此向各方面专家请教，猛补新知识，付出了巨大的努力，甚至中途患病也不曾放弃，历时多年才完成本书的写作，那种毅力和精神，令人称道。这本来之不易的著作回答了社会大众提出的许多疑问，妙趣横生。多一些这样的书，将极大地拉近读者与研究者之间的距离，搭建起学术传播的桥梁，善莫大焉。

是为序。

序四

河南省文物考古研究院研究员
曹操高陵考古队队长
潘伟斌

作为曹操高陵考古项目领队、考古队队长、曹操墓的发现者，我亲历了曹操高陵考古的全过程。一路上充满了艰辛。我没想到曹操高陵的考古发现会引发很大的社会反响。

也是命运使然。早在 2004 年，我受中国青年出版社林栋先生所邀撰写了《魏晋南北朝隋陵》一书，对三国魏晋南北朝至隋代的帝王陵墓以及丧葬制度进行过深入的研究。曹操高陵是该书的重要内容之一，书中有我关于曹操高陵可能在邺城之西漳河两岸的论述。这段学术积累为我后来当场判断安阳古墓为曹操陵墓、主张对该墓进行抢救性发掘打下了理论基础。抢救曹操墓是考古工作人员的责任和历史使命。曹操在历史上颇受争议，他的陵墓有敏感性，因此在发掘过程中，我们非常低调，制定了严格的保密纪律，为的是避开外界干扰，顺利完成任务。

曹操高陵曾经多次被盗，许多文物已流失，能否找到该墓是曹操墓的证据并构建起证据链是最大的挑战。我将注意力集中放在墓葬本体的考古上。在发掘过程中，我特别注意墓葬的开口层位、是否封土、墓葬的方向、墓葬的结构等，生怕遗漏任何信息。

河南安阳西高穴曹魏高陵先后荣获"2009 年度全国十大考古新发现""2009 年中国六大考古新发现""2009 年度河南省五大考古新发现"等奖项，很多人认为得到这些奖是本人的幸运。其实，具体的情况是这样的：2006 年，我正负责一个配合南水北调中线工程总干渠的考古项目，脱不开身。为呼吁有关方面对该墓及时进行抢救性发掘，避免继续被盗被损，我专门撰写了《曹操高陵今何在》一文。文中，我论述了自己的判断，明确表达了不想亲自发掘这座墓的想法。这篇论文并没有引起大家的重视。等固岸北朝墓地发掘结束后，我终于腾出手来，进驻西高穴村，对这座被盗墓进行发掘。

不出所料，安阳发现曹操墓的消息在社会上引起了巨大轰动。由于种种原因，同时也冒出许多质疑的声音。背后的原因很复杂。我保持沉默，避免受到各种因素的打扰，顶住各种压力，将科研工作继续下去。

沉默是金，不慕名利，踏踏实实做学问，是我的追求。

曹操墓发现12年后的2021年12月末，我突然接到一个陌生电话，是《上海科技报》吴苡婷女士打来的。从通话中得知她在这样寒冷的冬天，不远千里，独自跑到曹操墓现场，想探寻有关曹操墓发掘论证背后的故事，打算将它们一一记录下来。尤其知道她为了记录曹操墓的各种细节，已经默默准备了多年，收集了大量资料，并阅读了我发表的大量文章，我十分感动。

吴女士做事十分认真，不道听途说、以讹传讹，每个细节都要进行认真考证，这种精神是值得赞许的，难能可贵。她是一个真正关心曹操墓的人。作为曹操墓整个事件的亲历者、曹操墓的发现者，我理应对她提供帮助。

第一次通话，我们就聊了一个多小时，仿佛是多年未见的老朋友。关于曹操墓，我们有许多共同的话题，我没想到她竟然了解那么多有关曹操墓的事情。虽然至今我们还未谋面，但是每次通话都有聊不完的话题。因此，我相信她执笔，一定会客观地写出许多曹操墓背后不为人知的故事。相信读者通过阅读这本书，会对曹操墓的考古发掘过程以及"曹操墓事件"背后的故事有深入的认识，对当年考古人员所处的环境有更深刻的理解。希望全国的读者了解今天的考古，明辨是非，有自己的坚持，持续关心和支持我们的考古事业。

对吴苡婷女士的这部书，我充满着期待！

序五

上海科普作家协会荣誉理事
高级记者

江世亮

　　基因科学是今天全球的前沿科学，也是大众十分感兴趣的科学领域，它不仅可以溯源个人的遗传信息，也可以治疗一些疾病。

　　十多年前，"曹操墓事件"令人瞩目，吸引了全国人民的目光，专家的探讨持续了很多年，舆论多次掀起高潮。人们对曹操墓真假的最后判定翘首以待，然而迟迟未等来最后的结果，媒体上各种讨论也慢慢消散，但是大家心中还是存在疑团。本书的工作就是回答许多疑问，也让读者看到了整个事件的原貌。

　　近年来，全国的科普工作都在蓬勃发展中，一批优秀的科技记者和编辑也开始加入其中，他们运用自己的专业素养和知识积累为公众进行科学普及。就上海科普作家协会来说，协会目前就聚集了相当一批在科学技术专业上学有建树且对科普创作情有独钟的专家、学者，从事科普创作和科普创作理论研究的作者、译者、摄影美术、影视编创、展教研发工作者，以及编辑、记者、编导等。大家在自己的本职工作之余积极参与科普工作，本书作者也是其中的代表之一。积极参与科普工作，对中国科技创新氛围的提升，对上海建设全球科创中心的推进工作，都有积极的意义。

前言

2009 年年末西高穴大墓的发掘事件惊动了神州大地。围绕墓主是否为曹操的问题，全国上下争议不断，DNA 鉴定的呼声此起彼伏，自然科学偶然获得了进入历史人文领域的机会，一扇厚重的大门被徐徐推开。这在中国考古史和中国科学史上都是一个值得纪念的时间节点，基因科学第一次被作为工具用来破解中国历史上的谜案。整个探究历程充斥着观点的碰撞、利益的纠葛、人性的繁复等，很难一下子看清迷雾背后的真相。

一个偶然的机会，让我能再度走进那个纷繁的岁月中去探究事实的本来面目，探寻大众心中各种疑问的答案。

在写作中，我翻阅了大量的一手资料，实地走访了位于河南省安阳市西高穴村的曹操高陵遗址，采访了多位亲历"曹操墓事件"的专家学者。

我的初衷是希望从历史事件出发，从科学角度释疑，以科学人文为切入点，还原复旦大学科研团队和河南高陵考古队探究"曹操墓"真相的整个过程，以及其中发生的各种碰撞。

在深入其中调查的同时，我也尽量希望自己能够"置身事外"，站在宏观层面，以社会学的视角审视"曹操墓事件"中的各种争议，深入探讨诸如为什么西高穴大墓"阴谋论"的推断会被广泛认同，当时考古科普是否缺位，以及如何防范科学主义等问题；并以一个媒体人的视角，对当时媒体报道的特点和存在的失误进行解读和剖析。

各种努力的目的是希望全国的读者在阅读中能获得令人满意的答案，在中国人文历史中来一次心灵畅游。

我从小酷爱阅读历史书，高中时代又非常迷恋生命科学，立志能探索人类基因科学的秘密，成为一名生命科学领域的科学家。之后，"阴差阳错"地完成了科技档案方向的本科学习，毕业后又攻读了社会学硕士学位。我在科技记者的工作岗位上工作了近20年，与复旦大学生命科学学院的科学家们有了密切的工作联系，由此有机会触及这一重要历史事件的真实情况。

　　追根寻迹，希望我的努力能为中国考古学、中国人类学，以及科技考古工作尽一份绵薄之力。

目录

目录

第五章　答案呼之欲出 / 205

安阳市人文地图

第一章 『曹操墓』的出现

2009年，在豫北平原一个不起眼的小村庄中，沉睡千年的曹操墓在毫无征兆的情况下呈现人间，它的出现引发了全国上下多年的口水战，考古学家、历史学家、遗传学家等纷纷介入其中，是非曲直争议不断，一场瞩目的喧嚣就此拉开帷幕。

第一节　一声炸雷平地起

虽然河南省安阳市历史悠久，但相比中国其他闻名遐迩的城市，知名度还是低了点。然而，曹操墓的发现如一声炸雷，让安阳进入了全国人民的视野中。

一、走进中国历史文化名城——安阳

安阳市，位于河南省最北部，地处山西、河北、河南三省交界处，人口数量近600万。从经济角度看，它并不十分突出。安阳钢铁集团公司、安彩集团公司是安阳市的经济亮点，两个公司都进入过中国企业500强榜单。其他产业还有冶金建材、装备制造、煤化工、食品医药、纺织服装、电子信息、新能源等。2019年年底，全市共有规模以上工业企业861家，年营业收入亿元以上企业182家。目前，安阳市正着力打造新能源汽车及零部件、高端装备制造、精品钢及深加工、文化旅游四大

安阳市景

安阳博物馆

主导产业。按如今中国城市经济社会发展的衡量标准，安阳就是个三四线城市。

但是，如果走进中国的历史长河，你会惊讶地发现，安阳市竟然是中国八大古都之一，曹魏、后赵、冉魏、前燕、东魏、北齐都以此为都城。远古传说时期"三皇五帝"中的颛顼、帝喾二帝虽然在帝丘（今濮阳）和亳（今商丘）建都，但是都葬在安阳。世人瞩目的殷墟遗址在安阳市，位于小屯村的殷墟遗址包括了殷墟王陵遗址、殷墟宫殿宗庙遗址、洹北商城遗址等。商王朝第二十三任王武丁的第一任王后妇好女将军的墓地也在安阳市。安阳市出土了大量的甲骨文，年代最早的《易经》就在这里出土。联合国教科文组织将殷墟列入了世界文化遗产名录。国宝级文物——后母戊鼎（又称司母戊鼎）1939年出土于安阳市武官村，它是已知中国古代最重的青铜器。

安阳还是战国时期政治家、法家代表人物商鞅和南宋军事家、名将岳飞的故乡，成就"完璧归赵"佳话的蔺相如也是安阳人，中国首位女航天员刘洋同样出生在这片土地上。

既然安阳是一座历史名城，旅游资源理应非常丰富。但事实上这座历史名城的旅游事业并不发达，中国知名旅游门户网站的各种旅游线路上，几乎看不到安阳的名字，河南省最热门的景点是少林寺景区，古都洛阳、开封则是国家著名的旅游城市。

鲜为人知的是安阳还有一个古老的名字——"邺城"，但是该名字与另一处——河北省邯郸市临漳县的古名相同，两者之间隔了一条漳河。

安阳钟楼夜市

安阳仓巷街夜市

安阳市北郊西高穴村中靠近漳河的田地

根据历史记载，两汉三国时代的邺城城池初建于春秋时期，相传为齐桓公所筑。公元前 439 年，魏文侯封邺，把邺城当作魏国的陪都。战国时，西门豹为邺令。大家耳熟能详的西门豹破除"河伯娶妇"的迷信习俗的故事就发生在邺城。后来，西门豹在邺城发动民众开凿了 12 条运河，引河水灌溉民田，令邺城的大片田地成为旱涝保收的良田。这些运河后来被称为西门豹渠。

204 年，曹操击败袁绍攻入邺城，之后开始大规模修建邺城。据考古学家考证，两汉三国时代邺城的具体位置就在今天河北省临漳县香菜营乡、习文乡和河南省安阳市安丰乡一带。

古邺城早已消失在历史的尘埃中。北周大象二年（580 年），杨坚为了打击反对自己的势力，下令火焚邺城，之后又下令拆毁邺城，很多邺城居民逃离南迁至附近的安阳城，安阳一带渐渐成为这一地区的行政中心，而邺城也降格为邺县，由安阳城进行管理，邺城就此没落。

河北省临漳县的旅游资源很丰富，邺城遗址于 2011 年入选中国十大最具文化创意旅游目的地；铜雀三台遗址公园获"2012 年亚洲旅游业金旅奖""最具文化特色风景名胜区"和"最具投资价值旅游景区"大奖。尽管如此，临漳县的旅游知名度依旧不高，旅游门户网站上也未见临漳县的特色旅游线路。

安阳县西北部的安丰乡就在古代邺城辖区内，与河北省临漳县为邻。当时，安阳县的主要支柱产业还是农业，其县志上记载它曾多次被安阳市评为特色农业（畜牧）乡镇。当地老百姓的生活并不富裕，但是历史资源丰富，地下有很多古墓葬。

十多年前，这里的盗墓案件较多。备受质疑的安阳西高穴大墓也涉及盗墓案件，开始进入当地文物管理部门的视野。

二、除夕夜的一次盗墓事件

除夕夜是一个除旧迎新的日子，家家户户都围坐在一起吃年夜饭。安阳市安阳县安丰乡西高穴村却突然响起了一声"炸雷"，老百姓虽然觉得这声巨响和春节的爆竹声不太一样，但是也没多想，谁会在除夕夜做出一些惊人的举动呢?

西高穴村是豫北大地上一个并不起眼的小村落，位于河南安阳市区西北16千米处，人口不到2 000人，房屋也大多是普通的瓦房，看上去并不富裕。冬日的上午，走进村落，行人十分稀少，家家户户门口堆着晒干的苞谷。

通往西高穴村的小路

冬日里的西高穴村

通往东高穴村的路

冬日里的东高穴村

"西高穴"这个村名极为拗口，至于村名为什么叫这，当地没有人能说得上来。更让人疑惑的是，在西高穴村的东南方向，还有一个名叫"东高穴村"的村落，其规模小于西高穴村，人口数量也较少，但是令人印象深刻的是，村里的土丘很多，有些土丘上还有废弃的房屋。

西高穴村距离漳河很近，穿过村落后，车行3分钟左右就能到达漳河边。安阳境内的漳河是一条非常宽阔的河流，即使在冬季枯水期，其水流量还是很大。河水由西往东奔腾而去，在远处就能听到汩汩的急切流水声，不禁让人想起唐代边塞诗人高适《金城北楼》中的名句"湍上急流声若箭，城头残月势如弓"。

漳河发源于山西省东南部太行山腹地，是河南河北两省的分界河。与黄河一样，漳河经常发大水。

西高穴村往北过漳河，有曹操练兵的"讲武城"遗址。目前，该遗址的所在地被称为讲武城镇，隶属于邯郸市磁县。附近还有东魏静帝的天子冢、北齐兰陵王墓等。

一条专为方便建设曹操高陵旅游景区修建的公路
公路的左侧是西高穴村，右侧是东高穴村。

漳河畔

　　西高穴村往西就是著名的古村落——渔洋村，据《水经注》记载，古代渔洋被称为"三户津"，在甲骨卜辞和《史记·项羽本纪》中均出现过。

　　"渔洋村"过去叫作"鱼羊村"。漳河在此处转弯，洪水期经常发生水流不畅的情况，渔洋村的村东附近经常洪水泛滥。当洪水退后，在被淹没的田地中会有鱼可

渔洋村外的西门豹渠遗址　遗址位于漳河边，不知何故，遗址的碑身倒塌。

站在西门豹渠远眺

渔洋村内的古代河渠遗址

捕。因为大水的冲刷和上游泥沙的堆积，这一段漳河的河滩土质非常松软，适宜草木生长，当地人就在滩地牧羊。久而久之，村得名"鱼羊"。到了明代，村里读书人多了，嫌"鱼羊"两个字不雅，改为"渔洋"。在渔洋与西高穴两村北面的漳河拐弯处，有一处古渠首遗址，相传是西门豹治邺留下的遗迹。据考证，渔洋村内还有大禹治水后留存的河渠遗址。

据考证，渔洋村内还有大禹治水后留存的河渠遗址。

渔洋村内还有一座渔洋文化博物馆，它也是渔洋文化遗址保护所，位于当地"土博士"龙振山自家的农家小院里。这里收藏了他在村内发现的 3 000 多件文物，从仰韶文化、龙山文化一直延续到民国时代，时间跨度长达 6 000 多年。

渔洋村内的渔洋文化遗址保护所

渔洋村内的渔洋文化博物馆

渔洋文化博物馆的部分藏品

事实上，西高穴村附近的这一段漳河自古就是通达的南北御路。古时，在每年农历九月至次年五月枯水期，修建草桥，该桥又称岁桥，夏毁秋修，村民借它过漳河。夏季水量大时，则用船摆渡过漳河。"漳河晚渡"是安阳古代八大风景之一，夕阳西下，余晖晚霞，渔歌唱晚，一派繁忙景象，好一副曼妙的美景。

冬日里的漳河

　　在此段漳河附近，还发生过影响中国历史进程的两件大事。项羽破釜沉舟的典故就发生在此处。公元前 208 年，秦将章邯镇压陈胜、吴广起义之后，又攻破邯郸。反秦武装赵王歇及张耳被迫退守在巨鹿（今邢台），被秦将王离率 20 万人围困。楚怀王派宋义为上将军，项羽为次将，带领 20 万人马去救赵国。宋义带兵犹豫不决，项羽杀之后，带军从"三户津"渡过漳河。他让士兵们饱饱地吃了一顿饭，每人再带三天干粮，然后下令"皆沉船，破釜甑"，意思是把渡河的船凿穿沉入河里，把做饭用的锅（古代称釜）砸个粉碎，表明自己永不后退、夺取胜利的决心。"泥马渡康王"也发生在此。当年，南宋高宗赵构，逃至磁州（河北磁县）时，夜宿崔府君庙。梦神人告知金兵将至，赵构惊醒，见庙外已备有马匹，遂乘马狂奔，渡过江河而脱险。其渡过的江河就是这一段的漳河。渔洋村原有东西南北各一座券门，西券门上"泥马渡康王庙"的遗址今日还残存着。

　　漳河边有 19 个被废弃的钢筋混凝土桥墩，显得有些突兀和沧桑。这其实是京汉铁路的遗存。

　　光绪十五年（1889 年）4 月，两广总督张之洞上折奏，希望建设卢汉铁路（卢沟桥—汉口），慈禧准奏，命李鸿章、张之洞筹办。国内资金不足，张之洞主张借外债修铁路获准，命盛宣怀与比利时银行工厂公司签订借款合同，并且修建铁路技术大权全交于外国人。比利时工程师通过实地勘测发现，河北省磁县讲武城村到安阳县丰乐镇之间的漳河河底流沙柔软，河面宽阔，河水汹涌，不适宜修建桥墩。上溯

渔洋村西券门，书有"漳河古渡"四个大字

渔洋村西券门遗址说明

西券门上"泥马渡康王庙"的遗址

渔洋村南券门，书有
"渔洋镇"三个大字

渔洋村南券门旁的渔洋文化遗址说明

南券门上的建筑内部

渔洋村的很多建筑物都用漳河河滩中的鹅卵石修砌

冬日里的固岸墓地

漳河边废弃的桥墩是京汉铁路的遗存

勘察到西高穴村一带，发现这里接近太行山余脉，河身较窄狭，河岸土质坚硬，水缓沙停，最后选址在西高穴村正北漳河上。光绪二十八年（1902 年），漳河铁路桥修成。1942 年，侵华日军占领漳河铁路桥后，把铁路桥下移了百十米，重新立桥墩，并将其加高，还在桥头两端修建守桥堡垒和修桥护桥人员住处，加强守护和维修。当时，桥宽 3.5 米、长 350 米。1945 年 8 月 11 日，在中国作战的同盟国的战斗机炸毁漳河铁路桥，把漳河铁路桥炸成两截。一列从安阳开出的日本军用火车行驶到漳河桥，司机急忙刹车。又一颗炸弹爆炸，把渣石、枕木炸飞上了天，日军纷纷跳车向漳河北岸逃跑。当地的八路军奋勇杀敌，战斗机从空中向下扫射，日寇横尸桥头，血染漳河水。1949 年 5 月 6 日，安阳获得解放，漳河铁路桥回到了人民的手

固岸墓地附近已经修建好的南水北调工程段

中。通过漳河铁路桥，人民解放军向前线输送了大批部队和物资，为解放全中国立下了汗马功劳。1956年，国家开始修建磁县讲武城村至安阳县丰乐镇之间的另一座漳河铁路桥，西高穴村北的漳河铁路桥完成了历史使命，退出历史舞台。钢轨、枕木等被撤走，只剩下19个桥墩。现在，巨大的桥墩上，中国电信架设了电话线，这里可能是世界上最粗大的电线杆了。[1]

比较有意思的是，古时，邺城与西高穴村之间有一条大道，其在文献中被称为"车马大道"。根据《安阳市交通志》记载，在2001年，中国社会科学院的一支考古队曾经发现过这条大道的路基。[2]在古代交通并不发达的情况下，古人为什么要在邺城和这个小村落之间修建一条如此豪华的道路呢？

过完春节，西高穴村的村民们照例开始下地干活。村里一个名叫徐焕朝的村民，他在浇地的时候发现了一件奇怪的事。原本半天就能浇完的田地，他浇了两天时间，浇地的水竟然不动，根本不往前面流。他停了泵去查看，发现那里居然有一个直径一米左右的大洞。徐焕朝联想到除夕夜听到的一阵古怪的闷响，顿时意识到这也许是盗墓者用炸药炸开的一个盗洞，于是立即跑到乡里进行了汇报。

安丰乡党委接到报告后，非常重视，干部们立即赶往现场察看情况。因为不是考古方面的专家，不能确认这是否就是一座墓葬。他们一方面将盗洞封填，另一方面前往安丰乡固岸村，向正在那里进行考古发掘的河南省文物考古研究所（2013年更名为河南省文物考古研究院）的潘伟斌求助，希望他能够到现场看看，给出一个肯定的答案。

潘伟斌当时在南水北调固岸墓地的考古工地工作。安丰乡的地下文物非常丰富，南水北调总干渠在安丰乡呈西南—东北走向，会穿过大片古代墓地。根据测算，总干渠占压墓地面积达 10 万余平方米，那里墓葬分布十分密集。所以自 2005 年 7 月起，河南省文物考古研究所就开始对固岸墓地进行抢救性考古发掘。

笔者专程走访了固岸墓地，整个墓地很大，已列入全国重点文物保护单位名单。固岸墓地距离南水北调工程非常近，步行百米就到达南水北调工程的跨河大桥上。

潘伟斌和同事们那时的工作强度非常大，获得的考古成果也十分丰硕。当时，安丰乡的固岸墓地一共发掘了 8 600 平方米，出土了大批重要文物，清理出的墓葬不仅多，而且时间是连续的，跨度长，从战国延续到明清，基本没有断代。这些古墓中，汉代和北齐墓居多。此次考古最大的成果是出土了北齐白瓷，这是北齐白瓷在国内的第二次发现。另外，还出土了一件有明确纪年的东魏时期的围屏石榻，是整个北方地区首次考古发现。出土文物还有多方北齐（550—577 年）和东魏（534—550 年）墓志及墓志砖等。媒体对此次考古评价很高，新华网撰文评价此次考古为研究北齐和东魏时期的书法艺术以及我国汉字书法艺术的演变提供了十分宝贵的实物资料。[3]

正在埋头工作的潘伟斌听说附近有座被盗墓地后，派考古队的聂凡带人前往实地调查，以了解情况。因为天黑，一时无法确认。第二天，潘伟斌亲自前往，一探究竟。他先是来到盗洞口观察，然后进入墓室实地勘查，惊讶地发现这是一座形制很大的墓。

潘伟斌曾撰写《魏晋南北朝隋陵》一书。该书通过对大量历史资料的研究，结合当时考古最新成果，对那一时期各个朝代帝陵的位置、丧葬制度、陵主的生平事迹均进行了详细介绍。那时，潘伟斌听闻西高穴村有一个叫徐玉超的村民于 1998 年在村西的砖窑附近烧砖取土时发现一方鲁潜墓志，这方墓志为青石质料，高 20.7 厘米、宽 31.3 厘米。上面写了这样一段文字：

> 赵建武十一年，大岁在乙巳，十一月丁卯朔。故大仆卿驸马都尉勃海赵安县鲁潜，年七十五，字世甫。以其年九月廿一戊子卒，七日癸酉葬。墓在高决桥陌西行一千四百廿步，南下去陌一百七十步。故魏武帝陵西北角西行卅三步。北回至墓明堂二百五十步。师上党解建字子泰所安。墓入四丈，神道南向。

鲁潜墓志拓片 潘伟斌供图

这段文字介绍了鲁潜（271—345 年）的死亡和埋葬时间，还有去世时的官职。文中详细描述了魏武帝曹操墓的精准所在位置。这反映在后赵时期，曹操墓是一个比较出名的地标，连普通官员都知道其所在地。

鲁潜是何许人呢？据墓志记载，他是后赵的一名高级官员，在后赵为官 20 年，官至太仆卿、驸马都尉，正三品官员。太仆的官职在秦、汉就设立，为九卿之一，掌皇帝的舆马和马政；驸马都尉，掌副车之马。皇帝出行时乘坐的车驾为正车，而其他随行的马车均为副车。魏晋以后，帝婿照例都加驸马都尉称号，简称驸马，这位鲁潜是不是后赵皇帝的女婿，已无从知晓。

另外，这个墓志还提到了"高决桥"，"高决"的读音与"高穴"相近，这其中是否有关系呢？

根据"故魏武帝陵西北角西行卌三步。北回至墓明堂二百五十步"的描述，似乎曹操墓地与鲁潜墓地距离不是很远。按西晋前后的度量衡，一步为 5 尺，而 1 尺相当于现在的 24.5 厘米。如此一算，曹操墓似乎就在鲁潜墓志出土地东南方向 300 多米的范围内。

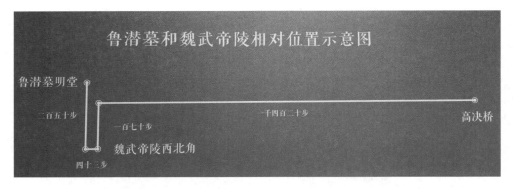

曹操高陵遗址博物馆内标注的鲁潜墓和魏武帝陵的相对位置示意图

　　潘伟斌当即判断这是一座东汉晚期诸侯王一级的大墓，它的墓主人会是谁呢？他在第一时间就联想到了曹操。东汉末年在这里封王的只有曹操。

　　事实上，曹操的墓葬一直是个谜团。

　　根据历史记载，218 年，曹操曾经写了一篇《终令》，其中称："古之葬者，必居瘠薄之地。其规西门豹祠西原上为寿陵，因高为基，不封不树。"临终前的《遗令》中更是明确了要穿着平时衣服入葬，不要珠宝陪葬，还要葬在西门豹祠附近。曹操还特意叮嘱家眷，"汝等时时登铜雀台，望吾西陵墓田"。

　　单从这些记载中，可以推测曹操墓在西门豹祠和铜雀台附近。

　　但是西门豹祠和铜雀台又在哪里呢？

　　唐代学者李吉甫在《元和郡县图志》卷二十"邺县"条下写道："西门豹祠在县西十五里，魏武帝西陵在县西三十里。"从这个文献看，两者之间的距离应该不是很远。

　　明成化年间的《河南总志》卷十《彰德府》记载："西门大夫庙有二，一在安阳县北大夫村，北齐天保间建。一在临漳县西南仁受里，创始未详，后赵石虎建。"该书是中国纂修较早省志之一，极具文献版本价值。今天，在安阳市和临漳县境内确实各有一处西门豹祠遗址。一处位于河南省安阳市安阳县安丰乡北丰村（这个村落在西高穴村以东），京广铁路与 107 国道之间一个 1 米多高的土台上，上面还散落着不少东魏、北齐，甚至东汉时期的砖瓦残片。另一处在河北省临漳县西南仁寿村。

2008 年，河北临漳县文物部门在那里发现了后赵时期西门豹祠奠基石。这个遗址在北丰村以东，距离较远，中间还隔着漳河大桥和京港澳高速公路。

笔者在 2021 年 12 月末专程来到了安阳县安丰乡北丰村的西门豹祠遗址。这里的保护情况一般，杂草丛生。遗址附近还有一幢二层灰砖的房屋，结构虽然已经造好，但是没有门窗，旁边还有一幢烂尾红砖建筑，钢筋裸露在外。当时，曹操高陵管委会的工作人员介绍说，之前有个企业家想投资建设博物馆，不知何故放弃了。

西门豹祠目前保存比较完整的是石碑。踩雪而行，避开瑟缩的枯草，笔者径直来到石碑前。

石碑上的文字比较模糊，依稀可辨"西门大夫庙碑记"七个大字。根据历史记载，该碑刻于北宋嘉祐二年（1057 年）七月。当时的邺县令马益之兄马需撰写碑文，马益等立碑。碑文主要赞颂战国时魏国邺县令西门豹破除迷信，革除为河伯娶妇的恶习，兴修水利，发展农业生产的政绩。

除《西门大夫庙记碑》外，这里还有明弘治七年（1494 年）立的《重修魏邺令二公庙记碑》、清道光二十七年（1847 年）立的《重修邺二大夫祠记碑》及一通地界碑，它们都是十分珍贵的文物。

据说这里还曾出土和发现有多块汉代碑刻残石，如被称为"安阳残石四种"或"豹祠四残碑"的《子游残碑》《刘君残碑》《元孙残碑》《正直残碑》等。

汤淑君在《中原文物》杂志上发表的《安阳汉四残石》一文述及刘君残碑被发现于此，系作了祠门两边的门关，后为添仕麟所发现，置于安阳孔庙。关于碑刻年代，碑侧仅存"岁在辛酉三月十五"八字。清代书法家、文学家、金石学家翁方纲考此碑为刘桢之祖刘梁之残碑。《安阳县志》中这样描述该碑刻：碑侧岁在辛酉三月十五，东汉辛酉凡三见，明帝永平四年、安帝建光元年、灵帝光和四年、明帝太远，疑在安帝灵帝时也。[4]

刘桢是"建安七子"之一，在当时负有盛名，与曹植并举，称为"曹刘"。刘桢之祖刘梁是梁孝王刘武的后代，官拜尚书令、野王令，在汉灵帝时代去世。东汉安帝建光元年为 121 年，灵帝光和四年为 181 年，而曹操卒于 220 年，当地学者认为

安阳县安丰乡北丰村的西门豹祠遗址，后面不远处就是京广铁路（2021 年）

《西门大夫庙记碑》（2021 年）

西门豹祠的低矮红砖房中供奉着一些牌位（2021 年） 一个石牌上写着"泰山奶奶"。

这也说明此处的西门豹祠在曹操去世前就已经存在。

离西门豹祠石碑仅有 20 米左右就是京广铁路，笔者在那里走访时，不时有火车通过。

石碑附近还有两座低矮的红砖房子，里面供奉着几个牌位，可以看出这里香火很旺盛。

铜雀台的位置是明确的，就在古代邺城的西北城隅内。"邺"之名始于黄帝之孙颛顼孙女女修之子大业，"邺"这个字的意思就是大业的居住地。古邺城始建于夏代，当时商侯叫作冥，他曾任水官，所以死后被尊为河伯。《竹书纪年》中记载，"夏帝少康，元年丙午，帝即位，诸侯来朝，宾虞公。二年，方夷来宾。三年，复田稷。后稷之后不窋失官，至是而复。十一年，使商侯冥治河"。商国先建都帝丘（今河南濮阳），后由于河水泛滥，冥把都城迁到了太行山东麓漳河南岸的邺。有意思的是，战国时代邺令西门豹破除"河伯娶妇"的迷信活动中的河伯就是指这位商侯。春秋时齐桓公重新筑邺城，战国时邺城归属魏国。建安九年（204 年），曹操攻占邺城后，根据战略需要，决定在这里设立一个"新区"，于是开始营建邺都，作为他在北方的重要根据地。

根据考古发现，曹操时期的邺都在今邯郸市临漳县城西 17 千米的古邺城遗址内的三台村西。曹魏的邺城遗址东西长 3.5 千米，南北宽 2.5 千米，城内以一条东西横街将城划分为南北两区：北区地势较高，中部建宫和衙署，西部置苑；南区主要是居民区，有长寿、吉阳、永平、思忠四里，其中安置了当时强制集中的各地劳动人民和投奔曹操的强宗巨豪，以及他们的部下。出于统一全国的政治需要，曹操还在邺城先后创建三台——金虎台（又称金凤台）、铜雀台、冰井台。这三台是曹操邺都全城的制高点，它们的位置就在邺城的西北城隅。

为什么会修建铜雀台呢？传说曹操消灭袁氏兄弟后，晚上在邺城休息，半夜见到金光由地而起。第二天，曹操从那处金光泛起的地下挖出一只铜雀，谋士荀攸在一旁说了这么一段话："昔舜母梦玉雀入怀而生舜。今得铜雀，亦吉祥之兆也。"曹操非常高兴，于是决意建铜雀台，以彰显其平定四海之功。建成之日，曹

金凤台遗址

操在铜雀台上大宴群臣。历史记载，当时的铜雀台原高十丈，殿宇百余间。在古代的尺寸标准中，1丈等于10尺，三国时代的1尺为24厘米左右，所以铜雀台的高度大约为24米，相当于如今的6～8层楼高。铜雀台在当时属非常雄伟的高大建筑。

十六国后赵武帝石虎时，在曹魏铜雀台原有的基础上又增加2丈，共12丈，并于其上建五层楼，高15丈，去地共27丈。12丈换算成今天的高度大约是29米，27丈大约是65米，相当于今天15～20层建筑的高度。后来历朝历代多次对铜雀台进行修缮，直到明代中期，因为一场洪水袭来，它最终退出历史舞台。尽管今天的三台遗址只剩下一抔不足10米高的金凤台的夯土堆遗址，但还是难掩当年的繁盛面貌。

值得一提的是，建安文学就是在邺城附近发展起来的，其代表人物有被称为"三曹"的曹操、曹丕、曹植父子和"建安七子"（孔融、陈琳、王粲、徐干、阮瑀、应玚、刘桢）等。邺下文人的文学创作以诗赋为主，他们经常聚集在一起，饮酒赋诗，观赏歌舞，互相评论。他们聚会的地点多数是在文昌殿之西的铜雀园，当时也称西园，后人把这一集会叫作"西园之会"。今天，铜雀台这三个字仍具有浓郁丰富的文化意境。

铜雀台距离西高穴村似乎还是有一段距离的，据测算在 15 千米左右，当年站在 24 米高的铜雀台上是否能看到今天的西高穴大墓呢？在当年没有高层建筑阻挡、没有环境污染的状况下，想来远眺可能可以看到。

此外，关于曹操葬地的确切位置，曹丕、曹植都有文章描述葬礼和入殓的情况，都交代了曹操葬在邺城之西。西晋文人陆机、陆云作品中也有关于曹操丧葬情况的介绍。北宋司马光的《资治通鉴·魏纪》中亦有注明曹操高陵在邺城西。

在曹魏时代，曹操墓一直被称为高陵。曹操死后有一段时间，每年还会举行上陵礼。一直到西晋，还有人知道曹操墓的位置。最早提到高陵的是西晋文学家左思的《魏都赋》，西晋诗人张载曾为《魏都赋》作注，他还在《七哀诗》中写道："北芒何垒垒，高陵有四五。借问谁家坟，皆云汉世主。"

近百年后，北魏郦道元所著的《水经注》曾提到曹操老家安徽亳州的宗族墓地，他自己也去邺城考察过，但只字未提曹操墓的所在地。

唐代很多诗人似乎都去过铜雀台和高陵，并留下很多诗句。有一个文献中的记载比较确切，就是之前提到的唐代李吉甫在《元和郡县图志》相州邺县条中的记载："西门豹祠在县西十五里，魏武帝西陵在县西三十里。"

值得一提的是，唐太宗曾在贞观十九年即 645 年，亲自祭拜过曹操。

在《资治通鉴·唐纪十三》中有这样一段的记载，"贞观十九年二月癸亥，上至邺，自为文祭魏太祖，曰：临危制变，料敌设奇，一将之智有余，万乘之才不足"。这句话的意思是，作为统帅，曹操的能力绰绰有余，但是作为帝王，曹操却稍显不足。宋代类书《太平御览·卷九十三·皇王部十八》收录了《唐太宗皇帝祭魏武帝文》。

余秋雨在其散文《丛林边的那一家》中也曾提到曹操墓。他认为，曹操墓不可能找到，因为曹操主张薄葬。其子曹丕的遗嘱对薄葬的道理和方式说得更为具体，他说葬于山林就应该和山林浑然合为一体，因此不建寝殿、园邑、神道。葬就是藏，也就是让人见不着，连后代都找不到，这才好，自古及今，未有不亡之国，亦无不掘之墓，尤其厚葬更会引来盗墓，导致暴尸荒野，只有薄葬才有可能使得祖先稍稍安静。

当时在潘伟斌的脑海里产生的第一反应是，这样形制的东汉大墓真有可能是曹操的墓。从事考古工作多年的他见过很多座大墓，但是如此规模的墓葬实属罕见，他还是第一次见到。

但是这仅仅是猜测，考古工作定论是需要证据的。

三、大墓的抢救性挖掘

为了保护和抢救这座被盗大墓，潘伟斌立即将这一发现上报单位领导和河南省文物局，希望对其进行抢救性挖掘。

2008年6月，潘伟斌找到了刚刚上任的安阳县委副书记、县长徐慧前，得到了他的大力支持。在经费问题得到保证后，潘伟斌随即向河南省文物局递交挖掘西高穴村东汉大墓的申请。第一次申请没有成功，河南省文物局给出的解释是，根据《中华人民共和国文物保护法》第一章第四条规定：文物工作贯彻保护为主，所以文物部门掌握的原则是帝王陵原则上不得发掘。

大墓被盗的消息已传开，引来了更多的盗墓分子。在发掘前夕，安丰乡派出所先后抓了4批盗墓贼共38人。2008年，该派出所再次破获盗墓案件，从盗墓贼手中缴获三块墓内画像石，画像石上部有"主簿车""咸阳令""纪梁""侍郎"等字样，其下部为水陆攻战图。

河南省文物局的领导接到报告后，立即派专家前去鉴定，潘伟斌被指派为专家组成员之一。经现场调查和鉴定，专家确定这些画像石确实是从这座大墓中被盗出的。经过拼接，这三块画像石原来是完整的一块，画像的内容是东汉后期比较流行的"七女为父报仇"的故事。

先前，同样的内容在内蒙古和林格尔汉墓壁画、山东莒县东莞镇出土的"方穿碑阙"、嘉祥武氏祠前石室画像上都有。根据美国夏威夷大学历史学博士、我国台湾地区台湾大学教授邢义田的研究，"七女为父报仇"画像石描绘的大约是七女的父亲被长安令冤杀，七女在渭水桥截杀长安令报父仇的故事，画内容表彰的是女

"七女为父报仇"画像石摹本 潘伟斌供图

儿为父亲报仇的孝行，宣扬的是汉代"父母之仇不共戴天"的复仇文化下的价值倾向。[5]

为了慎重起见，专家组成员亲自下盗洞底部（未进入墓室内），对墓室内的情况进行观察，发现墓内有大量淤土，淤土表面有大量因盗墓留下的碎石块。专家组一致认为，该墓为东汉晚期的大型砖室墓。

潘伟斌认为画像石有可能是镶嵌在墓壁上的建筑构件。鉴于墓室结构被破坏，有很大的坍塌风险，在他的建议下，河南省文物局向国家文物局提交了抢救性挖掘的申请。2008 年 12 月，国家文物局批准了抢救性挖掘西高穴东汉大墓的申请。潘伟斌带队实施这次挖掘任务，西高穴大墓的挖掘工作正式启动。

经过探查，西高穴大墓同一陵园之内有两座墓葬，1 号墓的规模较小，2 号墓的规模较大。中轴线在两座墓葬之间，两墓葬一南一北对称分布，相距 30 米，朝向一致，坐西向东。

此时，考古人员心存疑问，如果其中一座大墓是曹操墓，那么另一座会是陪葬墓吗？里面所埋何人呢？

西高穴大墓挖掘现场 潘伟斌供图

  经过几个月的挖掘，1号墓的墓道显露出来。墓道呈斜坡状，两壁是阶梯状的逐级内收。这是魏晋时期皇室大墓的典型特征。

  这属于一次重大的考古，河南省文物考古研究所的工作人员非常重视，为慎重起见，多次邀请有关方面的专家前来指导工作。

  2009年4月6日，安阳市举行了一次西高穴大墓考古挖掘的研讨会。应邀参会的不仅有河南省文物考古研究所的专家，还有曾经发掘北朝王陵的中国社会科学院徐光冀研究员、时任邺城考古工作站站长、中国社会科学院朱岩石研究员和专门研

西高穴大墓挖掘现场 潘伟斌供图

西高穴 2 号墓 潘伟斌供图

究汉魏丧葬制度的郑州大学韩国河教授。他们参观现场和听取工作介绍后，对考古队的工作进行了充分肯定，一致表示这座墓很重要，并提出了许多宝贵的意见和建议。

西高穴2号墓巨大，墓道的长度达39.5米，宽度达9.8米，墓室的总面积约为740平方米，这是潘伟斌参加考古工作以来发掘的规模最大的东汉末期和曹魏时期的墓葬。

大面积墓葬的挖掘工作所消耗的人力物力特别大。另外，为了防止雨水对大墓的侵蚀，还必须筹措款项搭建钢结构大棚以进行保护。当时正值2008年全球金融危机，安阳县的经济受到冲击，地区财政紧张。但安阳县政府还是下决心保证了西高穴大墓挖掘的资金投入，两座钢结构大棚按需搭建完成。

由于多次被盗，西高穴2号墓内部的情况不太好。考古队员信应超在接受中央电视台记者采访时描述，当时他看到被破坏的大墓，感到失望，大墓里全是盗墓贼的扰土、陶器、残砖、青石块等，内部被砸烂得乱七八糟，甚至还有盗墓贼留下的矿泉水瓶。

考古队员在西高穴2号墓工作 潘伟斌供图

考古人员清理文物 潘伟斌供图

考古是一项很复杂的工作，需要一层层小心翼翼地清理。在清理墓道的过程中，考古队的工作似乎也不顺利，一连 10 个月都没有找到有价值的文物。转折点在挖掘工作启动大半年后出现。

2009 年 11 月 11 日，信应超和尚金山两位考古队员在清理墓室淤土时发现一个小石牌，石牌的形状很像"圭"。用水流冲洗掉石牌上的泥土，上面赫然出现"魏武王常所用格虎"几个字样。"魏武王"三个字无疑是考古的重大发现，他俩难掩心中的激动，立即向项目领队、考古队队长潘伟斌报告。潘伟斌迅速赶到现场，见是一块残牌，便问还有没有其他发现。考古队员潘金敏回忆，前两天曾发现一小块残牌。潘伟斌让他们拿出来，试试看能否拼上。结果，真能够拼在一起，形成一个完整的圭形石牌，完整的文字为"魏武王常所用格虎大戟"。此后，又相继清理出许多石牌，既有刻着"魏武王"三字的圭形石牌，还有许多六边形的石牌，此外，另有一块刻有"渠枕"字样的石牌。

这些石牌自然而然让人联想起历史上的大枭雄——曹操，冒出这个想法的瞬间，考古队的工作人员沸腾了。这真的是曹操墓吗？

四、大墓的墓主人究竟是谁

曹操是中国历史上鼎鼎大名的人物。

东汉末年，天下大乱，曹操以汉天子的名义征讨四方，对内消灭二袁、吕布、刘表、韩遂等割据势力，对外降服南匈奴、乌桓、鲜卑等，统一了中国北方，并实行一系列政策恢复经济生产和社会秩序，奠定了曹魏立国的基础。曹操在世时，担任东汉丞相，后为魏王，去世后谥号为武王。曹丕称帝建立魏国后，追尊他为武皇帝，庙号太祖。

曹操是一位颇具争议性的历史人物，很难简单地用"好"与"坏"来评价。从许多历史古籍中得知，曹操是一个猜忌心非常重的人，他有一句脍炙人口的名言"宁肯我负天下人，不可天下人负我"。《三国演义》中有这样一个故事，有一天，曹操与陈宫路过曹操父亲的结义兄弟吕伯奢家，受到吕伯奢的热情款待。吕伯奢特别高兴，开始杀鸡宰猪设置晚宴，由于家中无好酒，他就出门去打酒。疑心病很重的曹操偷偷来到草堂观察动静，只听到里头有人说："缚而杀之，何如？"曹操顿时吓出一身冷汗，以为吕伯奢的家人要准备杀他，就与陈宫一起，二话不说拔剑杀了吕家八口人。直到看见厨房里绑着一头猪，才知道错杀了好人。曹操为防止吕伯奢报复，索性一不做二不休，把买酒回来的吕伯奢也一起杀害。

同时，曹操也是一个狠毒的人，报复心很强。谋士许攸曾为曹操献上偷袭袁绍军屯粮之所乌巢的计策，赢得官渡大战，立下大功，但后因自恃其功而屡屡口出狂言，曹操不念其过去的功劳，怒杀之。

但有时候，这个枭雄又很温情、宽容。比如当年他攻打徐州，张邈叛迎吕布，曹操副官毕谌的老母、妻子、弟弟均被张邈劫持。曹操说："你老母在他们手里，还是回去吧。"毕谌誓死不从并顿首以表忠心，可是一出曹操大帐就亡归张邈。不久，张邈兵败，毕谌被擒，原来的同僚都为毕谌捏一把汗，没想到曹操却说，毕谌以孝悌为重，定是忠君之臣。结果毕谌不仅逃过一劫，反而被委任为鲁相。

曹操还是一个著名的诗人，留下了大量脍炙人口的诗词佳句。如《短歌行》中的"对酒当歌，人生几何！譬如朝露，去日苦多"，又如《观沧海》中的"东临碣石，以观沧海。水何澹澹，山岛竦峙。树木丛生，百草丰茂。秋风萧瑟，洪波涌起。日月之行，若出其中。星汉灿烂，若出其里。幸甚至哉，歌以咏志"。

20 世纪 50 年代末，郭沫若、翦伯赞等曾发起为曹操恢复名誉的讨论。1959 年 1 月 25 日，《光明日报》的专刊《文学遗产》第 245 期发表郭沫若的《谈蔡文姬的〈胡笳十八拍〉》。文中指出，"曹操对于民族的贡献是应该作高度评价的，他应该被称为一位民族英雄。然而自宋以来所谓的'正统'观念确定了之后，这位杰出的历史人物却蒙受了不白之冤"。

厦门大学人文学院中文系教授易中天对曹操的评价似乎比较贴近：一个"可爱的奸雄"，聪明透顶，又愚不可及；奸诈奸猾，又坦率真诚；豁达大度，又疑神疑鬼；宽宏大量，又心胸狭窄……可以说是大家风范，小人嘴脸；英雄气派，儿女情怀；阎王脾气，菩萨心肠。

"魏武王"石牌的出现，在社会上引起了巨大轰动，有人质疑这不是曹操墓，理由是根据历史记载，被追封为魏武王的并不只有枭雄曹操，还有另一个人，他叫姚襄。这个名字很多人不熟悉，他是后秦景元帝姚弋仲第五子，后秦武昭帝姚苌之兄。

后秦（384—417 年）是十六国时期羌人贵族建立的政权。说起后秦，必须谈谈前秦，前秦最有名的事件是"淝水之战"。前秦皇帝苻坚雄心勃勃，统一了北方，之后又动用 80 万兵力，希望打败东晋，却被东晋 8 万兵力大败，惨遭灭国。淝水之战是中国军事史上以少胜多、以弱胜强的著名战例。苻坚淝水兵败后，关中空虚，原降于前秦的羌人贵族姚苌在渭北起兵，建立了后秦政权。后秦传三世共三帝，历经 34 年。后秦的都城原先在北地（今陕西耀州区东南），之后迁到长安（今陕西西安）。

※ 姚襄是后秦景元帝姚弋仲第五子，姚弋仲是南安羌族酋长。姚氏家族看似是少数民族，但是他们自称是舜帝的后代。姚襄非常有头脑，17 岁时，身高已经达到八尺五寸，垂臂过膝。相传他雄健威武、多才多艺，明察且善于安抚笼络人，所以获得民众爱戴和敬重，众人并因此请求姚弋仲立姚襄为继承人。357 年，姚襄在三

原交战中兵败，被苻坚所杀，年仅 27 岁。据说当时是苻坚安葬了他。后来姚弋仲的第 24 子姚苌称帝后，追谥自己的哥哥为魏武王。姚苌死后，他的儿子姚兴即位，史称文桓皇帝，他在中国历史留下最浓墨重彩的一笔是大兴佛教，任命鸠摩罗什为国师，在长安开辟逍遥园，以此作为他的译经场。

"十六国"是因北魏末年的史官崔鸿私下撰写的《十六国春秋》而得名。十六国是中国历史上非常动荡的时期，整整延续了 135 年，从 304 年到 439 年，北方亦非仅十六国，只是崔鸿自己从北方所有大大小小的政权中选出国祚较长、影响力大、较具有代表性的 16 个国家。这些国家主要分布在华北地区和四川地区，其中有前赵（匈奴）、后赵（羯）、前燕（鲜卑）、前凉（汉）、前秦（氐）、后秦（羌）、后燕（鲜卑）、西秦（鲜卑）、后凉（氐）、南凉（鲜卑）、西凉（汉）、北凉（卢水胡）、南燕（鲜卑）、北燕（汉）、夏（匈奴）、成汉（巴氐）等政权。因为大多数是少数民族政权，该时期又被称为"五胡入华"时期。十六国时期与曹魏时期相隔并不远，曹魏亡国于 266 年。作为曹魏政权的权臣，司马懿父子通过各种手段逐渐掌握了大权，曹操后代的帝王权力名存实亡。司马懿之孙司马炎成功篡位，西晋统一了中国。然而，精明的司马炎在挑选继承人方面犯了大错，继承人司马衷是个愚痴之人，日常生活都不能自理，更不会治理国家，还选了一个貌丑、性妒专权的皇后贾南风。司马衷即位不久便引起了国家动荡，发生了有名的"八王之乱"。西晋不久就被灭国，北方的少数民族进入中原，建立了政权。司马懿的曾孙司马睿逃往江南，在那里建立了东晋政权。近 104 年的时间中，南方的东晋政权和北方的十六国处于一个共存的状态中。

还有一位十六国时代的皇帝与魏武王的称谓比较接近，那就是冉魏政权的开创者冉闵。冉魏这个政权仅仅存在了三年，冉闵后被前燕皇帝慕容儁斩杀，并被追谥为武悼天王。另外，值得一提的是，冉魏政权的都城就是邺城。

※ 冉闵在中华民族历史上是一个重要人物。他的后人还在其家乡河南省安阳市内黄县建立了冉闵纪念园。

冉闵的身份有点特殊，他是汉人，但又是后赵武帝石虎的养孙，他的父亲因为勇猛无敌被石虎收为养子。石虎是个人格分裂的君主，他屠杀汉人，却把一个汉人收为养子，疼爱无比，还从不设防，且重用了养孙。石虎信奉佛教，大量兴建寺庙。一手拿着屠刀，一手拿着佛珠的伪君子，就是形容他这样的人。

石虎宠爱冉闵，冉闵也很争气，为石虎打了好多胜仗。在后赵，冉闵是有兵权的实力派人物。石虎虽然狠毒，但是他选定的太子却太柔弱，没有顺利接班。第九子石尊篡位做了皇帝，但实力不够，所以想拉拢和依靠冉闵，这就给了冉闵崛起良机，石尊及其子石鉴最后都被冉闵诛杀。

冉闵心机颇深，他有权力欲望，有忍耐的本领。看到石虎大规模屠杀汉人，冉闵沉住气，但是一旦有机会绝对不手软，不仅把情同手足的石氏家族满门灭族，而且把羯族胡人几乎杀了个干净。最后，自己称帝，国号大魏。但是冉闵所在的五胡十六国时期群雄纷争，非常混乱，立国三年后，他就死在了鲜卑族后燕皇帝慕容儁手里。

这个墓的主人到底是哪个魏武王呢？

在发现这块石牌后，潘伟斌立刻向时任河南省文物局局长陈爱兰进行了汇报。当时，陈爱兰恰好在前往北京的高铁上，她是为了筹备中国文字博物馆开馆事宜前往北京出差。因为信号不好，潘伟斌就用短信告知她这个好消息，短信发送的时间是 2009 年 11 月 11 日 16 时 11 分，内容是："陈局长，今天发现了刻有魏武王格虎大戟的石牌，大家都非常高兴！"就这样，陈爱兰在得知西高穴大墓的挖掘情况后，第一时间向国家文物局有关领导进行了汇报。

2009 年 12 月底，西高穴大墓墓道、墓室和相关文物的清理工作结束。出土的文物数量非常多，刻有文字的石牌有 60 块，有代表墓主身份等级的石圭和石璧，还有兵器、铠甲，以及铁镜、骨尺、玉佩等生活常用物品。

他们向媒体记者公布的材料中这样叙述发掘的西高穴 2 号墓：

这个墓平面为甲字形，特制大型青砖砌成，坐西向东，是一座带斜坡墓道的双室砖墓，规模宏大，结构复杂，主要由墓门、墓道前后室和 4 个侧室构成。斜坡墓道长 39.5 米、宽 9.8 米，最深处距离地表大概是 15 米，墓平面略呈梯形，两壁逐级内收，圆券形墓门高度达 3 米多，墓室内青石铺地，东边宽 22 米，西边宽 19.5 米，长 18 米，大墓占地面积约 740 平方米。

在墓室清理中，还发现有人头骨、肢骨等部分遗骨。专家初步鉴定这些遗骸属于一男两女 3 个个体。男性遗骸保存不太好，只存留有颅骨上半部分和其他一些遗骨，对其年龄，只能判定为 60 岁左右。墓后室的两个耳室，各存放一具女性尸骨，专家确认年龄分别是 20 多岁和 50 多岁。经过科学鉴定，这几具遗骸的骨质疏松程度较小，证明主人生前营养程度均比较高。但是有点奇怪的是，男性尸骨是从墓道后室被拖往墓道前室，而且脸部被砍。此外，凡是带有"魏武王"字样的石牌全部是折断的。所以，考古人员怀疑此墓曾经遭遇过暴力性毁墓。

2021 年冬，笔者走访安阳，在曹操高陵管委会工作人员的引领下，走进了建设中的曹操高陵遗址博物馆，亲身体验到了西高穴大墓墓道的宏大和壮阔。从现代土

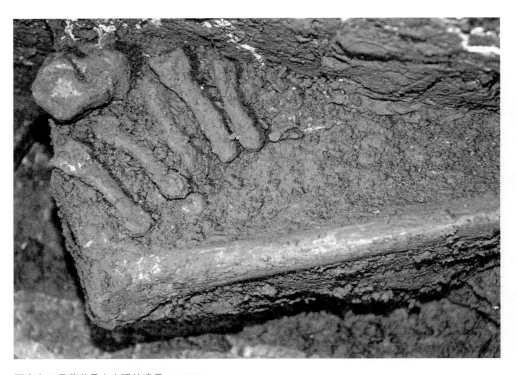

西高穴 2 号墓葬具上出现的遗骨 潘伟斌供图

西高穴 2 号墓的墓道（2021 年）

西高穴 2 号墓（2021 年）

站在墓道中回望（2021 年）

被封住的西高穴 2 号墓的墓室口有 1800 年前烧制的墓砖（2021 年）

西高穴 2 号墓的古代盗洞

2021 年，笔者在安阳曹操遗址博物馆建设现场采访

层下到一个专门架设的直梯，下方 5 米处就是 1 800 年前的土层。土十分细腻，颗粒非常小，质感有点像三亚海岸细腻的白沙，那一刻有一种时空穿越的感觉。沿着木制的阶梯继续缓慢而下，工作人员拿着手电筒在前引导，从墓道进口处往下行进，至墓室口，居然整整花了近 2 分钟的时间。墓室已经被沙土袋堵住，为了保护墓室的安全，未来这里不会接待游客。

第二节　是非曲直争议不断

曹操墓的真假，全国的专家意见并不一致，大量的观点见诸媒体上，孰是孰非，全国上下都在密切关注事态的走向。

一、大墓认定为"曹操墓"的理由

2009 年 12 月 27 日，中国北方正值寒冬时节，西高穴大墓进入了世人的视野中。

一场特殊的重大考古发现新闻发布会在北京举行。时任河南省文物局副局长的新闻发言人孙英民在发布会上宣布，经权威考古学家和历史学家，结合史料和现场考古发现，认定这座东汉大墓，确为文献记载中的曹操高陵。

根据当时的新闻报道，专家们认定西高穴大墓为曹操墓的原因有以下六点。

第一，这座墓葬规模巨大，总长度近 60 米，砖券墓室的形制和结构与已知的东汉末年的王侯级墓葬类似，与曹操魏王的身份相称；该墓未发现封土，也与文献记载曹操寿陵"因高为基，不封不树"的情况相符合。

第二，墓葬出土的器物、画像石等遗物具有东汉特征，年代相符。

第三，墓葬位置与文献记载、出土鲁潜墓志等材料记载完全一致。据《三国志·魏书·武帝纪》等文献记载，曹操于建安二十五年（220 年）正月病逝于洛阳，二月，灵柩运回邺城，葬在高陵，高陵在"西门豹祠西原上"。调查资料显示，当时的西门豹祠在今漳河大桥南行 1 000 米处，地属安阳县安丰乡。西高穴就在西门豹祠以西。1998 年，西高穴村西出土的后赵建武十一年（345 年）大仆卿驸马都尉鲁潜墓志，明确记载了魏武帝陵的具体位置就在这里。

第四，文献明确记载，曹操主张薄葬，他临终前留下《遗令》，"殓以时服""无藏金玉珍宝"，在这座墓葬得到了印证：墓葬虽规模不小，但墓内装饰简单，未见壁

西高穴 2 号墓前室 潘伟斌供图

画，尽显朴实。兵器、石枕等有文字可证其皆为曹操"常所用"之器，看似精美的一些玉器等装饰品应是他日常佩戴之物。

第五，最为确切的证据就是刻有"魏武王"铭文的石牌和石枕，证明墓主就是魏武王曹操。据文献记载，曹操生前先封为"魏公"，后进爵为"魏王"，死后谥号为"武王"，其子曹丕称帝后追尊为"武皇帝"，史称"魏武帝"。出土石牌、石枕刻铭称"魏武王"，正是曹操下葬时的称谓。

第六，墓室中发现的男性遗骨，专家鉴定年龄在 60 岁左右，与曹操去世时的年龄吻合，应为曹操遗骨。

男性遗骨照片 潘伟斌供图

然而，这六条理由一经发布，引发了全国范围的讨论。

二、质疑之声

在新闻发布会召开的第二天，质疑声就不绝于耳，其中有很多出自大家之口。

质疑的**第一位专家**是中国人民大学国学院副院长袁济喜教授，他的研究方向是中国古代文论、中国美学与魏晋南北朝文学。曹操墓发现的消息一公布，他就在媒体上表示，有关方面公布的"曹操墓在安阳"证据并非第一手材料，不是很有力的证明。

当时，他这么表述："自己昨天从电视上看到，10 点播出的新闻还说'疑似发现魏武大帝的墓'。到了 12 点，就突然变成了确认发现魏武大帝的墓。而且，也没有提供什么新的证据。这个墓是被反复盗挖过的，所以留存的直接证据很少。现在发现的号称是魏王用过的一个兵器，这个到底是真是假，很难鉴定，因为它已经被盗挖过了，不是原封的，也可能是有人故意藏在里面。有关方面参照的《三国志·魏书·武帝纪》的那些材料也不能印证这个大墓就是曹操墓。"袁济喜还提到，类似"发现曹操墓"的事情前几年也出现过。有人说《文心雕龙》作者刘勰的墓地在中山陵其出家的定林寺已被发现。但是经过研究，发现不是那么回事。

※刘勰墓地之谜 刘勰是南北朝时期著名的文学评论家。在历史上，建在南京市钟山（紫金山）的寺庙有 70 余座，有名的有定林寺、开善寺（今灵谷寺）等。定林寺按其所处地势，又分为上定林寺和下定林寺，两地相距不远。上定林寺因有刘勰在此写就中国第一部文学评论专著《文心雕龙》而名闻天下，也由于高僧僧祐在此编撰《出三藏记集》等佛教名著为佛教界景仰；下定林寺则因宋代有王安石、陆游等在此游憩作文而久负盛名。史料记载，刘勰是东莞莒（今山东莒县）人。但是山东莒县方面称，刘勰年老出家后回到家乡，死后埋葬地是莒县浮来山的定林寺，那里至今还有一株千年老银杏树。寺的大佛殿后，有一幢二层楼阁，叫"校经楼"，这三个字是 1962 年郭沫若所题。据清代莒州学正李厚恺所述，此寺为刘勰回到老家后所建，全是仿南京钟山定林寺。刘勰的墓地虽然被毁了，但一位在 1942 年圆寂的老和尚临死前曾指认过刘勰的墓址，中华人民共和国成立后曾在那里出土了一些文物。

虽然刘勰家乡的说法很充分，但是考古专家经过细细推敲，发现其中漏洞很多。刘勰所处的正是南梁和北魏相对峙的时期，南京那时属南梁，刘勰身在钟山定林寺。莒县当时在北魏控制区，身为南梁临川王记室参军的刘勰绝对不可能赴敌国的寺庙中去抄经、校经、著书、出家，更何况他抄经是梁武帝派遣，出家又得到梁武帝批准。这位皇帝有什么理由叫他离开佛寺众多的南朝，跑到山东去抄经、出家？所以山东方面的结论没有得到考古界认可，刘勰的归葬地至今还是一个谜。

袁济喜还介绍说："像曹操儿子曹植的墓在山东鱼山被发现，这个就是学术界公认的。它有很多足以证明墓主就是曹植的第一手材料，里面出土的东西和旁证，都很完备。"

※曹植墓的断定　曹植是三国时期著名的文学家，代表作有《洛神赋》《白马篇》《七哀诗》等。"煮豆持作羹，漉菽以为汁。萁在釜下燃，豆在釜中泣。本自同根生，相煎何太急？"，这首《七步诗》更是家喻户晓。魏太和三年（229年），曹植被封为东阿王。他在东阿住了三年，其间经常登临境内鱼山。《三国志·魏书》记载："初，植登鱼山，临东阿，喟然有终焉之心，遂营为墓。太和六年，曹植被封到河南淮阳，称为陈王，在忧郁悲愤中终结了一生，时年41岁。"今天曹植墓已经被确定位于山东省聊城市东阿县鱼山镇鱼山村。

1951年6月，原平原省（1952年撤销平原省，东阿划归山东省聊城地区）文物部门对曹植墓进行了挖掘，共出土陶、铜、玉、石器等文物132件，除玛瑙坠珠和3件玉璜放置于前过道封门墙内侧外，其他均放置于棺木两侧。除上述出土文物外，还发现了28块比较完整的尸骨，它们散落在棺木上，下方依次是云母片、朱砂和草木灰。不过，令人遗憾和困惑的是，在墓中没有发现头盖骨。这次考古挖掘工作在当时全国范围内引起了不小的轰动。因为之前在河南、安徽等地，有七八处均称是"曹植墓"，甚至在河南淮阳，不光有"曹植墓"，还有"七步村"，村子里的人自称是曹植后人。这个墓地是否是真的曹植墓地呢？面对各种质疑，2001年4月，聊城市东阿县举行了曹植国际学术研讨会。会上，东阿文物部门向与会专家展示了一块重达14千克的"青砖"。就是这块"青砖"，让与会的几十位专家、学者达成共识，曹植墓所在地就是在东阿县。这块从曹植墓上取下来的青砖，其上带有铭文。经北京等地有关专家的考释、鉴定和补释，铭文为："太和七年（实为青龙元年）三月壬戌—十五日丙午（子），兖州刺史侯昶，遣士朱、周等二百人，作陈王陵，各赐休二百日。别督：郎中王纳，主者：司徒从掾位张顺。"这段铭文的解释是，魏明帝青龙元年三月一日壬戌朔，至十五日丙子，兖州刺史侯王昶，派遣了朱、周两姓氏的二百人从事修建陈王陵的工作。凡参加修建工程者，竣工后，每人准许放二百天的假，不再去服其他的劳役。铭文详细记载了修建该墓的过程，并且与地方史志和《三国志》中的文字记载都吻合。国内专家就此断定，此处就是曹植墓，各方均没有任何异议。

曹植墓中发现的阴刻铭文砖

质疑的**第二位专家**是复旦大学文物与博物馆系高蒙河教授。他在媒体上表示，要确认古墓中的头骨是不是曹操本人的头盖骨，还需要把骨头上提取的 DNA 与曹氏后人做比对。这需要先找出曹操的家谱，找到真正的曹操后代做参照。此外，要最终确认墓穴的归属，还需要凭借墓志铭。

※ 考古中，确定墓主身份的铁证一般是墓志铭和印章，或者器物上记录身份的文字，如南昌西汉海昏侯墓墓主身份的直接证明就是刻有"刘贺"字样的龟钮玉印，其嗣子刘充国墓中也出土了刻有"刘充国"字样的龟钮玉印。

东汉彭城相缪宇墓位于邳州市燕子埠青龙山南坡上，其身份的确定与墓志铭的出土有密切关系。墓志铭清楚地表明了墓主人"故彭城相行长史事吕守长缪宇"，中间记述了缪宇的生平德行，如"严严缪君，礼性纯淑，信心坚明"等。最后一句"和平元年七月七日故，元嘉元年三月廿日葬"则明确了缪宇的去世时间。这些墓葬的身份问题在考古界和社会各方面都没有受到质疑。

缪宇墓志铭

高蒙河同时指出，假设这确实是曹操墓穴，其背后的社会效应要大于学术效应。他的观点给予之后介入的复旦大学科研团队很多启发。

但在 2010 年 1 月 3 日，高蒙河在媒体上刊文《考古学证据已足以断定安阳曹操墓真伪》，推翻了他之前的质疑。文中指出，河南省文物局宣布在安阳安丰乡西高穴村发现曹操墓后，媒体和网络舆论有诸多质疑。考古学者提出六个依据，其中五个是间接证据，诸如规模上，墓葬巨大、与曹操的魏王身份相称；时代上，墓葬出土遗物有汉魏特征，年代相符；位置上，墓葬与出土鲁潜墓志等记载一致；葬俗上，曹操倡薄葬，墓内装饰简单朴实；遗骨上，发现与曹操寿终年龄相近的男性遗骨。然而，还有一条是直接证据，即发现了数个而非一个带有"魏武王"刻铭的石牌和石枕，堪列最足证的关键证据之首。众所周知，考古认定墓主人最强有力的证据，就是发现带文字尤其有姓名的墓碑、墓志、印章及刻有姓氏的遗物等。这次不但有"魏武王"字样的遗物面世，而且能与相关文献记载互为印证，依照考古复原的逻辑性，确证"曹操墓"的要素皆已具备。换句话说，如果没有发现带"魏武王"字样的遗物，即便就是真的曹操遗体或者骨架完好地埋在墓里，考古上也不敢妄断那就是曹操本人。文字性遗物的重要性可见一斑，它堪称断定墓主人身份的"定尺""天条"……另外，展开提一下，考古学界根据出土文字证据确认墓主人的案例不止曹操墓，例如早年发掘的长沙马王堆汉墓男女主人身份，就是因为发现了"利苍""辛追""轪侯之印"等印章或遗物，从而确证是长沙丞相及其家人。换言之，同样都发现了带有姓氏名号的文物，既然马王堆汉墓主人身份不被质疑，那曹操的身份不予承认，就有点太不合考古常规了。

质疑的**第三位专家**是中国政法大学中文系博士生导师、先秦两汉文化研究专家黄震云。黄震云主要研究汉魏石刻，他从专业角度出发对此次发掘的文物提出了自己的看法。

黄震云对石牌和画像石都提出质疑，认为这些证据里最硬的证据是文字石牌，但是除"魏武王常所用格虎大戟"等文字外，其他石牌上还有"黄豆二升""刀尺一"等，过去很少有汉代墓葬发掘出类似物品。

对于画像石，黄震云指出，它是墓室建筑构件，装在墓室墙上，都是成套成系列。他认为这块画像石的内容是垓下之战。画分三层，第一层是项羽问路，被农夫误导进了沼泽；第二层是垓下之战的情景，项羽为了突围，把他的随从分为四队，朝着四个方向；第三层是项羽和乌江亭长说话的情景，亭长劝项羽搭船，项羽不愿意（可以看出，黄震云教授认定的画像石内容与河南省文物考古研究所认定的画像石故事题材不太一样）。

黄震云说自己在山东嘉祥武梁祠见过几乎相同的画像石，但比这幅要精美得多。另外，可疑的还有，曹丕已经篡汉，怎么会把歌颂汉代功绩的内容刻到画像石上？

之后，黄震云在媒体上撰写了《曹操墓遗物真伪解读》一文，进一步阐述自己的观点。"发现曹操墓"的消息日前经媒体发布后，引发各界高度关注，曹操墓被视为20世纪以来最重大的考古发现之一。地方和媒体认定曹操墓的依据主要有六条，但他认为第六条不是直接证据，不能说男性尸骨年纪相近就一定是曹操。第三条依据中的墓葬位置并不确切，报道中已经说明彼此记载差异大，同时鲁潜的墓志也未必就是真实的记录。

黄震云在文中着重阐述了他对出土的石牌的质疑。他认为，虽然两块石牌写着"魏武王大戟"，但并不能证明这就是曹操的墓地，好多石牌看上去不像是随葬品，而是记录货物的清单，上写"胡粉二斤、黄豆二升"之类的。出土的石枕形貌看上去并不是生活中使用的物品。从物品所刻字体看，刻工水平不高。

对于曹操使用过的武器，黄震云也有自己的理解。《三国志》有"天子命公赞拜不名，入朝不趋，剑履上殿"之说，北宋苏轼说是"横槊赋诗"，这些都说明曹操用过剑和槊。但是历史文献中并没有关于格虎之戟一说。

黄震云对画像石的品质也给出了自己的意见，他表示画像石与厚葬密切相关，在汉代并不少见。汉代大量的画像石都很精美，但是此墓地的设施形制没有王侯气派。无论是刻工水准还是文物级别，都不像官宦富贵气派。

黄震云指出的问题确实存在。文物伪造由来已久，河南省洛阳市伊川县烟涧村是中国青铜器"造假"的重灾区和集散地，这里三分之一的农户都可以仿制以假乱真的青铜器，让文物收藏界和鉴定界十分头疼。中华人民共和国成立后，最有名的一次文物造假事件是北魏陶俑事件，几乎骗了当时全国所有的专家，连中国国家博物馆和故宫的专家也中招。当时还用了考古高科技——碳-14 年代测定。类似的"出土文物"源源不断出现在收藏品市场中，引起了国家文物局的高度重视，后来发现它们竟出自河南洛阳孟津南石山村。

质疑的**第四位专家**是河北省邯郸市政协常委、文史委员会原主任刘心长。他从事历史研究 30 余年，出版过专著《曹操墓研究》。他在接受《21 世纪经济报道》记者采访时，表述了自己的观点。

刘心长提出的第一个疑问是，曹操死后被汉朝皇帝追封"武王"，是在其下葬之前还是之后。如果是下葬之后，那么有没有可能把墓再打开，将刻上新封号的物品埋进去？为什么这些表明主人身份的铭文不是生前刻在器物上，而是在死后刻在石牌上？曹操为筹集军饷曾盗过墓，他在遗嘱中要求"薄葬"，也是为了防盗墓。他的墓室中为何每个陪葬品都写介绍，这样做似乎没有什么意义。

第二个疑问是，曹操在遗嘱中要求他的墓"无藏金玉珍宝""金珥珠玉铜铁之物，一不得送"，那么在这个墓中出土的器物中，为什么会有金、银、铜、铁等金属物件，甚至玛瑙、玉石等珠宝？

在他看来，石牌、石枕不是最重要的证物，更为关键的是曹操和其夫人卞氏的印章有没有找到。关于墓葬位置，刘心长也心存疑问，觉得需要进一步考察。他本人曾经三次探寻鲁潜墓。如果这次发现的是曹操墓，那么应该按照鲁潜墓志所标注的，能在周围相距43步的位置找到鲁潜墓，但是至今没有发现鲁潜墓的踪影。而且曹操墓不可能是孤零零一座墓，周围会有群墓。曹操曾经主张"其公卿大臣列将有功者，宜陪寿陵"，很希望在身后，自己的将领们能够与他生死相随，陪伴在他的身边。但是，安丰乡所在的南区北临漳河，难以埋葬公卿大臣，且土壤肥沃，不符合曹操要葬在"瘠薄之地"的要求。根据文献记载，曹操大将夏侯惇死后也葬在邺城附近，但是西高穴大墓周围还未发现有重要的文臣武将的墓。

刘心长曾经研究过曹操墓的位置，他画出的曹操墓地图分为北区和南区。以邯郸和安阳分野的漳河为界，河北省邯郸市磁县讲武城乡以西和时村营乡中南部视为北区，河南省安阳市安丰乡属于南区，两地共 5 平方千米。两区都在曹操遗嘱所描述的方向上，但是他更倾向于墓在北区。

他又提出，魏文帝曹丕在《武帝哀策文》中描写曹操墓是"弃宫廷、置山峨"（峨，即山岗地带之意）。这样的表述说明曹操的埋骨地点应该是高岗，但是安阳一带都是平原，没有所谓的山峨。唐代诗人王勃曾在《铜雀妓二首》中写道："高台西北望，流涕向青松。"刘心长解释说："高台即铜雀台，西北望即望向曹操墓。从今天尚存的铜雀台遗址的方位看，如果曹操墓在安丰西高穴村，那就是'西南望'了，和诗人的感觉不一致。"

刘心长的质疑值得深思，西高穴大墓发掘后披露的考古情况似乎确实无法回答这些问题。但是谁又能确定，王勃的诗句没有错误？

质疑的**第五位专家**是原中国考古学会理事长、中国社会科学院考古研究所研究员徐苹芳。他是中国考古界的泰斗级人物，主持过北京元大都、金中都，杭州南宋临安城和扬州唐宋城的考古勘察发掘工作，还发表过对中国历史文化名城特别是北京旧城保护的意见。可惜的是，2011 年 5 月 22 日，他因病去世，享年81 岁。

徐苹芳是一位治学非常严谨、令人尊敬的考古学家，他在接受《人民日报》记者采访时说，考古史上，过早下结论未必合适。例如头盖骨，并不是死证，目前所知的证据都是旁证，推测多，主证和死证少。关于考古确认，应该是"大家伙一致确认"，各主要学术单位、主要学者一致确认，没有异议，才算是考古确认。但在具体解释方面有分歧是正常的，新的意见，有助于学术的正常发展。希望尽快恢复到各方共同讨论的局面。

徐先生还批评考古学术界存在不良风气，如考古学研究的基础——田野考古的质量正在下降，轻视田野考古等基础研究，不熟悉中国现代考古学创业的历史及其传统等。[6]

质疑的**第六位专家**是收藏家马未都。马未都曾是中国青年出版社的编辑，他在 20 世纪 80 年代开始收藏中国古代艺术品，藏品包括陶瓷、古家具、玉器、漆器、金属器等。曹操墓被发现的消息公布后，马未都第一时间在博客上表达了自己的看法。

他认为从六条证据看，判定曹操墓最为直接的证据是刻有"魏武王"的石牌与石枕，但这两件最有力的铁证并不是考古的正规发掘，而是从盗墓分子手中缴获的。他表示："最可恨的是，在近十年国家加大力度打击盗墓的环境下，许多盗墓分子不盗墓了，专营造假，欺骗了许多捡漏者乃至专家，但愿此两具重要文物不是他们所为。"

在接受新华社记者采访时，马未都表示，这个墓非常复杂，多次被盗，在漫长的一段时间里失控，有那么多人进去过，什么事情都会发生，今日社会之复杂远超专家们的想象。但不是说这个墓就一定造假，只是担忧被造假者利用。他希望善意提醒大家，既然是学术研究，大家都应该冷静。

在深圳卫视 2009 年年初推出的新锐话题栏目《22 度观察》"曹操墓 三英论真伪"的节目中，马未都表示非常尊重河南考古人员的辛勤劳动，认为魏武王那块石牌的发掘出土是在 10 月，但是两次鉴定会都在 11 月举行，宣布曹操墓是在 12 月，鉴定有些匆忙。他看来，六大证据都不能算是铁证。就算 59 块（当时是 60 块）石牌都是曹操的，也不能证明就是曹操墓。例如越王勾践剑是楚墓中出土的，但是不能说越王勾践就埋藏在楚墓中，这只是一种推理，不能用来肯定。此外，他觉得这座大墓虽然肯定是王墓，但是遭到反复盗掘，很多现场证据不宜作为曹操墓的铁证。他还对那具男性尸骨是不是曹操的提出了很多质疑，没有棺椁、没有尸床、尸体的位置已经完全移动，头盖骨是在墓室门口发现的，这块骨头就算测定下来是 60 多岁，也不能证明就是墓主人的，更不要说是曹操的。

作为收藏家和鉴宝专家，马未都对文物造假行业非常了解，对出土的文物非常敏感。

质疑的**第七位专家**是江苏省考古学会会员倪方六。他是中国盗墓史研究学者，著有《盗墓史记》《帝王秘事》《中国人盗墓史》《千年盗墓笔记》等多本影响广泛的历史畅销书。在安阳发现曹操墓的消息公布后，他在第一时间发表博文予以支持。然而，在 2009 年 12 月 29 日下午，他再次更新博客，对观点进行了修正。他认为，为什么那么多人质疑曹操墓，是因为没有找到曹操的"阴间身份证"，就算可能没有哀册，但是为什么没有印玺？

※ 封建时代颂扬帝王、后妃生前功德的韵文多书于玉石木竹之上。行葬礼时由太史令读后埋于陵中。古代帝王死后，将遣葬日举行"遣奠"时所读的最后一篇祭文刻于册上，埋入陵中，此为哀册。比较有名的有 1943 年出土于成都老西门外的抚琴台五代前蜀主王建墓中的王建哀册，1950 年出土于南京南郊牛首山的南唐二陵中的南唐烈祖李昪哀册。

王建哀册

在接受《华商报》记者采访时，倪方六表示出现各方质疑的原因是没有出现铁证。山东曹植墓、湖南马王堆汉墓、广东南越文王墓等，都出土了能直接证明墓主身份的物件。所以，一经公布，是惊喜，而不是质疑。没有权威的发现，而仅靠权威专家来认定，是不行的。他进一步举例说，1916 年 5 月，在广州龟山发现一座西汉初年的大墓，等级很高，引起了学术界的广泛关注。当时，国学大师、考古权威王国维认定是第二代南越文王赵眜的墓。1983 年 6 月，广东省政府在象山附近建造住宅楼时，赵眜墓突然现身。王国维的权威观点不攻自破。

　　※ 马王堆汉墓的认定　两千多年来，长沙马王堆汉墓从未被盗，保存完好，并出土了大量的文物。在文物清理过程中，人们发现了一枚印章，上面刻着"妾辛追"几个字，表明墓主人的名字叫辛追。另外，在一些随葬器物上，印有"轪侯家丞"和"轪侯

马王堆汉墓

南越文王墓

家"的字样。根据史书记载，轪侯是西汉初年的一个侯爵，曾在长沙国担任丞相。由此基本确定，这是西汉初期长沙国丞相、轪侯利仓及其家属的墓葬。

南越文王墓的认定　1916年5月，广东台山人黄葵石在广州市东山龟冈买下一块地建住宅，在挖地基时不经意发现了一座大型西汉木椁墓。此墓中出土了铜器、陶器和玉器等许多随葬品，木椁板上刻有"甫一""甫二""甫五""甫十""甫廿"等文字。从出土陶器铜器上刻有的铭文看，可以断定为西汉初年墓，当时正是南越国存在的时间。最令史学界激动的是，铭文上有"南越文王胡冢"字样。此次发现立即轰动了广州乃至中国整个学术界。许多研究者认为这是第二代南越文王赵眜的墓葬，因为赵叫过"南越文帝"，持这一观点的代表人物是国学大师王国维。但是到了20世纪80年代，真正的第二代南越文王墓被发现。当时，广东省政府办公厅准备在广州老城区北面解放北路越秀公园西侧的象岗山盖几幢宿舍大楼。在挖掘大楼基础墙坑时，一位民工使用铁锄时碰上了硬物，震得虎口发麻，低头一看竟然是一大块石头。再向下挖，就挖出了古墓。1983年8月25日，经国家文物局批准，由广州市文管会、广东省博物馆、中国社会科学院考古研究所三方组成的考古队，对古墓进行全面挖掘。此墓两千年来竟然保存完好，未遭盗墓贼光顾过，出土了大量的珍贵文物。其中有一枚"文帝行玺"，金质，最引人注目。"文帝行玺"的出土，不只直接证明了墓葬的主人身份，还透露出了一个重大历史秘密：作为蕃国的南越国，当时竟然背着西汉政权私刻帝印。

质疑的**第八位专家**是中国人民大学历史系教授、原史学理论与史学史教研室主任牛润珍。他在接受《南方日报》记者采访时，表达了自己的看法。他认为，曹操墓的认定是一个综合性的问题。考古是一个方面，它提供的是最直接、最坚挺的证据。考古现场是原始状态的一部分，出土文物为历史研究、墓主身份的确认提供有力的证据。但最后的结果不仅仅是考古就能证实的。他举了王国维的例子，这位大家在做研究的时候就是主张将文献与考古材料互证，因为这两者是分不开的。

牛润珍提出，西高穴大墓的很多文物是公安人员从盗墓者那里追缴过来的，这种文物在考古价值上就大打折扣，因为发生了位移。如"魏武王常所用慰项石"是收缴来的，不能作为佐证，只能作为旁证，而从陵墓出土的"魏武王常所用格虎大戟"可以作为第一证据。他认为大家对曹操墓的质疑，在学术领域实属正常，因为有关证据不够充分。

牛润珍是一位很严谨的学者，他认为在曹操墓这个问题上，有疑问可以提出，但是把它看成是"周老虎"那样的事件是不合适的。各个学科的学者联合起来进行论证，哪些地方是可靠的，哪些地方是值得怀疑的都可以提出来，不要轻易否定，也不要轻易肯定。

牛润珍表示，自己虽然没到过现场，但是他研究邺城30年，很熟悉该地。曹操墓在那里的可能性是最大的，但是在证据不是特别充分的时候就公布这是曹操墓，有点着急了。史书中有记载，卞夫人死后与曹操合葬高陵，这个考古结果似与文献记载不相符。高陵旁边还有其他大墓，如果发现卞氏墓地，那么就能基本确定是曹操墓。需要再补充证据，不能操之过急。

牛润珍从学术角度来阐述观点，表述客观且公正。他明确提出，武断地把"曹操墓事件"定为造假是不合适的，还需等后续证据出现才能盖棺定论。

质疑的**第九位专家**是西南民族大学历史系教授袁定基。在河南省文物局公布西高穴大墓发掘信息后的第十天，他接受了《成都晚报》记者的采访，就"曹操墓"的发掘和认定提出几大质疑，并批评考古学被旅游开发热"绑架"的怪现象。

袁定基提出的第一个质疑是为何墓中有玉。三国时期，不仅仅是曹操要求薄葬，当时整个社会风气都流行薄葬。该墓内却发现了玉佩等物品。曹操要求薄葬是有文献记录的。建安二十四年（219年）十二月，刘备大将关羽兵败被杀，孙权将关羽的头送给曹操。曹操当时是抱病带军出征，担心自己突然死亡，遂下了一道临时性命令："有不讳，随时以殓。金、珥、珠、玉、铜、铁之物，一不得送。"这句话的意思是，如果我发生了意外死亡，随时收殓下葬，金玉宝物一律不要随葬。建安二十五年（220年）正月，曹操回到洛阳，临终前，他写下《终令》："天下尚未安定，未得遵古也。葬毕，皆除服，其将兵屯戍者，皆不得离屯部，有司各率乃职，殓以时服，无藏金玉珍宝。"

第二个质疑是为何匆忙公布，且公布后很快算出经济开发价值。袁定基认为"曹操墓事件"的发展过于迅速，如果是严肃的考古工作，不可能提前计算好经济开发价值。

第三个质疑是为什么那么匆忙就盖棺定论。袁定基认为，在考古界，都习惯找到重大发现后进行长期而深入的研究，才谨慎地发布学术成果。

第四个质疑在于证据不足。袁定基也以成都王建墓为例，王建墓虽然多次被盗，但是有哀册，还有石像，可以证明他的身份。但"曹操墓"里却没有类似的直接证据。

第五个质疑指向"魏武王常所用格虎大戟"等出土文物。袁定基说，在其他古墓中都没发现过类似的日常物品，很难用其证明墓主身份。

第六个质疑是凭什么证明石牌是1800年前的。当地文物部门称"魏武王常所用格虎大戟"的石牌是1800年前的，却没有同时公布碳-14的检测报告。

※ 碳-14是碳的一种具放射性的同位素，于1940年被发现。它通过宇宙射线撞击空气中的碳-12原子产生，半衰期约为5730年。通过β衰变，碳-14原子转变为氮原子。由于其半衰期达5730年，且碳是有机物的元素之一，所以可以根据死亡生物体内残余碳-14成分来推断它的年龄。生物活着时，会呼吸，其体内的碳-14含量大致不变。当它死去，呼吸停止，此时体内的碳-14开始减少。由于在自然界，

碳元素的各个同位素的比例一直很稳定，因此可通过测试古物的碳-14含量，来估计它的大概年龄。这就是碳-14断代法（参见附录一）。其实，碳-14面向的是有机物检测，石牌是无法用它来检测的。

第七个质疑是盗墓贼如何知道曹操墓的位置的，而且一盗就准。《二十五史》中只记载了曹操葬于"高陵"，并没有具体地址，民间则有"七十二疑冢"的说法。

另外，没有在第一时间接受"曹操墓"说法的还有以下几位专家：

厦门大学易中天教授对发现曹操墓的态度是，曹操的墓，官方报道说已经在河南安阳找到了，但还是要等待"出土文物开口说话"才能发表意见。考古，是一件非常严谨的事情，非要有专业知识、科学手段并亲临现场不可，要等待考古队正式公布的鉴定和报告。

四川大学历史文化学院教授方北辰的看法是，目前公布的资料太少，光凭这些，还难以判定"西高穴村"墓主人就是曹操。如果要认定墓主人身份，应该要有更多有文字的器物，用有文字记载的事件、称号等来进一步判定；还应该有更丰富的殉葬器物，来说明墓主人的特殊身份。上述两类资料目前都不足，缺乏足够的说服力。关于曹操墓争论纷繁复杂，要在看到更多资料后，才能信服"西高穴村"墓即曹操高陵的说法。

上海博物馆考古部主任宋建表示，自己对曹操墓的"西高穴村"新说所知不多，无从评论更多；但一般来说，能认定墓主人身份的是墓志，如果没有墓志出土，只能是根据文献记载作猜测的结果。

原安徽亳州市博物馆馆长、考古专家李灿的看法是，目前已经公布的考古结果仍待考证，还不能说死此墓就一定是曹操墓。真墓最大可能仍在河北临漳。从墓制的历史演变来看，东汉末期的古墓还是长方形，到了两晋才演变成方形。西高穴大墓出土的两个方形墓室，很像两个蒙古包。

李灿与曹操家族颇有些渊源，他在考古学的一个重大贡献就是发现了曹操家族墓。亳州城南郊和东郊距城五千米范围之内，自古以来耸立着一些小山般的土孤堆，

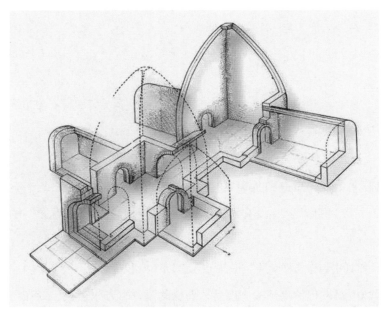

曹操墓室结构图

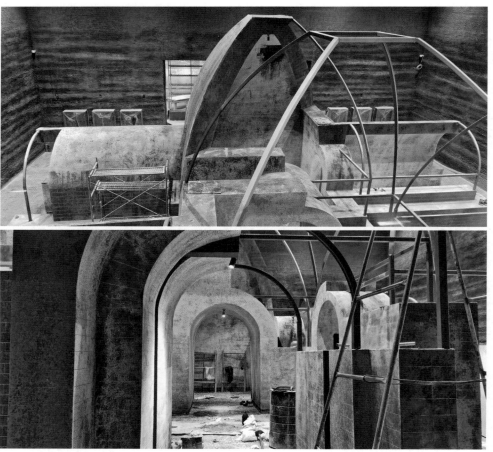

曹操高陵遗址博物馆复原的曹操墓室结构（2021年）

曹操高陵遗址博物馆复原的曹操墓室结构内部

并有一些传说，但谁也不知道其中的奥秘。1968年，有一位农民告诉李灿，有人在城南刘园挖掘孤堆，挖出来一些砖头，掘出来一个地洞。李灿从中搜寻线索，查找资料，发现了令中国考古界震惊的曹操家族墓。其中有曹操祖父曹腾墓、父亲曹嵩墓等，并出土银缕玉衣、铜缕玉衣各一套及其他珍贵文物。该墓群的发现，是中华人民共和国成立30年来的重大考古发现。现该墓群为国家重点文物保护单位。

安徽亳州曹操家族墓

三、力挺的一方

在众多专家质疑的同时，也有很多给予支持的专家。

力挺的**第一位专家**是多年从事秦汉都城与帝陵研究的中国社会科学院学部委员、考古研究所原所长刘庆柱。他在接受《人民日报》记者采访时这样表述，六大证据并不仅针对曹操陵墓，而是衡量一般陵墓的标准。首先，曹操是魏武王，于220年去世，王都在邺城，陵墓经论证属于东汉晚期，从时代上就能判定。其次，古代王侯的陵墓与老百姓的墓完全不一样。这次发掘的曹操高陵，基本结构和规模符合多年形成的考古规律，与过去在南京出土的三国时代王墓一致，符合当时王墓的特征。最后，之所以锁定曹操，因为当时埋在邺城的王只有曹操，加之出土的石牌，字体也是汉魏年代的书法特点。多年前，曾在曹操高陵旁边发现一个达官显贵墓葬的墓志铭，时间比曹操去世时晚120多年，上面就写着其墓就在曹操高陵旁边。这几条证据是相互关联的，在学术研究上并不是孤证。因此，对该陵墓是曹操高陵的判断，是可以成立的。

2010年1月10日，深圳卫视的新锐话题栏目《22度观察》播出一期主题为"曹操墓 三英论真伪"的节目。面对曹操墓并无墓志印证的质疑，刘庆柱在节目上解释说，曹操当时提倡薄葬，所谓墓志是后来朝代才有的。另外，根据时间测定，这些都是1 800多年的文物。当网友提出是否用DNA鉴定尸骨为曹操时，刘庆柱说，这个意义不大。他认为《三国志》等史书互相印证了曹操墓埋葬的地点和方位，并推测西高穴村大墓是被故意毁墓的，理由是凡是写有魏武王的8块石牌全被砸碎了，剩下的50多块全是完好的。目前，汉墓一共发现了50座，挖掘的有40多座。他提到很多大墓都有争议，如南越文王的墓、楚王的墓。但是对于曹操墓，他觉得没有疑问。

关于墓志的存在时间，颇有争议，因为根据历史考证，墓志始于秦汉，发现最早的有秦劳役墓瓦志和东汉刑徒砖志。秦汉之时的陵墓中确实极少会有墓志出土，三国时期，曹操提倡俭朴、薄葬，禁止树碑为个人立传。一般的士大夫阶层遂将死者的生平及歌颂文辞镌刻于一较小的石面上，此石置棺内随葬，称为墓志。例如，洛阳出土的晋永平元年（291年）徐夫人菅洛墓碑、晋元康元年（291年）成晃碑，形式和内容都与地面上的墓碑相同，只是形体缩小而已。其后，有作圭形的，如洛阳出土的晋元康九年（299年）徐美人墓志；有作竖长方形的，如北京出土的永嘉元年（307年）华芳墓志。它们都自称为"铭"，因为志文后皆有四言韵语组成的"颂"辞。也有比较简单、只记姓名和卒年的，如江苏镇江出土的升平元年（357年）刘尅墓志。刘庆柱认为，曹操去世时间为220年，正是汉末和三国初阶段，是墓志大规模出现的前夜，这个阶段大墓里是否放置了墓志确实很难说。

刘庆柱在回应网友提问墓中为何有两位女性时表示，根据头盖骨分辨情况看，一位女性50多岁，可能是卞皇后。……另外一位女性是丫鬟还是别的什么人，现在不好断定。

力挺的**第二位专家**是中国人民大学北方考古研究所所长魏坚。他也是一位汉代考古领域专家。20世纪90年代以来，他主持了内蒙古地区秦汉长城及沿边古城的调查，组织了阴山以南地区大批汉代墓葬和部分秦汉城址的发掘与调查，获得了大量有价值的文物资料。特别是对"居延汉简"和汉代烽燧障塞的发掘研究，在国内外学术界引起较大反响。他在研究汉代北方经济开发、军事设置和汉匈关系等方面，取得了突破性的进展。

魏坚在《22度观察》栏目的"曹操墓 三英论真伪"节目中说："汉墓100座大墓有99座都是空的，像马王堆这样能够保留下来的汉墓极少。在这种情况下，要依靠一个非常完整的证据来断代，几乎不可能，大多数情况下还是要依靠这些残破留下来的东西，我们注意到的是，这个墓室结构一看就是东汉晚期的。"

力挺的**第三位专家**是中国社会科学院历史所研究员，中国魏晋南北朝史学会副会长梁满仓。2011年1月11日，他在新浪博客上写了一篇文章《曹操墓中出现玛瑙不足为奇》。文中对曹操墓中出现玛瑙和水晶珠的原因进行了解释。这些珠宝有两个特点，一是都很细小，二是数量不多。他推测，这些小珠宝与葬式有关。古代人死后，嘴里放的东西叫饭含。饭含有等级区别，天子饭含用珠玉，曹操名为汉相，实则天子，所以墓中出土的水晶珠可能是当时放在嘴中或耳孔鼻孔中的物品。那些零碎的玛瑙小件很可能是曹操平时衣服上的装饰物。曹操《遗令》中还有"葬以时服"，就是说用平常穿的衣服装殓。在曹丕《玛瑙勒赋》中，可以找到一些证据，该赋序说："玛瑙，玉属也。出自西域，文理交错，有似马脑，故其方人因以名之。或以系颈，或以饰勒。余有斯勒，美而赋之。"勒者是额带或腰带。"余有斯勒"的意思是曹丕有装饰着玛瑙的带子，这说明当时的贵族衣服上确实镶有珠宝。所以，曹操墓中出现少量的玛瑙珠玉不足为奇，更不能作为否定曹操薄葬，进而怀疑曹操墓真伪的根据。

力挺的**第四位专家**是原陕西省考古研究院院长、中国考古学会常务理事、西汉帝陵考古专家焦南峰。陕西省是中国考古大省，焦南峰的考古经历非常丰富，先后主持了唐李晦墓、秦汉蕲年宫区、阳陵邑及秦公陵园第三次钻探等大型考古勘查和发掘工作。独立或合作发表了《秦公大墓石磬残铭考释》《汉代京城、帝陵的考古发掘与研究》《陕西秦汉考古五十年纪要》等论文和简报 30 多篇（部）。

在接受《南方日报》记者采访时，他也坦言自己经历了从不相信到不太相信，到最后确定的过程。资料公布后，他曾经参加过多次专家研讨会，通过了论证后才确认。到现场后，疑虑基本上被打消，判断西高穴大墓为曹操墓。除出土文物外，《后汉书》《魏书》等历史文献的记载，都能在这座安阳古墓里找到对照。此外，陵园的等级等方面都指向曹操墓。对比自己所见到的许多汉唐的陵墓，他对这座大墓的第一感觉是规格确实不小，却简朴很多，这与曹操生前一直提倡的薄葬制刚好相互印证。

力挺的**第五位专家**是历史学家、中国秦汉史研究会原副会长、河南大学历史系主任朱绍侯。他曾出版《雏飞集》《朱绍侯文集》《朱绍侯文集（续集）》《秦汉土地制度与阶级关系》等著作，并主编多部教材。其中，《中国古代史》是后学必读经典，发行量高达 120 万册，全国 60% 以上的高校历史院系至今仍作为教材在使用；他用几十年时间完成了对秦汉军功爵制的研究，先后出版了《军功爵制试探》《军功爵制研究》《军功爵制考论》等著作，是国内唯一对秦汉军功爵制进行系统深入研究的权威学者。

他在 2009 年 12 月 31 日举行的考古说明会上表示，曹操主张薄葬，临终前留下《遗令》，"殓以时服""无藏金玉珍宝"。8 件圭形石牌都刻有"魏武王常所用"，恰恰印证了《遗令》。"常所用"就是曹操平时所用之物，"殓以时服"就是入殓时穿平时的衣服。曹丕在入殓父亲时，完全遵照了《遗令》，随葬了曹操平时所用的大刀、大戟等兵器和随身饰物，并特制了圭形石牌，其他任何一个帝王墓中没有"常所用"这种说法，文献上也找不出其他相同的说法。

力挺的**第六位专家**是北京大学考古文博学院教授齐东方。他曾经从事三国两晋南北朝时期的附葬墓、金银器等方面的研究。

他在《文汇报》上撰文，对西高穴大墓判定为曹操墓给予了肯定，认为："考古学科学发掘的遗存有准确的地点、环境、组合，获得的实物虽然是'哑巴资料'，但可供'榨取'的信息很丰富。这座墓的主证、副证、旁证都纷纷指向曹操，并形成证据链或证据群。可以说，有这么多证据来论定墓主人的，以往不多见。"

齐东方向公众普及了一些考古知识，指出考古学对墓葬的研究采用了分区域、分期、分类型的模式。不难理解，中国地域广大，每一个地区的文化面貌都不同，不可一概而论，中原地区就是其中一个文化区域。但是中原地区发现的墓葬很多，时代不同，接下来就要在这个区域内确定众多墓葬的不同时期，如西汉早期、晚期，东汉早期、晚期，这样就在一个区域内排出了时代序列。分区、分期以后，还要在每一期里面分类，如每一时期的墓葬有大型墓、中型墓、小型墓等。不同类型的墓在墓室结构、墓内设施、墓壁装饰、出土器物的种类等方面的详细数据都不一样。在分区、分期、分类型的框架中，安阳西高穴村发现的这座墓规模巨大，总长度近 60 米，有前后室，还有 4 个侧室，墓葬结构是东汉晚期的大型墓，墓主人生前的身份地位一定很高，毫无疑问属于贵族大墓。当然，仅仅这个还不能确定它就是曹操墓。紧接着，还有第二个根据。曹操是著名的历史人物，关于他死后的安葬之事，《三国志·魏书》中的《武帝纪》《诸夏侯曹传》《刘司马梁张温贾传》以及《晋书·宣帝纪》都有明确记载：他死在洛阳，葬在邺城。此墓发现的地点安阳县安丰乡西高穴村，正是邺城附近，发现的地点是吻合的。而且这一区域、这一时期除了史料上记载的曹操墓，并无其他王陵一级的墓葬。于是，在"贵族大墓"的共性基础上，作为个性人物的曹操自然浮现出来。很多质疑总是围绕着出土的遗物，但考古学研究的不仅仅是遗物，还有遗迹、遗痕。

齐东方指出，曹操墓的认定不同于其他墓葬，在考古学家来看，时代、地点、墓葬规模已经构成了有机的证据整体，而且具有一定的排他性。此外，还有一些关键性的证据，在墓中出土的有圭、璧这样身份很高的人才能用的物品。更重要的是，还发现了带"魏武王"字样的多件石牌，"魏武王"正是曹操的谥号，谥号是功劳卓著的人死后，朝廷按照其生平事迹给予的名号，谥号出现在曹操墓里十分正常。[7]

力挺的第七位专家是时任郑州大学历史学院院长、郑州大学历史文化遗产保护研究中心主任的韩国河。他主要从事秦汉考古与秦汉史的研究，一直侧重于秦汉礼俗与丧葬制度方面的探索。值得一提的是，他曾经和同事合著《长安汉镜》，这本书首次对长安地区墓葬出土的汉镜（有一部分战国、秦代铜镜）进行全面研究，而西高穴大墓中出土了硕大的铁镜。

韩国河在媒体上表态称：他认为曹操墓的认定是可信的，他从两汉丧葬制度的变迁来解释曹操的薄葬。西汉与东汉的帝陵葬制有明显的不同。西汉帝陵一般有四条墓道，东汉时期就变为一条墓道；西汉的封土堆多为覆斗形，东汉多为圆形；西汉墓的材质以木为主，东汉以石材为主，规格高的墓里常有大块方砖铺地，高陵里的铺地砖边长达90厘米；西汉墓多有大批随葬品，到了东汉末年，随葬品就变为"明器"。这个墓不管从规格、形制还是随葬品，都达到了王侯级，并符合东汉晚期的特点。

反对方和支持方都是中国历史领域和考古界的权威，彼此学术观点分歧不小。当各大媒体刊发各家说法后，引发了广泛的关注。曹操墓的真假成为当时街头巷尾热议的话题。

四、正反双方的一次对话

在众说纷纭的情况下，凤凰卫视《一虎一席谈》栏目于2010年1月5日专门制作了"PK：安阳曹操墓是真是假？"的节目。正方代表是梁满仓、唐际根、王迅，反方代表是黄震云、倪方六、周孝正。节目组列出了正方观点和反方观点。

正方观点：曹操墓在安阳。一是出土文物的考研，特别是一块刻有"魏武王常所用格虎大戟"的石牌；二是地理位置和史书中记载的曹操墓位置完全吻合；三是在墓中发现了三具古尸，其中一具确认年龄在 60 岁左右，与史书曹操寿终年龄的记载相符。

反方观点：所谓的专家说证据是后世的一块墓志铭，说距离魏武帝多少多少步，并不充分，而且曹操是盗墓的行家，相信对各种墓防盗设施很通晓，他的墓应该是机关重重才对，可是这座大墓却没有什么流沙墓、陷坑之类的机关。

本来是一场对话，大家可以就学术观点进行公开讨论，但是现场出现一些不和谐的声音。

录制节目结束后，倪方六在自己名为"梧桐树下戏凤凰"的新浪博客中发了一篇题为"凤凰卫视'曹操墓'节目六点说明"的文章。文中说，现场说话的观众几乎全是力挺曹操墓的。为何这些观众的观点那么整齐划一，异口同声？他对现场提问的观众态度，保留怀疑。

这个微博的发布又引发了热议。面对争议，作为我国唯一的国家级考古研究机构，中国社会科学院考古研究所派出了一支 12 人的队伍，在 2010 年 1 月 11 日赶赴河南省安阳市考察备受公众关注的西高穴大墓。

中国社会科学院考古研究所于 2010 年 1 月 14 日在河南举行"二〇〇九年度公共考古论坛"，公布该所对"曹魏高陵"的考察结果。潘伟斌在论坛上公布了专家认定此墓葬为曹操墓的九大证据：第一，此墓葬为多墓室砖室大墓，主墓室为四角攒尖顶，和洛阳发现的曹魏正始八年大墓墓顶形状相同。第二，此墓葬与同期墓葬相比，规模宏大，是王侯级墓葬，与曹操身份相符。第三，墓葬地面情况符合曹操定下的《终制》，此墓葬所处位置比 3 千米之外的固岸北朝墓地海拔高出 10 米，符合"因高为基"的要求。此次发掘墓室上面未见封土，更没有找到立碑迹象，完全符合《终制》"不封不树"的要求。第四，符合文献资料记载高陵的位置。第五，称谓相符。第六，发掘过程中出土的铭牌，其中刻有"魏武王"的石牌共有 7 块，是其身

石牌出土前，西高穴 2 号墓发掘时的场景 潘伟斌供图

西高穴 2 号墓出土的石牌 潘伟斌供图

份认定的直接证据。第七，出土物与曹操《遗令》"薄葬"相符。第八，墓葬中发现的男性遗骨年龄为 60 岁左右，与曹操去世时年龄相符。第九，附近出土文物进行了旁证。

中国社会科学院考古研究所所长王巍还透露，考古专家在墓葬的一个漆器下面发现 3 件石牌。古代的漆木件只要一动肯定荡然无存了，但这 3 件石牌可以肯定没有移位。此外，这 3 件石牌的内容和字体与其他几十件石牌都一样，由此可以推定墓葬当中的石牌应该是真的。他肯定了石牌和年代的真实性，也对"石牌是假的"言论进行了辟谣。

但是，令人疑惑的是，王巍面对媒体又说了一段绕口且模棱两可的话："这次与会的嘉宾大多是考古领域一线学者，都是首次针对'曹魏高陵'公开发表意见。根据目前所掌握的材料，大家都比较认同此墓葬是曹操墓。但是我们这个会议不是新闻发布会，也不是所谓的最终认定；最终认定和由谁来认定，最后我们会有一个交代。"

王巍的初衷是本着严谨的治学态度来对待曹操墓的认定。但是在争议不断的情况下，这样的表述，似乎更像是底气不足的"打太极拳"。

第三节 《中国社会科学报》的解读

《中国社会科学报》在 2010 年 1 月 19 日和 1 月 21 日策划了专题，在多个版面上刊登考古、历史学者对河南安阳西高穴大墓的考古情况的观点和看法。

1 月 19 日第一版刊登的文章来自刘庆柱。之前，他已多次向公众进行解释。这次在题为"曹操墓的考古学证明"的文章中，他做了很多新的论述，比如详细解释了墓葬的形制问题。

西高穴 2 号墓考古发掘前，已发掘的汉代诸侯王墓有近 50 座，其中东汉时代诸侯王墓 7 座，前期 2 座、中期 3 座、晚期 2 座。晚期 2 座是河北定县北陵头 43 号墓（东汉中山国中山穆王刘畅墓）和江苏徐州土山墓（东汉晚期某代彭城王或王后墓），两者均由墓道、前室、后室与左右耳室或侧室组成。之后，三国时代东吴高级贵族墓或帝王陵墓考古发现有江苏南京上坊孙吴墓、安徽马鞍山宋山东吴墓（东吴景帝孙休墓）和朱然及家族墓等，其墓葬形制均由墓道、前室、后室及侧室（或耳室）组成，墓内安置石门，墓室地面铺地砖规格大（如安徽马鞍山宋山东吴墓、江苏南京上坊孙吴墓的铺地砖边长 50 厘米）。宋山东吴墓墓室长 17.68 米、宽 6.6 米。上坊孙吴墓墓室长 20.16 米、宽 10.5 米，前后二室平面均近方形，顶部为四隅券进式穹隆顶，前室与后室两侧各有 2 个耳室。东汉诸侯王墓一般在王国都城附近的高地或山冈之上。东汉前期诸侯王墓的墓葬形制是题凑石墙回廊多室墓，晚期诸侯王与魏晋时期高等级墓葬则为单墓道、前后室及四侧室（或耳室）、穹隆顶砖室墓。西高穴

2 号墓墓葬形制恰与东汉晚期诸侯王墓和魏晋时期高等级墓葬形制相同，规格相近。按墓葬形制的规格看，西高穴 2 号墓应为王陵。

另外，文章对"魏武王常所用格虎"铭文石牌进行了大量的文献解释。认为"魏武王"在东汉晚期曹操去世至曹丕称帝之间，只能是曹操。"常所用"为汉魏之际所使用的语言，如《三国志·吴书·周泰传》裴松之注引《江表传》有"常所用"语，《宋书·肖思话传》有"常所用铜斗"，其他文献中还有"常所用弩"等。"格虎"是当时常用语，《全汉文·谏格虎赋》《格虎赋》《魏书·列传》等中均有相关的文字。"戟"是东汉末年、三国时期最主要的格斗兵器。所以，西高穴 2 号墓出土的刻铭"魏武王格虎大戟"的时间应该在东汉末期至曹魏时期。

刘庆柱在文中提出了另外两个证据。其一是刻铭石牌文字，这些文字绝大多数为汉隶，即"八分体"，这是东汉时代流行的书法。其二是与鲁潜墓志的印证关系。他认为，曹魏邺城的"魏王"只有曹操，邺城作为东汉晚期曹操的王都，这里东汉晚期的王陵非曹操莫属，其他王陵不可能在此。[8]

第二版上刊登的是中国人民大学国学院教授、中国秦汉史研究会会长、中国岩画学会副会长王子今撰写的题为"关于曹操高陵出土刻铭石牌所见'格虎'"的文章。他用大量文献佐证了"魏武王常所用格虎大戟""魏武王常所用格虎短矛"刻铭石牌存在的合理性，以文物实证增益了对曹操个人品性以及汉魏时代社会风尚的认识。[9]

值得一提的是，王子今曾于 2010 年 10 月 26 日在《光明日报》上发表《曹操高陵石牌文字"黄豆二升"辨疑》一文，回应了北京师范大学历史系魏晋史博士张国安对刻有"黄豆"文物的质疑。张国安认为，"黄豆"一词最先在唐《开元占经》《酉阳杂俎》等书出现，之前用的全都是菽、大豆之语，无论经史子集、简帛金石，还是专业农学著作如汉《氾胜之书》、北魏贾思勰《齐民要术》都是如此。王子今在文中写道："黄豆"一词除见"曹操墓"中出土的石牌外，亦见池田温先生《中国历代墓券略考》所录熹平二年的"张叔敬墓券"中：熹平二年十二月乙巳朔十六日庚申、天帝使者、告张氏之家……今日吉良、非用他故，但以死人张叔敬，薄命蚤死，当来下归丘墓。黄神生五岳，主生人禄（生，一作死），召魂召魄，主死人籍。生人筑高台，死人归，深自埋。眉须以落（须以、须已），下为土灰。今故上复除之药，欲令后世无有死者。上党人参九枚，欲持代生人。铅人，持代死人。黄豆瓜子，死人持给地下赋……勿复烦扰张氏之家。急急如律令。熹平（172—177 年）是东汉灵帝的年号。如果池田氏录文无误，墓券中的"黄豆"一词，应是目前所能见到最早的关于"黄豆"的记录。张叔敬墓券是 1935 年在山西忻州同蒲铁路开工时出土的。由此可见，对刻有"黄豆"文物的质疑是站不住脚的。[10]

第二版上还刊有王巍撰写的《西高穴大墓和考古学的认知程序》。文章对考古的过程进行了科普，指出注重实际是考古学家必备的思维模式，一切认识都要通过对实际材料研究得出，有一份材料说一份话，这是考古工作者的基本原则。但在文末，又有了如下表述："相比较一些没有文字等的确切证据，墓主人身份难以确定的墓葬，西高穴大墓里出土了魏武王铭文的随葬品，是属于确认墓主人很有利的证据，可以据此结合其他直接和间接的证据认定此墓的主人为曹操……我们目前可以说认定西高穴大墓主人是曹操，但还不是最终的结论，这并不是对这一认定结果的怀疑和否定，而是对考古发掘工作程序的遵循和考古学研究科学性的体现。"[11]

第三版刊登了题为"拨开高陵疑云 还原真实曹操"的文章。第一作者王学理是西北大学文博学院兼职教授、研究生导师，另一位作者童力是中国社会科学杂志社研究员。文章认为，"魏武王常所用格虎大戟""魏武王常所用格虎短矛"刻铭石牌不可能被伪造，考古人员没有那么大的胆子。作为同行，他们对河南省文物考古研究所的专业水平给予了肯定，又对曹操人生中的重大历史事件做出了一些评述。[12]

第四版刊登了中国人民大学考古文博系教授李梅田的文章《"曹操墓"是否"薄葬"？》，文章围绕安阳大墓是否薄葬而展开。薄葬的"曹操墓"出土了玉佩、铜带钩、铁甲、铁剑、玉珠、水晶珠、玛瑙珠等物，引来了质疑之声。文章认为该墓确实是薄葬，因为禁绝了随葬品中的明器。汉代的随葬品一般包括两类性质迥异的物品：一类是专为丧葬而设的明器，包括遮盖遗体的物品（如玉塞、玉冶、玉覆面、金缕玉衣等各类"葬玉")和具有象征意义的物品（如人俑、动物模型、家具模型）；一类是墓主生前所用之物，或为具有纪念意义之物（如曾用的兵器），或为日用之物（如各类衣物和佩戴饰物）。第一类物品并无实用价值，其中葬玉之类的贵重物品容易诱发盗墓，所以在经济凋敝的曹魏时期，曹操提出的"无藏金玉珍宝"主要指的是这类明器。"曹操墓"中没有发现任何"葬玉"，也没有发现汉代盛行的偶人与俑。至于出土的玉佩、铜带钩、铁甲、铁剑、玉珠、水晶珠、玛瑙珠等物，都应该是身前佩戴之物或珍爱之物，与衣物一样，都是"日有不讳，随时以敛"的第二类物品，与"无藏金玉珍宝"并不矛盾。

文中还提出了一些新的见解：该墓除了对汉代陵墓进行简化外，也有一些新的特点，如"阶梯式内收"的斜坡墓道。这种墓道不见于曹魏以前，在被推测为西晋帝陵的洛阳枕头山墓地和峻阳陵墓地发现了类似形制的墓道，可能代表了魏晋帝陵的普遍形制。西晋的陵墓制度大多继承魏制，可以理解为曹操倡导的"薄葬"新制的延续。[13]

2010年1月21日，一位署名为李平的作者（具体单位不详）在《中国社会科学报》第三版上发表了题为"让曹操墓回归学术"的文章。该文批评了质疑者的不专业，并强调史学家大多倾向于认定曹操墓为真。[14]

时任中国魏晋南北朝史学会会长、中国社会科学院历史研究所魏晋南北朝研究室原主任的李凭教授在《中国社会科学报》第七版上发表了题为"也谈曹操与曹操墓"的长篇文章。他措辞比较激烈，表示自己认为曹操墓是真的，主要理由是出于两个信任——信任当地的文史专家和信任当地的考古工作者。在他看来，曹操墓的地理位置与正史《三国志》和地志《水经注》《元和郡县图志》《太平寰宇记》等相符；墓葬周边的地貌及环境，与曹丕《武帝哀策文》、曹植《武帝诔》、唐太宗《祭魏太祖文》等历史文献和李颀《送刘方平》、贾至《铜雀台》、王建《铜雀台》、刘禹锡《魏宫词二首》、刘商《铜雀妓》等唐代诗歌的意境相对应；这个墓葬的规格与曹操的地位相称；鲁潜墓志记载的方位反映了曹操墓的明确位置。[15]

参考文献

［1］李恩义 . 京汉铁路漳河桥的变迁争夺与趣闻轶事［EB/OL］.［2019-01-14］. https：//www.sohu.com/a/288960916_683050.

［2］河南省文物考古研究所 . 曹操墓真相［M］. 北京：科学出版社，2010：3.

［3］曲志红，桂娟 . 河南固岸墓地出土大批精美文物［N/OL］. 新华网，2006-10-05［2021-03-20］. http：//news.sohu.com/20061005/n245648489.shtml.

［4］汤淑君 . 安阳汉四残石［J］. 中原文物，1993（1）：108.

［5］邢义田 . 汉代画像中的"射爵射侯图"［J］."中央研究院"历史语言研究所集刊，2000，71（1）：1-66.

［6］钱汉东，徐苹芳 . 考古界的一个坐标［N］. 中国文物报，2011-06-24（4）.

［7］齐东方 . 曹操墓的发现与考古学［N］. 文汇报，2010-02-27（6）.

［8］刘庆柱 . 曹操墓的考古学证明［N］. 中国社会科学报，2010-01-19（1）.

［9］王子今 . 关于曹操高陵出土刻铭石牌所见"格虎"［N］. 中国社会科学报，2010-01-19（2）.

［10］王子今 . 曹操高陵石牌文字"黄豆二升"辨疑［N］. 光明日报，2010-10-26（12）.

［11］王巍 . 西高穴大墓和考古学的认知程序［N］. 中国社会科学报，2010-01-19（2）.

［12］王学理，童力 . 拨开高陵疑云　还原真实曹操［N］. 中国社会科学报，2010-01-19（3）.

［13］李梅田 ."曹操墓"是否"薄葬"［N］. 中国社会科学报，2010-01-19（4）.

［14］李平 . 让曹操墓回归学术［N］. 中国社会科学报，2010-01-21（3）.

［15］李凭 . 也谈曹操与曹操墓［N］. 中国社会科学报，2010-01-21（7）.

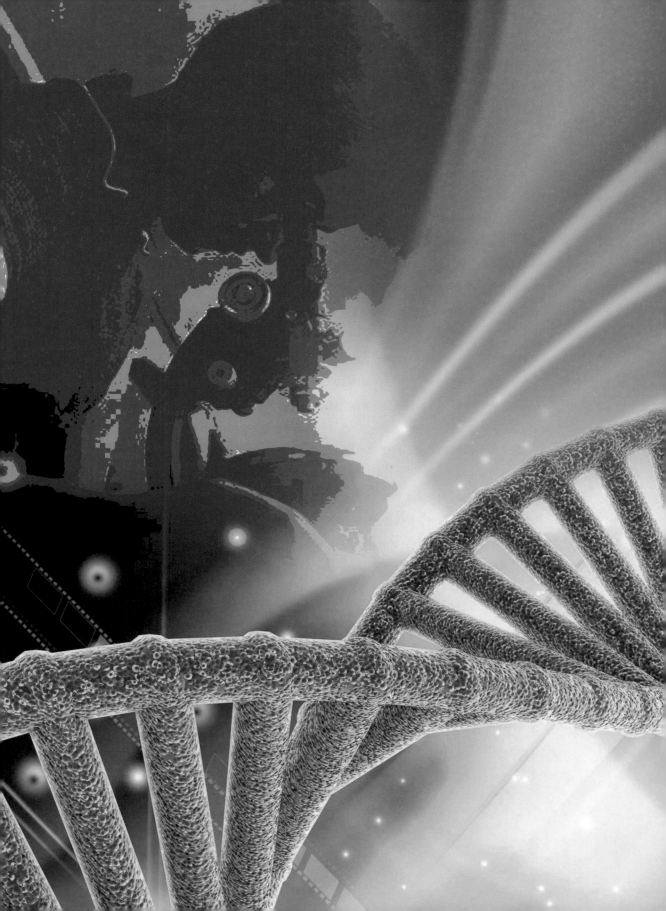

第二章　疑团破解是否可以借助科技手段

一方是中国考古界颇受争议的西高穴村大墓的归属问题，另一方是已经揭开人类遗传之谜的新兴学科——基因科学，它们之间是否会有"牵手"的可能？如若牵手，科学将如何助于真相的揭示？

在激烈争论曹操墓真假的过程中，网络上响起能否用检测遗骨 DNA 的方法来揭开考古谜团的呼声。这最初源于高蒙河教授在 2009 年 12 月 28 日接受媒体的采访。

高蒙河与金力院士曾经合作开展了长江三峡地区出土古代人骨的 DNA 研究，揭开三峡悬棺族属的疑团。长江三峡水利工程大坝建成后，上游的水会淹没海拔 175 米以下的广大地区。为使被淹没地区的文物免遭永久性破坏，全国多个考古团体紧急进驻三峡地区。复旦大学考古队的领队就是高蒙河。长江三峡地区在古代就属人类活动比较频繁的地区之一，根据文献记载，汉代之前影响较大的族群有巴、楚、蜀等，三峡两岸悬棺的人群族属问题一直是学术界争论的焦点。复旦大学科研团队从重庆库区万州太龙石镇汉代墓葬出土的残碎人骨中成功提取了 DNA 片段，在进行聚合酶链式反应（polymerase chain reaction, PCR）扩增后，对 3 个单核苷酸多态（single nucleotide polymorphism, SNP）位点进行了检测，结果显示墓主人极有可能是西南原住民，其血缘更加接近汉藏语系和三苗集团，而与百越族相去甚远。

※ 三苗又称"苗民""有苗"，主要分布在洞庭湖（今湖南北部）和彭蠡湖（今江西鄱阳湖）之间，即长江中游以南一带。

古越族是远古时代世居在南方百越一带的古老族群。"百越"是古代中原部落对长江以南地区诸多部落的泛称。古越部族众多，故称为"百越"，百越有很多分支，包括吴越、扬越、东瓯、闽越、南越、西瓯、骆越等。

面对千年前的古代遗骸,能不能像现代法医学一样,利用骨骼上的 DNA 来判定一个人的真实身份呢?

第一节　当年不被考古界认可的基因科学

在 21 世纪,基因科学取得众多突破,广泛应用于多个领域,其重要性不断显现。瑞典科学家帕博(S. Pääbo)被单独授予 2022 年诺贝尔生理学或医学奖,以表彰他"对已灭绝人种的基因组和人类进化的发现"。然而,隔行的考古学家对基因科学并不熟悉。

一、自愿参与鉴定的"后裔"

面对公众的询问,2009 年 12 月 31 日,河南省文物考古研究所所长孙新民在曹操高陵考古说明会上介绍说,要进行安阳曹操高陵出土男性人骨标本 DNA 鉴定必须要先找到确定的曹操后裔。关于对出土男性人骨标本的 DNA 鉴定问题,孙新民表示,从生物遗传学和考古学的角度来看,对古代人类遗骸的 DNA 进行提取和分析,是考古学研究中的一个新兴领域,其研究的方法与理论还不十分成熟,因此出土人骨标本的古代人类 DNA 研究可能会面临一些技术难题。成功与否取决于两个客观条件:一是西高穴大墓出土的男性人骨保存较差,需要提取到完整、有效的遗传基因数据;二是必须找到确定的曹操后裔,并成功提取遗传基因数据作为参照,两者才能比较研究。[1]

意想不到的是,孙新民的话语在媒体发布后,天涯社区上出现了"关于我祖魏武王曹公孟德墓被发现的声明"的帖子,短短几天时间,此帖被 22 700 多名网友浏览,跟帖超过 240 次。署名为"才高八斗曹植"的发帖者表示,根据他爷爷留下的族谱,查到本家族为曹操的后裔,属于曹植这一分支,是曹操第 82 代。他们愿意进行 DNA 检测。

甚至还有一位上海老者跑到河南"认亲",表示愿意进行 DNA 鉴定。

湖南省浏阳市太平桥镇合盛村一位名叫曹典钦的村民曝料称,合盛村曹姓村民是曹操的后裔。他说,几年前,曹氏家族在重修族谱时,一大沓祖传下来的老族谱上明确地记载他们是曹操的后人。他家保存的古族谱共有 10 来本,其中有一本记载："魏武出于平阳而吾姓俱称谯国亦当年之从近也……"

二、历史学教授的看法并不一致

公众热情高涨，盼望着用基因科学揭开历史之谜？专家也纷纷在媒体上发表自己的意见，然而他们的意见并不一致。

北京师范大学历史学院教授李梅田第一时间在媒体呼吁，用 DNA 比对的方法来鉴定"曹操墓"中骨骸身份固然很好，但找到真正的"曹氏后人"难度太大，不如去山东东阿和河南新乡方面寻找曹植墓中的骨骼做 DNA 鉴定。因为据曹植墓的考古简报，1951 年发掘时曾出土 28 节人骨（缺头盖骨），后来移交给新乡。走访老人，翻翻仓库，说不定能找到这些骨骼。万一找不到，还可以对曹植墓周围重新做一番勘探，因为根据发表的曹植墓平面图来看，这座墓葬有可能并没有发掘完全，在其周围或许还能找到包括骨头在内的其他一些东西。

有很多专家认为此举难度很大，反对者不少。

中国社会科学院历史所副研究员梁满仓认为，曹操出生于一个显赫的官宦家庭。经历了千年历史的变迁，到底曹操有没有后人，如果有的话目前居住在哪里？

南开大学历史学院教授孙立群认为，天下姓曹的人很多，据《三国志》记载，曹操有后代，但是几代之后便散乱了，目前可能无从查证。

河南大学文学院教授、中国古典学博士生导师、中国《史记》研究会常务理事王立群表示，三国以后，曹魏政权被司马氏所取代。在政权交替中，曹氏宗族遭到大规模的杀戮，现在是否还有后人很难断定。另外，很多家谱被毁，目前依据家谱来断定曹操后人也很难。如果真有后人的话，他觉得应当在山东一带，因为当时曹植被封到山东区，那里也许会有曹植的后人，但是这也必须有可靠的家谱才能断定。

安徽亳州是曹操的故乡，但是曹氏家族不像孔孟，有明确的族谱。安徽亳州曹操文化研究会会长赵威提出，除孔、孟个别姓氏外，大多数姓氏在明清之前，几乎没有家谱。即使有家谱，也是断代的，只依据族谱，很难确定他们是曹操的后裔，因为现在还没有发现未断代的曹氏族谱。他还透露，据一些操氏族谱谱序记载，266 年，司马炎废魏帝曹奂，建立西晋政权后，疯狂杀害曹魏皇族，曹操谪孙曹休举家逃往鄱阳郡新义（今江西省鄱阳县）。为避免被司马氏政权斩尽杀绝，遂以曹操之名为姓，改曹为操，延续至今。

三、考古工作者反应谨慎

面对公众的引颈期盼，考古工作者的反应十分谨慎。

在深圳卫视《22度观察》栏目"曹操墓 三英论真伪"节目中，面对网友提出的是否用DNA鉴定尸骨为曹操时，刘庆柱不同意对曹操遗骨进行DNA检测，认为DNA测定是母系的，父系的测定不了，另外还有保存的质量问题。魏坚的看法是，DNA线粒体只能查女性，不能查男性，不能保证很多代以后不串种。

在接受《青年周末》记者电话采访时，刘庆柱认为，做DNA鉴定需要条件，不是有骨头就能做，要考虑骨头的保存程度、受污染程度。考古学家还可以用其他方法去验证头盖骨，比如通过骨缝愈合度可以判定60岁以上，做切片就可以知道这个年龄具体是不是65岁。损伤性的实验不利于文物的保护，没有必要，因为认定曹操墓的证据已经完备了。另外，曹操在宋代以后就被定性为奸臣，要找到曹操真正的后代很难。

中国社会科学院考古研究所人骨鉴定专家王明辉是本次考古发掘工作中主要的人骨鉴定专家。"男性尸骨年龄在60岁左右，女性尸骨一具在约20岁，另一具在约50岁"这一鉴定结论即出自他的判断。他在接受《新民晚报》记者采访时表示，不建议对曹操遗骨进行DNA测定，因为即便能得到完全可靠的曹操后裔DNA数据，比对时也只能得出大致结论，两者接近率即使达到90%甚至99%，也不会有100%的结论。他同时指出，按照现有技术，提取男性头盖骨DNA，会对遗骨本身造成"损坏性提取"。

古代人骨鉴定专家张君在面对媒体时表示，该墓葬中人骨材料保存较差，不能提供DNA分析所需的理想样本，而且多次盗墓已经不能排除古代和现代人的DNA污染，因此从男性个体DNA分析来推断其身份可能性不大。他还解释说，一个人死后，他的DNA分子会很快降解，也就是说遗传物质会随着时间推移而不断减少。通过对男性个体骨骼DNA测试，推断是否是曹操的可能性不大。史料记载曹操患头风病，该男性个体是否患"偏头疼"也很难在骨骼上留下什么印证。

潘伟斌同样保持着谨慎的态度，但并不排斥。2022年1月，潘伟斌与笔者交流时，说："我是非常欢迎新的科学研究方法在考古学中的应用和尝试的，我更尊重别人新的研究方法、新的科技手段，以及所取得的成果。但是，要让我们完全接受其成果，也不是那么简单随便的，因为我们会对其方法和结论有一个考古人特有的认真考证、研究、消化、理解及去伪存真的过程。如果其确实是一种好的科研方法，我们会在反复试验、确定无疑的前提下，才会接受。在这一点上，我们宁愿让其滞后一点。之所以这样，是考虑到考古这门实验性学科不同于一般自然科学，失败了还可以从头再来，由于文物的唯一性和珍贵性，加上其被损坏后的不可恢复性，故容不得有半点失误，这也是考古人对先祖的一份敬重和对祖国文化遗产的一种负责任态度。具体到曹操的遗骨上，我们更是慎之又慎。"相似的提法也出现在他在《大众考古》杂志2014年第一期发表的《以"曹操"研究为例　正确认识DNA分析与考古的关系》一文中。

当时，现代人类学教育部重点实验室的李辉教授曾经多次致电河南方面的相关负责人，联系遗骨检测的事情。《华商报》在2010年1月28日的报纸上刊登了《"曹操DNA鉴定"是科学还是"无厘头"》一文，文中提及：在李辉办公室的通讯录上，写着河南省文物考古研究所某负责人的手机号码。李辉说此前打过几次电话，联系检测"曹操墓"遗骨事宜，但河南方面很慎重。

很多事情的发生固然有不利的一面，也会创造出有利的因素。

什么是DNA，疑似曹操的头骨到底可否进行DNA检测？一个偶然的机缘中，古代历史的探寻与现代生命科学领域基因技术的应用在曹操墓的确认上发生了精彩的碰撞。

第二节　基因科学的"前世今生"

究竟古人骨头的DNA能否提取？后人的DNA能不能用来推断祖先的DNA，并加以确认呢？基因科学领域的学者虽然没有来到西高穴大墓现场，却一直密切关注着这件事件的走向。科学家天生具备渴望解决实际问题的内在驱动力。

先把目光投向基因科学的前世今生，看看科学家是如何一步步解开人类的基因之谜的。

一、孟德尔的贡献

首先来说说奥地利生物学家孟德尔的发现。孟德尔（G. J. Mendel）是世界公认的遗传学之父。1822 年，他出生于奥地利帝国西里西亚（今属捷克）海因策道夫村。这位维也纳大学哲学系的肄业生后来居然迷上了科学，他没有去正规的大学继续学习，而是去捷克的修道院做神父。在那里，一个人默默地通过 12 年的豌豆杂交实验，提出了遗传单位是遗传因子（现代遗传学称为基因）的论点，并揭示出遗传学的两个基本规律——分离规律和自由组合规律。

奥地利生物学家孟德尔

孟德尔挑选豌豆做实验的原因在于豌豆具有一些稳定的、容易区分的性状（形态、结构、生理、生化等特性）。再说得通俗点，我们每个人都有性状，例如头发的颜色，眼睛的颜色，眼睛是双眼皮还是单眼皮，等等，很容易从外观上辨别，而豌豆也有这样的特质。在 1854 年开始的杂交实验中，孟德尔全神贯注地研究了 7 对相对性状的遗传规律。

孟德尔首先注意到的是豌豆有高茎和矮茎，由此入手开始了研究。他将高茎的豌豆种子收集起来进行培植，又将培育出来的植株中的矮茎剔除，将高茎筛选出来，留下的高茎种子等到第二年再播种培植。如此重复筛选几年，最终种下的种子完全都能长成高茎。以同样的手段，经多年努力又筛选出绝对长成矮茎的种子。

之后，他又发现了遗传领域的几个经典定律。

（1）显性法则：孟德尔在由高茎种子培育成的植株的花朵上，受以矮茎种子培育成的植株的花粉；与此相反，在矮茎植株的花朵上受以高茎植株的花粉。两者培育出来的下一代都是高茎品种。这表明高茎是显性基因，而矮茎是隐性基因。

（2）分离定律：接下来孟德尔将这批高茎品种的种子再进行培植，第二年收获的植株中，高矮茎均有出现，高茎：矮茎两者比例约为 3∶1。

（3）独立分配定律：孟德尔将豌豆高矮茎、有无皱纹等包含多项特征的种子杂交，发现种子各自特征的遗传方式没有相互影响，每一项特征都符合显性法则以及分离定律。

如今，孟德尔的遗传定律在人类的遗传疾病研究中得到了印证，如血友病、红绿蓝色盲等都是隐性基因遗传病，这些疾病只有纯合子情况下，才显示出病状，在杂合子状态中，很多人只是携带者。

同时代，还有一位杰出的生物学家达尔文（C. R. Darwin）。他提出了众人皆知的进化论。但鲜为人知的是，他其实也进行了植物实验，只是他观察的植物太多了，终究没有获得可信的、具有统计意义的科学数据。

100 多年后，当 DNA 的秘密被揭开，大家才终于明白孟德尔的结论是如此精准。

二、DNA 的结构之谜

遗传因子 DNA 是一个长长的链条，蕴藏着生命的信息。每一个链条上带有很多"珍珠"，"珍珠"的类型只有四种——A、C、G、T。DNA 的中文译名是脱氧核糖核酸，带有遗传信息的 DNA 片段被称为基因，一般来说，组成简单生命最少要 265～350 个基因。哺乳动物的 DNA 都是双链结构，一半来自父方，一半来自母方。

对普通人而言，接触 DNA 并非难事，只要用碱性溶液把细胞膜溶解，中和上层清液，加入盐和乙醇，试管内就会出现白色的丝状物，用玻璃棒把这些丝状物卷起来，就成功提取了 DNA。把 DNA 放在强酸里加热，链条会断开。

DNA 双螺旋结构

遗传因子的发现和一个质朴的大学教授有关。美国洛克菲勒大学的埃弗里（O. T. Avery）教授，在肺炎双球菌转化现象中，第一次发现了遗传物质 DNA。肺炎双球菌有两种，一种是有致病性的 S 型菌，它的外面有多糖类的荚膜，菌落是光滑的；一种是没有致病性的 R 型菌，它的外面没有荚膜，无致病性，菌落是粗糙的。但是，当 S 型菌的 DNA 转移到 R 型菌上，R 型菌居然有致病性了。这项研究一直遭到质疑，埃弗里毕生都在证明自己的研究成果。

埃弗里是一个受人尊敬的科学家。他终身未婚，在距离研究所三个街区的地方租了小公寓，每天过着两点一线的生活，几乎不出席任何学术会议，也不去外地演讲，甚至没有出过纽约市。《通往生命科学之路》一书中这样描述埃弗里的生活："我经常去洛克菲勒医学研究所的 M. 伯格曼实验室，总能看到一个身着浅褐色实验服的老人沿着走廊墙根，一摇一摆地走过，影子就像老鼠一样。他就是埃弗里。"

埃弗里

在埃弗里死后，哥伦比亚大学生物化学研究室的查戈夫（E. Chargaff）发现 DNA 一个独特的现象，无论 DNA 的来源是动物、植物，还是微生物，截取 DNA 的任一个部分，其中的腺嘌呤与胸腺嘧啶数量几乎完全相等，鸟嘌呤与胞嘧啶的数量也一致。查戈夫一生都没有对这一现象背后的原因做出解释。

这个 DNA 之谜由两位年轻科学家揭示：碱基是成对出现的，DNA 双链相互缠绕，成螺旋状。神奇的是，DNA 双链是一种互补关系，只要确定了其中一条链的字符串，另一条链自然也就确定了，不会有任何误差。就算一条链上缺失了一部分，也可以以另一条链为模板进行修复。这样的结构保证了遗传信息的稳定性，它们可以不断地自我复制。在 38 亿年前地球刚开始出现生命时，自然界就已经存在这样一套精准的系统。

由于提出 DNA 的双螺旋模型学说，哈佛大学的沃森（J. D. Watson）和剑桥大学卡文迪许实验室的克里克（F. H. C. Crick）一起获得 1962 年的诺贝尔生理学或医学奖。

两人的获奖在科学界有一些争议，因为沃森曾经看到了伦敦大学国王学院的女科学家富兰克林（R. E. Franklin）拍摄的 DNA 晶体 X 射线衍射照片，这张照片揭示了 DNA 的立体形态。沃森在之后出版的科普著作《双螺旋》中，却将这位天才科学家描述成为性格古怪的暗黑派女研究学者。克里克也是看到了富兰克林的 DNA 研究数据才明白了 DNA 背后的结构秘密。富兰克林并不知道她的研究和数据成为揭开人类生命秘密的一把神奇钥匙。1958 年，她因为卵巢癌而早早地离开了人世，但是她的贡献永载史册。

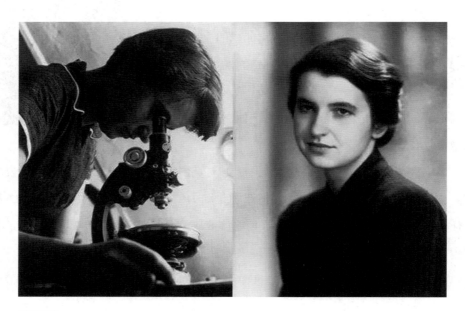

富兰克林

不管发现的过程如何，生命被重新定义：生命就是一套自我复制的机制，DNA 用它美丽的双螺旋结构保证了这个复制机制的顺畅运行，结构就是功能的体现。

后来又发现基因有两个特点，一是能忠实地复制自己，以保持生物的基本特征；二是能够"突变"，部分突变会导致疾病，绝大部分是非致病突变。

但是生物又不是一个静态的基因复制系统，生命还是处于动态平衡状态的一个流体结构。

过去人类对生命的理解很多是一种宗教性感受，因为无法解释，所以只能归于神造世界。薛定谔的研究领域虽然是量子力学，但是他曾撰写过一本鲜为人知的著作《生命是什么》，书中大胆预言，所有的生命都能用物理与化学的语言来阐述。

悬浮在液体或气体中的微粒会做永不停息的无规则运动，即布朗运动。此外，粒子还有扩散运动，薛定谔在书里列举了高锰酸钾在水溶液中扩散的案例。他发现粒子的运动趋势是从右向左，从浓度高的地方到浓度低的地方。人体也是由基本粒子构成，也遵循基本的物理法则。然而，薛定谔又说，虽然很多粒子会跟着设定好的趋势进行运动，但是也有粒子会不"听话"，发生概率遵循平方根法则，在 100 个粒子中，有 10 个不听话，10 000 个粒子中就有 100 个不"听话"。薛定谔依据统计学法则得出结论，生命体一定是由超级多的基本粒子构成，因为构成生命的粒子越多，那么发生不听话现象概率也就越低，如 100 万个原子组成的生命体，出错的粒子只有 1 000 个，相当于 0.1%。

还有为什么生物的身体可以保持一个比较恒定的尺寸，不会突然变大，也不会突然变小呢？生命的内部每天进行着怎样的物理和化学变化呢？

这里，必须要提到生物化学家舍恩海默（R. Schoenheimer）。在第二次世界大战期间，他遭到纳粹迫害，从德国逃亡到美国。他利用示踪同位素窥见了生命内部的流动之谜。

在大海与沙滩的交界处，有一座美丽的沙堡，但是在风吹雨打中，这个沙堡却没有什么变化。这是为什么呢？有很多可爱的精灵在工作，海风把一些沙粒吹走的时候，它们会用新的沙粒来替代，当沙堡出现一些破损的时候，它们会及时地进行维修。所以沙堡就这样长时间地存在着。这是不是很像我们自己的身体？身体内部不断进行着物质的交换和运用。

舍恩海默想知道进入生物体内的物质到底如何流动。众所周知，组成蛋白质的氨基酸都含有氮元素。舍恩海默就在氮元素上想办法。他采用可以被跟踪的氮的同位素——重氮。

　　舍恩海默使用的是成年老鼠，因为幼年老鼠在生长发育期，体形会长大，氨基酸也许会成为身体一部分，也许会排出体外，但成年老鼠的体重是恒定的。他假设这些形成氨基酸的重氮粒子会原封不动地进入尿液和粪便被排出体外。但是他想错了，成年老鼠吃了三天用重氮标记过的饲料，通过尿液排出体外的重氮仅有总量的27.4%，而通过粪便排出的更少，仅有2.2%，那么超过三分之二的重氮去哪里了？后来发现，这些重氮居然分散到老鼠的多个部位如肠壁、肾脏和脾脏中，氨基酸以无比惊人的高速度神奇地合成了各种新的蛋白质。但是如果继续喂它们普通的饲料，这些重氮慢慢地完全被排出体外。后来，科学家又发现生物体内被时时替换的不仅仅是蛋白质，脂肪居然也是流动的，数量无法估计的原子每天像风一样的从各个生命体中"飞驰流动"，这种现象后被称为"新陈代谢"。

　　生物体内每天发生着类似流水线生产那样精准无比的活动，类似"拼图"游戏。生命体内有2万多种蛋白质，到处都存在可以互补的蛋白质。科学家曾经在显微镜下观察到一种蛋白质分子与另一种蛋白质分子结合的瞬间。各种分子机器接收各种传导信号，精准地进行"拼图"游戏，而偶尔有拼错的部分就被识别为异常，被不断排出。阿尔茨海默病就是异常的朊蛋白过多，没有被快速排出而引起的疾病。

　　究竟谁在操控这些拼图游戏呢？科学家发现，如果人体中某种蛋白质由于环境变化而突然减少时，生产这些蛋白质的细胞就接到了增产的指令，以补足缺失部分的蛋白质；反之，如果某种蛋白质太多，生产该蛋白质的细胞也会收到停产指令。上述指令来自DNA-RNA-蛋白质，用学术化的语言表达就是，在细胞核中以DNA为模板转录出mRNA，然后在核糖体上将mRNA翻译成多肽，肽链曲折盘旋形成蛋白质。

三、人类基因组计划启动

　　随着DNA之谜解开，生命科学领域进入了全新时代。生物的繁殖、突变、进化等现象不再显得神秘，DNA可解读生物体的深层次秘密。

人类总是满怀着好奇。早在 1984 年就有科学家提出应该实施人类基因组计划，希望破解人类自身的众多秘密，这在世界上引起哗然，因为人类基因的解密涉及伦理、个人隐私等问题。但是计划若能实施，意味着很多遗传疾病和不治之症的根源都可以明晰，治愈这些疾病不再是奢望。1985 年 5 月，美国能源部的"人类基因组计划"草案出炉。

1986 年，诺贝尔奖得主杜尔贝科（R. Dulbecco）在 *Science*（《科学》）周刊撰文回顾肿瘤研究的进展，指出要么依旧采用"零敲碎打"的策略，要么从整体上研究和分析人类基因组。

最终，好奇心获得了胜利。1990 年 7 月，美国将人类基因组计划（Human Genome Project，HGP）正式列入国家重大项目。美国国会通过了 30 亿美元的研究经费，该计划正式启动。当时预计用 15 年的时间，在 2005 年绘出人类基因图谱。这个计划的设想是在 2005 年将人体内约 2.5 万个基因的密码全部解开（其中涉及 30 亿个碱基对的秘密），同时绘制出人类基因的图谱。人类基因组计划包括对人类基因组中的序列差异进行分类的"千人基因组项目"（the 1 000 Genomes Project）、鉴定致癌突变的"癌症基因组图谱项目"（Cancer Genome Atlas），以及在其他技术中加

人类基因组计划

入基因组测序技术来研究微生物群落的"人类微生物组计划"（Human Microbiome Project）。

继美国之后，英国、日本、法国、德国、中国等 18 个国家相继参与这个计划，人类基因组计划成为重大国际合作计划。这是迄今为止在生命科学领域最宏大的研究计划，与 20 世纪的"阿波罗计划"和"曼哈顿工程"并列，它也被称为生命"阿波罗计划"。值得一提的是，中国于 1999 年 7 月在国际人类基因组注册。作为参与这项工作的唯一的发展中国家，中国派出最优秀的生物学家参与并负责测定人类基因组全部序列的 1%，即 3 000 万个碱基的排序。

1990 年 6 月，欧共体通过了"欧洲人类基因组研究计划"，主要资助 23 个实验室重点用于"资源中心"的建立和运转。

谈到人类基因组计划，先介绍两位知名的科学家。

第一位是英国生物化学家桑格（F. Sanger），他是唯一一位两度获得诺贝尔化学奖的科学家，也是四位两获科学类诺贝尔奖的得主之一，被誉为"人类基因学之父"。

1918 年 8 月 13 日，桑格出生于英国格洛斯特郡。他家庭富裕，一生从事着心爱的科研工作。他倡导用化学方法去解决生物学的问题，这个看似非主流的思路让他获得了巨大的成功。

说起来，桑格与中国很有渊源，他父亲是一名全科医生，曾到中国进行医疗工作。他的第一个诺贝尔化学奖与中国科学家曾经参与的胰岛素研究有关。1923 年，加拿大生理学家班廷（F. G. Banting）和加拿大糖尿病专家麦克劳德（J. Macleod）因胰岛素研究获得诺贝尔奖。胰岛素对糖尿病有非常好的疗效，在 19 世纪，糖尿病是一种不治之症，糖尿病患者平均寿命仅 4.5 年。有了胰岛素药物后，可以延长寿命，甚至与正常人没有什么区别。但是当时用于临床的胰岛素几乎都是从猪、牛胰脏中提取的，根本不知道胰岛素到底由多少个氨基酸、由哪些氨基酸组成。1955 年，桑格的科研小组选择了一种叫作 2，4- 二硝基氟苯的物质，将它与胰岛素放在一起，测出牛胰岛素的氨基酸序列，震惊了全世界。桑格公布了胰岛素的结构，包括

一级结构和两条肽链（A 链与 B
链）的结合情况，这是世界上第
一个被解析出结构的蛋白质。桑
格的工作为人类打开了认识蛋白
质、认识生命的第一道大门，也
为人工合成结晶牛胰岛素提供了
可能性。因对胰岛素结构的精确
解析，桑格独享了 1958 年的诺
贝尔化学奖。在他的工作基础
上，中国科学家进行了进一步的
科研工作。1965 年 9 月 17 日，
世界上第一个人工合成的蛋白
质——结晶牛胰岛素在中国科学
院生物化学研究所成功合成。

桑格

桑格的第二个巨大贡献是测定核酸序列。核酸大分子可分为 DNA 和 RNA 两
类，DNA 和 RNA 是很有意思的组合，前者呈现双螺旋结构，储存细胞所有的遗传
信息，是物种保持进化和世代繁衍的物质基础；而后者是单链结构，参与蛋白质的
合成。比起几个或者几十个氨基酸组成的蛋白质，核酸虽然只有四个基础元素，但
是有着超长的长度。核酸上带着成千上万的基因，如果无法测序就意味着后面的研
究将无法展开。桑格创造出"双脱氧链终止法"的核酸测序方法，并且开创性地完
成了大肠杆菌 5SrRNA（120 个核苷酸）、噬菌体 DNA（5 375 个核苷酸）、人类线粒
体 DNA 序列和 lambda 噬菌体 DNA 序列的测定。1980 年，他又与美国生物化学家
伯格（Paul Berg）和美国物理学家与生物化学家吉尔伯特（Walter Gilbert）分享了
诺贝尔化学奖。

正是基于桑格的研究，1985 年起，美国开始筹备人类基因组计划，希望探寻出
人体的终极之谜。然而，桑格的方法效率太低，到了 1997 年，在耗费了巨额资金和

一半预定时间之后，多国合作小组仅仅完成 3% 的测序工作。

文特尔（J. C. Venter）的出现让人类基因组计划的执行前景豁然开朗，柳暗花明。

1946 年 10 月 14 日，文特尔出生于美国盐湖城。他从小就是个差生，没有人想到他会获得杰出的成就。从越战中死里逃生回到美国后，文特尔进入了加州一所名为圣马特奥学院的社区大学。之后，他在加州大学圣迭戈分校先后获得三个学位，分别是 1972 年生物化学学士、1975 年生理学及药理学哲学博士。文特尔与众不同，没有思维框框限制，自由地追逐科学梦想。他在 1998 年组建了塞莱拉公司，这是一个私营性质的基因研究机构，文特尔"狂妄"地声称，要在三年内完成人类基因组的序列测定。他并非夸大其词。他已经找到了一种独特、快速的基因测序方法——完整基因组霰弹枪式测序法：先把一个细胞的所有基因粉碎成无数个 DNA 小片段，然后测定每个小片段序列，最终利用计算机对这些切片进行排序和组装，并确定它们在基因组中的正确位置，进而供测序机"破译"。这种测序法将大量的测序工作交由计算机自动完成，大大提高了基因测序的效率。

文特尔

文特尔起初想和美国政府竞争，经过与政府的三轮谈判后，他最终将完整基因组霰弹枪式测序法的核心技术交给多国合作小组。事实证明，他的方法的确高效。三年后，人类基因组测序工作全部完成。

2000年6月26日，参加人类基因组计划的美国、英国、法国、德国、日本和中国六国科学家共同宣布，人类基因组草图的绘制工作已经完成。这一突破被认为是达尔文时代以来生物学领域最重大的事件。文特尔由此成为美国国家科学奖获得者，连续两年入选《时代周刊》"全球最具影响力100人"榜单，并于2013年被《前景》杂志评选为"最伟大思想家"。

人类遗传信息的传递之谜终于被揭开。

第三节　古DNA技术发展的三次重大革命

DNA存在于人体的细胞核内，那么古DNA到底能不能被采集和分析呢？会不会因为年代久远而无法测定呢？

先来说说什么是古DNA，它与现代的DNA究竟有什么不同。

古DNA片段都比现代DNA片段短。这是因为古代样本长期埋藏在地下或暴露于地表，受到环境中氧化、水解等因素的影响，DNA降解严重，人骨遗骸中人源DNA的比例有时甚至不到千分之一。古DNA的片段长度一般在70～120 bp，而现代DNA的片段长度远远超过古DNA。

此外，古DNA片段末端存在广泛损伤，由于胞嘧啶的脱氨基作用，古DNA的损伤会随着时间的推移逐渐积累，大体上与时间呈正相关趋势，即年代越久远，古DNA片段末端损伤越多。如果基因片段末端没有损伤，基本就可以排除其是古DNA。

古DNA的测定曾是一个重大难题。古DNA技术发展至今已经历了三个阶段，如今快速测定古DNA片段不再困难。

一、分子克隆阶段

第一阶段是分子克隆阶段。克隆一词源于希腊文klon，原意为树木的枝条。在生物学中，它是指一个细胞或个体以无性繁殖的方式产生一群细胞或一群个体。分子克隆就是在分子水平上提供一种纯化和扩增特定 DNA 片段的方法。一般的操作方法是用体外重组方法将目的基因插入克隆载体，形成重组克隆载体，然后以转化与转导的方式，引入适合的寄主体内并复制与扩增，再从（筛选出的）寄主细胞内分离提纯所需的克隆载体，得到插入 DNA 的许多拷贝，从而实现目的基因的扩增。

1980 年，湖南医科大学首次从马王堆汉代女尸中提取出 DNA，这是从古代遗骸中提取古 DNA 的最早尝试。但由于未对该古 DNA 进行测序，因此没得到国际的公认。1984 年，美国加利福尼亚大学伯克利分校的樋口（R. Higuchi）等通过细菌克隆，从博物馆收藏的斑驴的皮肤中获取了长度为 229 个碱基对的 DNA。一年后，古人类的 DNA 序列首次被报道：帕博等从一个 2 400 年前的埃及木乃伊提取出 DNA，并基于分子克隆技术，一个多拷贝、长度为 3 400 个碱基对的 Alu 序列被测序。[2]

帕博的父亲伯格斯特龙（S. Bergström）也是一位生物化学家，是 1982 年诺贝尔生理学或医学奖获得者之一。1986 年，帕博从乌普萨拉大学（Uppsala University）获得博士学位，研究的是与腺病毒相关的内容。他在业余时间最喜欢研究埃及的木乃伊。他梦想能提取出木乃伊的 DNA。当时，他认为，如果可以研究古埃及人的 DNA，就可以借此阐明埃及历史的各个方面，这是传统的考古学和书面记录无法做到的。例如，当亚历山大大帝征服埃及时，这是否意味着有很多希腊人来到埃及并定居下来；亚述人来到埃及时，他们带来了何种影响，他们的族群延续下来了吗？于是，帕博就在实验室里以烤硬的牛肝作为试验样品，尝试着提取其 DNA。之后，他联系了德国博德博物馆。这座博物馆中收藏了大量的木乃伊。他坐火车赶到德国，收集到 30 份木乃伊的样本。经历了一次又一次失败之后，他终于成功提取出古代木乃伊的 DNA。

但是这个古 DNA 的检测受到质疑，因为基因片段太长，极有可能被污染了。没错，分子克隆技术的致命缺点是无法避免现代 DNA 的污染，很多测定的片段中混杂了现代人的基因片段。在研究古 DNA 片段的进程中，这种技术慢慢被抛弃了。

二、PCR 技术阶段

第二阶段是 PCR 技术阶段。PCR 技术由 1993 年诺贝尔化学奖得主穆利斯（K. Mullis）发明。1979 年，穆利斯在朋友的推荐下，来到一家生物公司 Cetus 工作，负责合成寡核苷酸。1983 年 4 月的一个星期五晚上，他开车去乡下别墅的路上，猛然闪现 PCR 的想法。1976 年，来自中国台湾地区的女科学家钱嘉韵发现了稳定的 Taq DNA 聚合酶，也为 PCR 技术发展做出了基础性贡献。在公司同事的共同努力下，穆利斯团队在 1984 年 11 月正式完成了全世界第一个 PCR 实验，将一个长度为 49 个碱基对的 DNA 片段进行了 10 次 PCR 循环的复制扩增。PCR 技术由此诞生。

简单来说，PCR 技术可以让目的基因或某 DNA 片段在数小时内扩增至十万乃至百万倍，肉眼能直接观察以做判断。一根毛发、一滴血甚至一个细胞就能扩增出足量的 DNA 供分析研究和检测鉴定。分子克隆技术对 DNA 的数量和质量的要求非常高，古 DNA 含量极低且损伤严重，导致了该方法效率较低。

PCR 技术是生物医学领域中一项革命性的创举。1988 年，它首次成功应用于获取一个保存在泥炭沼泽、约 7 000 年前的人颅脑中的线粒体 DNA。[3] 在之后多年中，PCR 技术成为古 DNA 研究最为常用的手段。1996 年，科学家运用 PCR 技术首次通过牙釉蛋白基因对 20 个古代遗骸进行性别鉴定。[4] 1997 年，美国病理学家陶本伯格（J. Taubenberg）等运用 PCR 技术提取并分析了导致西班牙大流感的病毒 RNA，测出其部分 RNA 基因序列。这种流感病毒在 1918—1919 年间致使 2 000 万人死于非命。[5]

但是 PCR 技术存在与分子克隆技术类似的问题——无法避免现代 DNA 的污染，很多测定的古 DNA 基因片段中混杂了现代人的 DNA 基因片段。值得一提的是，PCR 在扩增时，引入了碱基替换，导致测序错误频发，造成古 DNA 研究在 20 世纪末陷入低谷期。

三、高通量测序技术阶段

第三阶段是高通量测序（二代测序）技术阶段。2006 年起，伴随着高通量测序（二代测序）技术的应用，古 DNA 研究进入一个相对成熟的阶段。高通量测序技术完美解决了 PCR 技术由于 DNA 片段过短而无法扩增的难题，并且能短时间内对样本中海量的 DNA 片段进行扩增，大幅降低测序成本和测序时间，使得古 DNA 全基因组测序成为可能。高通量测序（二代测序）技术的优点在于，通过古 DNA 片段长度、序列内部一致性、末端损伤模式，可以判定其是否是古 DNA，可以完美避开污染。

首次报道的古人类全基因组高通量测序是在 2010 年，测序对象是尼安德特人基因组序列。测序结果证实了古人类学家 30 多年前就已经提出尼安德特人和现代人间的杂交设想。此外，发现了尼安德特人的旁系群——丹尼索瓦人，并建立了其与尼安德特人、现代人的关系。

帕博对此做出了杰出贡献。其团队基于在分子克隆技术和 PCR 技术阶段积累的防止污染的经验，建立了从古 DNA 提取到鉴定，以及污染评估的一套标准流程，让古 DNA 技术在人类进化遗传学学科中"站立"起来。今天，全球古 DNA 技术的从业者都受益于帕博团队发明的古 DNA 技术和创立的行业标准。

2008 年，帕博在西伯利亚南部的丹尼索瓦洞穴中发现了一块 4 万年前的手指骨碎片。这块骨头含有保存极为完好的 DNA，帕博团队对其进行了测序。结果发现，与所有已知的尼安德特人和现代人 DNA 序列相比，该 DNA 序列是独一无二的。之后，帕博揭示了丹尼索瓦人、尼安德特人与现代人之间的关系。出非洲替换说认为晚期智人之间是竞争和完全替代的关系，但帕博的研究结论是三种古人类之间有混血，现代人的祖先在不同区域遇到了丹尼索瓦人和尼安德特人，进行了基因交流。今天，欧亚大陆上每个现代人的基因中都融入了 1%～4% 的尼安德特人的基因以及多至 5% 的丹尼索瓦人的基因。

自此，由于古人类全基因组测序在人群迁徙和混合方向研究具有超高分辨率，逐渐成为研究人类历史强有力的新手段，古 DNA 研究也呈现爆发式增长，截至目前，国内外已经发表的古人类基因组数据超过 6 000 个。

2022 年 10 月 3 日 17 时 30 分，诺贝尔奖结果揭晓，帕博被单独授予 2022 年诺贝尔生理学或医学奖，以表彰他"对已灭绝人种的基因组和人类进化的发现"。

帕博

在 2009 年，如果保存条件尚可，利用古 DNA 技术，是可以在一块小小的遗骨上完成该人体的所有基因测序，曹操的遗骨也不例外。

第四节　线粒体、Y 染色体和常染色体检测的不同之处

在一片喧嚣声中，有媒体人站出来，阐述了 DNA 鉴定的可能性。张田勘时任《百科知识》杂志的副总编，是一位兼有文理背景的媒体人，对基因科学知识有一定的了解。2010 年 1 月 7 日，他在《中国青年报》上撰文表示，要判定安阳墓中曹操身份的真假，非 DNA 鉴定莫属，只有 DNA 才是铁证，才能平息各方质疑。DNA 鉴定分两种。其一，利用父系遗传来鉴定。男性性染色体 Y 与常染色体一样，有很多类型的遗传多态性标记。父系遗传已经鉴定了无数的亲子关系和个体。此外，在

历史和考古领域，它也被用来确认了很多亲缘关系，如以色列人和阿拉伯人的兄弟关系，成吉思汗和努尔哈赤后代的鉴定，以及 5 世纪古爱尔兰国王奈尔（Niall）后代的鉴定等。其二，利用母系遗传来鉴定。线粒体 DNA 只在一个家族的女性中遗传。人类的线粒体 DNA 是存在于细胞核外的环状双链 DNA 分子，有 16 569 个碱基对。这些碱基对的序列在不同的个体之间存在差异。对线粒体 DNA 的序列分析，可以检测出这些差异，从而帮助进行亲缘鉴定和个体识别。

人体可检测的基因序列有线粒体、Y 染色体、常染色体等，检测的方法也有很多种，那么要追溯曹操的 Y 染色体单倍群，与其遗骨进行比对，该选择哪一种检测方法呢？

一、亲子鉴定

短串联重复序列（short tandem repeat, STR）是人类基因组中的一种遗传标记，用于常染色体的检测。人类基因组里的位点有 10% 属于 STR。STR 通常有多个单位重复串联在一起，重复数字可以不同。法医学进行亲子鉴定一般需要用 15 个 STR 位点。美国联邦调查局看到当时还在美国工作的金力发表的论文后，将此作为世界法医学的鉴定标准（CODIS 系统）。

亲子鉴定根据遗传性状在子代和亲代之间的遗传规律来判断被控的父母和子女之间是否是亲生关系。STR 是这样进行亲子鉴定的，两人要在 15 个 STR 位点上类型完全一致的概率是一千万亿分之一。一个位点上有两个类型，假设第一个位点上有父亲的两种类型，12 个拷贝和 18 个拷贝，那么子女的相同位点上必然有一个类型是 12 或者 18，另一个拷贝来自母亲的第一个位点。当然，可能会有突变，比如一个位点上的两个类型与父亲的完全不一样，是可能的，但是一般来说会增加一个拷贝或者减少一个拷贝。比如父亲的类型是 8 和 15，子女的一个类型会是 9 或 7，也可能是 14 和 16，另一个类型则来自母亲的位点拷贝。发生这种基因突变的概率并不大，一般来说一个位点上有三百分之一的基因突变概率，所以不会出现很多点位拷贝数都不同的情况。法医学就根据这个对应关系来测定亲子关系。

虽然 STR 可以进行亲子鉴定，但无法鉴定曹操的 Y 染色体单倍群原因是亲子鉴定限于核心小家系（三口之家），不能用于祖先与疑似后人之间的深度家系。

二、线粒体检测

线粒体是细胞能量储存和供给的场所，对线粒体的研究起源于 19 世纪 50 年代末。2006 年，美国康奈尔大学研究员西村芳树和日本东京大学的研究小组在美国《国家科学院学报》上发表论文，认为精子的线粒体 DNA 在受精后不久分解，导致线粒体 DNA 只通过母系遗传。他们猜测，精子的线粒体 DNA 容易受紧张情绪的影响而遭到损伤，为了不把质量差的基因遗传给后代，精子的线粒体 DNA 自行毁灭。有趣的是，线粒体过去是单独的小生命，其前身是原核细胞的后裔或者是细菌的后裔，今天变成了人类的共生体。

母系直系亲属间的线粒体 DNA 序列完全一致。实验数据表明，线粒体拥有一套独特的遗传系统，四代之内所有母系亲属的线粒体 DNA 序列相同。由于线粒体是单倍型的，无重组，两代人间的变异少，准确率高，因此可以通过女儿、母亲、外祖母的线粒体确定亲缘关系，同时也可以通过母亲鉴定儿子、女儿、外孙女和曾外孙女等的亲缘关系。另外，利用线粒体 DNA 做鉴定还有个优势：线粒体 DNA 为闭环结构，具有较好的抗降解性。在（细胞）核酸 DNA 已经降解的情况下，很多陈旧、腐败和降解的遗骸中仍能检出线粒体 DNA，比核酸 DNA 更容易获得。

张田勘提到的希望在安阳墓中的男性头盖骨中提取出 DNA，将它与曹操家族墓地里遗骨中的线粒体 DNA 进行比对，这也是无法实现的。虽然线粒体 DNA 确实是母系遗传，且遗传特性比较明显，测序成本也不高，但是古代中国是男权社会，家谱中不记录女性信息。事实上，准确找到曹操的母亲、姐妹、姨妈、表姐、表妹等的希望渺茫。曹操的男性后代的线粒体都是母系传承的，和曹操自身的线粒体并不一致，故无法测定。

三、Y 染色体中的 SNP 检测

最终，科学家可以选择的只能是 Y 染色体中的 SNP 检测。

SNP 是人类可遗传的变异中最常见的一种。它在人类基因组中广泛存在，平均每 500～1 000 个碱基对中就有 1 个，总数可达 300 万个甚至更多。SNP 的多态性只有两种，但是检测 SNP 的位点数远超 STR 的 15 个，需要检测数百个。成本虽然有点高，但还是可行的。只要祖先身上发生了一个 SNP 位点突变，其男性后代身上都会携带此突变。因此，SNP 检测可以追溯父系的起源。

通过 SNP 位点突变，可以找到自己的基因链条。科学家正是抓住了这个关键点，绘制了完整的人类迁移路线，提出人类非洲起源说。在曹操墓事件中，同样可以通过 SNP 位点突变，从曹操后裔倒推出曹操的 Y 染色体单倍群，进而展现曹操家族的传承历史。

人有 23 对染色体，常染色体来自父母双方，它们在相同位置发生交换将遗传特性进行重新组合。有一个易被忽视的祖先倍增现象：一个人有一对父母，4 个祖父母，8 个曾祖父母，16 个曾曾祖父母……常染色体经过很多代后变得越来越稀薄，在子孙后代的基因中所占片段比例不断减少。要想追根溯源，只有两种可能，一种是从 Y 染色体中的 SNP 入手，测定父系祖先；另一种是通过线粒体 DNA 测定母系祖先。

从科学角度看，女性和男性应该保留不一样的两份遗传家谱，女性可以追溯到自己母亲、外祖母一支，而男性应该从自己父亲、祖父那里获取详细记载。

今天的 DNA 技术早已不像考古学家认为的那样不成熟，不堪大任。它已经相当完善，足以完成古 DNA 测定任务。

参考文献

［1］ 刘先琴. 针对安阳曹操高陵考古发现 河南文物考古研究所回应各方质疑［N］. 光明日报，2010-01-02（3）.

［2］ Pääbo S, Gifford J A, Wilson A C. Mitochondrial DNA sequences from a 7000-year old brain［J］. Nucleic Acids Research, 1988, 16(20): 9775−9787.

［3］ Stone A C, Milner G R, Pääbo S, et al. Sex determination of ancient human skeletons using DNA［J］. American Journal of Physical Anthropology, 1996, 99(2): 231−238.

［4］ Taubenberger J K, Reid A H, Krafft A E, et al. Initial genetic characterization of the 1918 "Spanish" influenza virus［J］. Science, 1997, 275(5307): 1793−1796.

［5］ 韩昇，李辉. 我们是谁［M］. 上海：复旦大学出版社，2011：36−38.

第三章　复旦大学的介入

有时候山穷水尽时，也是峰回路转时。复旦大学的介入看似偶然，其实是必然。在全国人民的注视中，一个个血液样本开始进入复旦大学的实验室，谜案破解之旅开始启动。

科学的本质是探索未知后面的真理，利用先进的古 DNA 技术，复旦大学的科学家穿越近 2 000 年的历史，终于让曹操的 Y 染色体遗传类型露出了真容，曹操后代的谱系关系也清楚地呈现在众人面前，科学技术成功澄清了历史的谜团，带领大家走进一段尘封的历史。

第一节　教授们的跨界选择

面对全国人民的迫切需求，复旦大学科研团队秉承着"坚毅担当、为国为民"科学精神，挺身而出，体现了当代知识分子群体的时代担当。

复旦大学的老校门　始建于 1921 年，2005 年建校一百周年时，在原址上重建。

一、一位历史学教授的疑问

在各家争论时，复旦大学有一位历史系教授默默关注着"曹操墓事件"的发展动向，他就是中国魏晋南北朝史学会副会长韩昇，一个生长于史学世家的学者。韩昇的父亲是已故国学大师、史学大家韩国磐先生，曾经参与创办中国魏晋南北朝史学会、唐史学会及中国敦煌吐鲁番学会。韩昇子承父业。在热议曹操墓真伪的初期，韩昇一直观察着事件的进展，始终没有表态，在他眼里，这已然是中华人民共和国成立以来最大的考古悬案。韩昇并不是一个人云亦云的历史学者，对待历史的判断，他有丰厚的知识储备和一双敏锐而精准的眼睛。

就在"曹操墓事件"发生的前几个月，韩昇做了一件震动史学界的"大事"，他的研究成果让整个日本史学界心服口服。在接受笔者的访谈时，韩昇直言不讳，认为史学研究是一个全面的过程，需要从各个角度出发去佐证，与多学科的人合作，而不仅仅局限于一个点。

韩昇推翻的是日本学术界对井真成墓志的判定。之前，日本方面认为井真成系717年随使团来到唐朝的"留学生"。韩昇基于极为丰富的隋唐历史知识，严密推理出井真成其实是一个在大唐访问时去世的日本准判官。日本的主流媒体《朝日新闻》特地用一个纸质整版来介绍该颠覆性结论。尽管韩昇关于井真成墓志的研究全盘否定了日本学界几年的努力，这一结论却得到了日本学界的认可。2010年4月初举办的"遣唐使"文物展的日文目录里，关于井真成墓志文的解说词已经发生了变化，"遣唐使"留学生已改为"遣唐使节"，官职和前往大唐的时间也采用了韩昇的考证结果。

这一次在曹操墓的判定上，韩昇也没有随波逐流。事实上，他对曹操墓的真实性持怀疑态度，他心里最大的疑问是为什么西高穴大墓里的尸骨有一男二女。

韩昇在访谈时表示，从古代丧葬制度看，有几个需要解决的问题。第一，这个男性的年龄似乎比曹操要小。在中国古代，不管男子生前有多少妻妾，死后合葬的只有正妻，几乎所有的考古墓葬都是这样的情况。合葬墓有两种，一是同一个墓穴的合葬墓；二是同一个坟包两个墓穴的合葬墓。后者的优点在于晚去世的一方下葬时不用打开原来的墓穴。而西高穴大墓是同穴的合葬墓，一个墓里面有三具尸体。曹操只有一个正妻卞皇后，她去世的时候是69岁，而墓中年龄较大的女性只有50岁左右。按照礼制，曹操其他的夫人都要建立陪葬墓，所以墓穴中有两个女性就匪夷所思了，且另一女性才20多岁。文献中从来没有提及曹操陪葬有个20多岁的夫人。

二、进化遗传学家的关注

有一位遗传学家也关注了"曹操墓事件"，他是中国科学院院士、现任复旦大学校长金力。

1985年，金力在复旦大学完成了生物系遗传学本科的学习，1987年又获得了遗传学硕士学位。他像当时很多复旦的同学一样，远渡重洋，前往美国求学和工作。在美国，金力的学术生涯非常成功，他成为美国得克萨斯大学休斯敦健康科学中心公共卫生学院人类遗传学中心和生物医学科学研究生院人类分子遗传学专业副教授

复旦大学江湾校区生命科学学院大楼前的谈家桢塑像

（终身教职），之后又成为美国辛辛那提大学医学院环境健康系基因组信息中心教授（终身教职）。1994 年冬天，已经 85 岁高龄的谈家桢坐了 10 多个小时的飞机飞往美国斯坦福大学，劝说正在做博士后研究的金力回国，担起复旦大学遗传学研究的重任。1997 年，金力被聘为复旦大学生命科学学院兼职教授，2005 年起全职回国任生命科学学院教授。

金力研究的进化遗传学研究涉及一个很重要的问题——人类起源的问题，这是很多人非常关心的。

在金力眼中，考古学不仅要考虑那些留存下来的实物证据，还要细细探究古人类骨骼中的基因，它承载的密码信息更多且更真实。金力之前研究的古人类 DNA 的年代比较深远，一般都是在几百万年前，几十万年前。

金力在复旦大学创建了现代人类学教育部重点实验室，自 20 世纪 90 年代以来，坚持不懈地进行了东亚人群的基因调查与研究，建立了全球最丰富的东亚人群基因库。实验室按照学科发展方向和国家重大需求，以人群的遗传结构研究及其应用为中心，旨在揭示在人类进化过程中人群间和个体间的体质、生理、病理等差异及其形成机制，为疾病的发生和预防研究提供线索，为解决相关人文科学问题提供方法和工具。实验室在现代人群遗传结构、人类分子进化、体质人类学、古代人类 DNA 研究、分子流行病学、计算生物学、语言学、民族学和考古学等方向开展多学科交叉研究。实验室拥有覆盖全国和东亚大部分地区的现代人群 DNA（20 万份）和古代遗骸 DNA（3 000 份）的资源库及数据库。同时，实验室也是国际基因地理人类迁徙研究计划中全国 10 个中心实验室之一。

通过曹操后人倒推曹操的 Y 染色体 DNA 类型，是 2010 年金力和他的科研团队所做的一项极具探索性的重大科学研究。2021 年 8 月，金力在接受笔者采访时说，曹操墓发现的新闻发布会结束后，媒体炒作很厉害。一开始，他不太赞成复旦大学介入其中，但是又意识到这是推动遗传学科普工作的绝佳时机，在进行宣传的同时，可以普及遗传学的知识，引导公众去了解和弄懂背后的科学知识，感受遗传学的魅力。所以在舆论趋向平稳的一个月后，复旦大学向社会公布了观点，希望从技术上推演一下，找到曹操 DNA 的标准答案。其学术价值之一在于较为准确地估算出 Y 染色体的位点突变率。通俗地说，就是知晓了一个位点的突变需要多少代。过去，用遗传学的分析方法研究史前历史，但对史后历史束手无策，最大的原因在于估算不准突变率。原先只能一个个去看，现在可以同时看很多个突变，而且每一个突变率都可以进行精确估算。科研人员看到的历史跨度已不再是几千年，而是缩短到几十年。遗传学可以作为一把尺子，准确计算人类化石和人类遗骨的具体存在时间。

三、复旦大学科研团队的建立

随着舆论的发酵，关于安阳西高穴大墓真假的讨论也引起了复旦大学学者们的关注。时任校宣传部副部长的方明毕业于复旦大学历史系，曾听过韩昇的课，并知道金力院士领衔的现代人类学教育部重点实验室具备精准鉴定人类基因的国际化技术水平。2010 年 1 月初，他联系了韩昇和现代人类学教育部重点实验室的李辉副教授，希望他们联合起来进行安阳西高穴大墓的分子生物学鉴定，用科学的手段彻底揭开真相，消除公众的各种疑虑和猜测，最终得出令人信服的考古学结论。1 月 9 日，他们三人在上海徐家汇美罗城的一家茶室相聚，仅仅聊了半小时就约定了未来将要推进的各项事宜。

在谈论中，三人明确了几点意见。

第一，找到曹操的 DNA 是可行的。因为根据当时的人口普查数据全国的曹氏人口在 770 万左右，如果有曹操的后人或者靠得住的家谱，从统计学意义上看，1 000 个样本，就有很大价值，而且从科研经费角度考虑，可以承受。更为重要的是，这是人类第一次从今天的人群倒推一个古代人物的 Y 染色体 DNA，并予以验证。这个万众瞩目的前沿热点研究，对遗传学的科普工作有着很高的示范价值。

第二，告知公众究竟有没有提取古人 DNA 的技术能力。古人类学虽然可以提取 3 万年前的 DNA，但是提取试剂与几千年前古人类 DNA 的不同。如果找到曹操的后裔，能不能倒推找到曹操的特定基因，进行科学印证？

第三，从历史学角度，解答西高穴大墓是否是民间传说中曹操 72 个疑冢中的一个？曹操到底有多少墓？曹操家族到底还有没有后人？① 如果没有后人，从基因角度的各种努力都是徒劳。

复旦大学跨学科团队快速组建。仅仅一个星期，历史地理学周振鹤教授，民族学姚大力教授，古语言学潘悟云教授和游汝杰教授，以及考古学陈淳教授与韩昇、李辉两位教授组成了一支实力雄厚的跨学科团队。他们摒弃学术领域的各种界限，直面安阳西高穴大墓的各种问题。

周振鹤是复旦大学中国历史地理研究所教授、博士生导师，长于逻辑思维，精于考证，擅长将断了环节的历史链条连接起来，将分散的史料集中条理之，互为矛盾的史料化解之，缺佚的史料推理补缀之，从人所习见的史料中读出人所未见的结论来，揭示出暗昧不明的史实，根据史实曾公开表示，"空城计"并不存在。

姚大力是复旦大学中国历史地理研究所教授、清华大学国学研究院兼职教授，擅长蒙元史、边疆史研究，在中国民族史和语言史方面也颇有成就。

潘悟云是语言学家，主要研究方向是汉语历史音韵学、方言学和东亚语言历史比较。2003 年，他和李辉等对客家人做了基因测试，并共同写成论文《客家人起源的遗传学分析》。

游汝杰也是语言学家，曾与周振鹤合著《方言与中国文化》一书，与邹嘉彦合著《汉语与华人社会》。

陈淳是复旦大学文博系教授。1998 年，他主持中国科学院古脊椎动物与古人类研究所的国家自然科学基金项目，对河北阳原县小长梁旧石器时代遗址进行新一轮的发掘。该次发掘采用国际最新的方法，将卫星定位技术、计算机技术和实验方法引入考古的田野工作。在他看来，文理科、社会科学与自然科学不应该被割裂。20 世纪中叶以来，考古学越来越依赖高科技手段，例如放射性元素断代。陈淳认为此次安阳西高穴大墓事件与中国公共考古学的落后有关。有炒作，有追捧，有怀疑，也有一些走极端的情况。他在《东方早报》上发表了题为"考古学史上骗局不断"

---

① 原来学者寄希望进行亲子鉴定的曹植的 26 块遗骸，后来遗失了，不知所踪，所以这些问题非常重要。

的文章，详述了人类历史上因为经济利益驱使制造的考古丑闻，包括日本旧石器造假事件和皮尔唐人的骗局。文章另外指出，历史文化底蕴已成为各地政府开发的潜在资源，他们希望文化遗产能够大力推动当地的经济高速发展。

第二节　大规模检测前需要解决的学术问题

在开始启动曹操Y染色体全国范围内征询检测前，复旦大学的研究团队需要拨开迷雾，梳理历史的脉络，厘清以下一系列的相关历史问题。

一、曹操"七十二疑冢"是否存在

韩昇需要回答的第一个问题是民间传说中的曹操有72个疑冢，安阳西高穴大墓会不会是曹操的疑冢？曹操的墓地究竟有多少个？

在民间传说中，有一种说法很流行，那就是曹操当政期间，不仅力主和实践"薄葬"，自己身后还采取了"疑冢"的措施。曹操的这些行为与他的崛起之路和性格特点有关。当年曹操为了壮大自己的军队，需要大量物资来用兵养兵。因为物资不够，曹操就曾专门训练出一支"摸金校尉"来进行盗墓工作，靠挖别人的祖坟获得金银财宝供自己打仗之需，正因为他经常去盗掘古人的坟墓，所以特别害怕自己的墓被人盗掘，主张"薄葬"，而布置疑冢也是怕身后不得安宁，当然这和他生性多疑有关。生前，他因多疑，错杀了许多人；死后，他的多疑也不例外，他比任何人都害怕秋后算账。传说，在安葬他的那一天，72具棺木从东南西北四个方向，同时从各个城门抬出。但是历史上真的有曹操墓的"七十二疑冢"吗？

这个问题当时是由复旦大学古籍所教授、博士生导师吴金华教授回答的，在全国上下热烈讨论西高穴大墓到底是不是曹操墓之时，他在《解放日报》上发表了《曹操"七十二疑冢"到底是怎么回事》一文，通过严密考证彻底否定了民间的"疑冢"之说。

在文章中，他认为所谓曹操"七十二疑冢"，只不过是从南宋时期兴盛起来的民间传说。凡是"传说"，大致可分两类：一类是完全属实或基本接近事实，尽管事实隐而不显，但总可以由表及里地找到某些实证；另一类则属虚构，不过尽管此类无稽之谈在历史学、文献学等方面得不到支持，但传说的种种内容也蕴含着特定的时代精神和文化特征。曹操"七十二疑冢"属于后一类。因为翻阅早期史志，从魏晋到唐代，曹操墓所在地非常明确。这表明，"七十二疑冢"之说在唐代以前确实还没有出现。

据西晋陈寿《三国志·魏志》卷一《武帝纪》、卷九《夏侯尚传》[1]、卷十五《贾逵传》[2]以及《晋书·宣帝纪》所记载，曹操死于洛阳，年六十六，时为建安二十五年正月二十三日（庚子），即 220 年 3 月 15 日，谥号"魏武王"；遗体由夏侯尚、贾逵、司马懿等护送到魏王的国都邺城，事先营建的墓地在邺地西陵，下葬的时间是二月二十一日（丁卯），即公历 4 月 11 日，魏国把这座陵墓称为"高陵"。曹操墓在

曹操高陵遗址博物馆的"龙形"宋代建筑构件

---

① 应为《诸夏侯曹传》。
② 应为《刘司马梁张温贾传》。

当时是有可以寻辩的外部标记的。据《三国志》《宋书》《述异记》等记载，高陵在曹魏时代原有一系列非常显著的地上标志物，如祭殿、藏玺室、陵屋、铜驼、石犬等。从南北朝到唐代的文献看，世人对曹操墓的确切地点仍然没有发生怀疑。

吴金华认为，最明显的例证有以下三件：一是河南安阳安丰乡西高穴村近年出土的后赵建武十一年（345 年）鲁潜墓志上，间接说明了曹操墓的具体位置；二是唐太宗于贞观十九年（645 年）征高丽时路过邺城曹操墓，曾作《祭魏太祖文》；三是唐代学者李吉甫在《元和郡县图志》卷二十"邺县"条下写道，"西门豹祠在县西十五里，魏武帝西陵在县西三十里"。由此可见，从三国到唐代，"曹操墓"的地理位置相当清楚。

那么宋代为什么会出现七十二疑冢的说法呢？吴金华认为这是因为沧海桑田，随着朝代的频繁更迭和古墓标志物的完全消失，对北宋人来说，邺西沿漳群墓中哪一座是曹操陵墓已无从指认。北宋思想家、政治家王安石曾经在《将次相州》中诗云："青山如浪入漳州，铜雀台西八九丘。蝼蚁往还空垄亩，骐驎埋没几春秋。功名盖世知谁是，气力回天到此休。何必地中余故物，魏公诸子分衣裘。"其中，八九丘、空垄亩、知谁是等语句，就是对曹操墓难以确认的描述和评议，可以判定的是还没有疑冢的说法。

但是后来不知道为何，南宋初期的文学家李壁为这首诗中的"八九丘"作注："余使燕，过相州，道边高冢累累，云是曹操疑冢也。"如果说，王安石对"八九丘"的疑问只是"疑冢"说的滥觞现象之一，他也只是一时兴起，做了一个粗略的具备文学色彩的描写，那么李壁注中"曹操疑冢"的说法，至迟到南宋初期已广为流传。而这就是曹操七十二疑冢之说所出的根源。但是为什么这种说法会在社会上广泛传播呢？

在吴金华看来，曹操七十二疑冢说之所以兴盛于南宋，与当时的政治气候有关。从古至今，著名历史人物所受到的评价历来随着社会思潮的变化而波动，曹操也是如此。曹魏时代对曹操的评价最高，三国时曹魏文学家缪袭的《魏鼓吹曲》中对曹操的颂辞是："越五帝，邈三王。兴礼乐，定纪纲。普日月，齐晖光。"西晋时评价就降一格了，西晋史学家陈寿在《三国志》中拿曹操跟刘备对比，盛赞刘备"弘毅宽厚""有高祖之风、英雄之器"，是一位在处理后事方面有"至公"之德的君主；而曹操则属于"明略最优"的"非常之人、超世之杰"，是一位"矫情任算""鞭挞宇内"的雄豪。明显对刘备的评价要高于对曹操的评价。而到了东晋，因为北魏对曹操的大加赞赏，被赶到中国南部的东晋王朝对曹操的评价只能再一次下降，他被贬斥为篡权的逆贼，他奸狠的一面在后来问世的《世说新语》假谲篇、忿狷篇中均有生动的描述。

当时的南宋政权偏于东南一隅，跟东晋形势相似。于是，占领北方大片土地的敌人，被类比成三国时代的曹魏。这样一来，曹操"假谲"的特点更是有理由被无限放大，"七十二疑冢"的传说也就应运而生了。南宋文学家范成大的《七十二冢》诗云："一棺何用冢如林，谁复如公负此心。闻说群胡为封土，世间随事有知音。"自注曰："七十二冢在讲武城外，曹操疑冢也。森然弥望，北人比常增封之。"南宋末年的爱国词人刘辰翁的《金缕曲》又云："寂寞西陵歌又舞，疑冢嵯峨新土。"自注曰，金人为曹操疑冢增土。

其实此类诗词通过夸大空穴来风的"疑冢"说和对曹操的贬斥，抒发了对北方"寇贼"的激愤之情。诗词本身带有时代的烙印，却不是客观事实。

但是因为传播的影响力太大，不断以讹传讹，"疑冢七十二"的说法后来在元明时代已被载入史志，元人杨涣《山陵杂记》云："曹操没，恐人发其冢，乃设疑冢七十二，在漳河之上。"明人李贤等撰《明一统志》卷二十八"彰德府"下"曹操疑冢"条云："在讲武城外，凡七十二处，森然弥望。高者如小山布列，直至磁州而止。"可见虚构的说法莫名其妙地已经变成众人以为是正确的历史事实，但是经不起层层考证。

"七十二疑冢说"的"发扬光大"，还与一部脍炙人口的小说有关，那就是中国的四大名著之一的《三国演义》。吴金华指出，从考证看，早期的《三国演义》，如明嘉靖壬午刊刻的《三国志通俗演义》等，在讲述曹操临终前的遗嘱时，都没有"疑冢"方面的内容。而清初毛纶、毛宗岗整理的《三国演义》中却多出了这样一段文字："（曹操）又遗命：于彰德府讲武城外设立疑冢七十二，勿令后人知吾葬处，恐为人所发掘故也。"就是这部流传极广的毛氏批改本，使 300 多年来的读者对"疑冢"说有了难以磨灭的印象。正是这次篡改导致了后世几百年的误解。

吴金华对西高穴村的地名也表示出了很大的兴趣，对西高穴大墓为曹操高陵的认定持有赞成的态度。他在文中直言不讳地指出，窃以为"高陵"的命名，似乎与"高穴村"这个地名不无关系。与此类似的现象是，曹丕的陵墓之所以称为"首阳陵"，是因为墓地在"首阳山"；孙权的陵墓叫"蒋陵"，也因为墓在"蒋山"而得名。加之从"高穴村"大墓中出土的"魏武王常所用格虎大戟"石牌等实物来看，此次河南省考古队有关"高陵"的论证颇为可信。

曹操墓自古至今一直是一个大热点。在很多古籍里，都有找到曹操墓的记载，吴金华举例说，比如褚人获在《坚瓠续集·漳河曹操墓》中信誓旦旦地说，明末清初"漳河水涸，有捕鱼者见河中有大石板""初启门……有石床，床上卧一人，冠服俨如王者。中立一碑。渔人中有识字者，就之，则曹操也。众人因跪而斩之，磔裂其尸"。蒲松龄《聊斋志异·曹操冢》说，"许城外有河水汹涌……竭其水，见崖下有深洞""中有小碑，字皆汉篆。细视之，则曹孟德墓也。破棺散骨，所殉金宝，尽取之"。后来传说河北磁县也出现了曹操真冢。近人邓之诚的《骨董琐记全编·曹操冢》云："壬戌正月三日，乡民崔老荣于彭城镇西十五里丛葬地开井为茔，地圮为黑穴，继得石室……中置石棺，前有刻石志文，所叙乃魏武帝操也。"

1988 年，《人民日报》曾经刊登一篇题为"'曹操七十二疑冢'之谜揭开"的文章，文中说，闻名中外的河北省磁县古墓群最近被国务院列为第三批全国重点文物保护单位，而这里之前在民间传说中被认为是曹操七十二疑冢所在地，但现在已查明那里实际上是北朝的大型古墓群，确切古墓数字也不是 72，而是 134 座。

1990 年 10 月 26 日，《光明日报》也报道了类似的新闻，文中是这样表述的："宋代以来，磁县漳河北岸的北朝时期的墓群，就被误认为是曹操的七十二疑冢，到了清代末年修建京汉铁路时，出土了一批墓志，人们才对这一墓群的时代有了较为正确的认识。"文中提到，1986 年中国社会科学院考古研究所河北队和磁县文保所对这些墓群进行勘察时，发现了一座重要墓葬，这座墓葬虽然已经被盗，但是壁画还是保存得完好，墓道东西两壁的巨幅画面展现了迎接梓宫入葬的仪仗队伍，队列由青龙、白虎等神兽引导，壁画上有100多人。这100多人的身高和真人差不多，人人肃立、表情哀痛、气氛庄严。这次考古的主持者徐光翼研究员从墓葬的形制、壁画的风格、随葬器物的特点进行初步分析，这个墓葬的时间应该在6世纪中叶，距离今天大约有1 400年，时间是中国历史上的东魏北齐阶段。这个墓葬向东距离北齐神武帝高欢的陵园不到3千米。

值得一提的是，徐光翼也是受邀参加河南方面专家论证会的专家，他对曹操墓的评定也是格外审慎，他在2013年接受了《中华读书报》的采访，后来刊发的新闻题目是"徐光翼：曹操墓仍不宜定论"。他在文中提到了曹休墓的考古情况，并对曹休墓和安阳西高穴大墓的形制进行了比较。

二、曹操有没有后代存活下来

第二个问题就是曹操究竟有没有后人，司马懿篡位时是不是将曹魏斩尽杀绝，导致曹操没有后代，如果此事为真，那也就是不可能有基因检测这种做法了。

2010年年初，韩昇在《现代人类学通讯》上发表题为"曹操家族DNA调查的历史学基础"的论文，解开了疑问。他认为曹操肯定是有后代的。239年，魏明帝曹叡去世，曹叡是曹丕的长子，也是曹操的孙子。年仅八岁的皇太子曹芳继位，在遗诏中，曹叡明确由大将军曹爽和太尉司马懿辅政。曹爽是曹操的侄孙子，从小就入宫陪伴曹叡，所以两人关系很好。辅政后，一开始曹爽对待司马懿非常尊重，事事与其商量，自己不敢专断。后来曹爽又另外重用了一批人，开始排挤司马懿，并且夺去了他的实权，彻底把司马懿架空。司马懿虽然装病，但是毕竟握有很大的兵权。249年，曹芳离开洛阳去祭扫魏明帝的高平陵时，司马懿突然以谋反的罪名，杀曹爽及其党羽，并诛灭三族。这本质上就是权臣之间权力和利益的争夺。

曹爽的父亲曹真是一个不简单的人物，但是研究发现，他并不是曹氏家族后裔。《魏略》中称曹真本姓秦，其父亲因掩护曹操而被杀，所以曹操收养曹真，以为族子。因为曹真的战功卓著，他的儿子曹爽后来也是不断加官晋爵。

但是在诛杀曹爽后，司马懿也不敢把事情做绝，他找来曹真的族孙来延续曹爽一支的香火。

后来又发生了一起复辟事件，太尉王凌和兖州刺史令狐愚密谋拥立楚王曹彪为皇帝，当时王凌和令狐愚被灭三族，曹彪被赐死，但是司马懿并没有诛灭其他曹氏，曹彪是曹操姬妾孙姬所生的儿子。曹彪的儿子都被免为庶人。但后来曹彪的儿子曹嘉并没有因为父亲篡位受到影响，254年，司马懿的儿子司马师废掉魏朝皇帝曹芳，十四岁的曹髦被立为帝，改元"正元"。就在正元元年，曹嘉被封为常山真定王，后来还做了国子博士和东莞太守。

事实上，司马懿父子在篡位的过程中，为了争取曹魏政权大臣的支持，一直对曹氏的皇族保持礼遇，曹魏宗室一直居住在邺城，只是被时刻监视，并未被杀戮。西晋帝国还封曹奂为陈留王，对曹氏家族始终予以优待，一直延续到东晋和南朝。

综合来看，曹操是有后人的。

那么，曹氏的后人在哪里？

对此，韩昇进行了详细梳理。根据《三国志·魏书·武文世王公传》记载，曹操的后宫中，除了原配丁夫人没有生育，很多嫔妃都有孩子，曹操一共有25个儿子，在古代帝王中算是生育能力比较强的。而且第三代的人数并不少。就拿魏文帝曹丕来说，就有9个儿子。

之后曹操子孙的名字还频繁出现在晋朝到隋唐的史籍上。根据《晋书》记载，曹植的儿子曹志是晋武帝司马炎的散骑常侍，也就是皇帝的贴身侍卫。曹操的侄子曹休的曾孙曹摅在西晋曾经担任首都洛阳令要职，死于晋末动乱。他的另一位兄弟曹识，在西晋任右军将军。

五胡入据中原后，曹操的大量后人也跟随晋朝的皇族南迁，躲避战乱，之后居于江东。曹休五世孙曹毗是东晋文学家，历任著作郎、句章令、太学博士、尚书郎、下邳太守等职，后累迁至光禄勋，这个职位总管宫殿内一切事务，发展成为皇帝的顾问参议、宿卫侍从以及传达招待等官员的宫内总管。居于禁中，接近皇帝，地位十分重要。他曾作《扬州赋》流传于世。

南迁之后的曹氏家族，一直维持着陈留王地位，繁衍生息，甚至在东晋灭亡、刘宋政权建立之后，亦未中绝，这在史籍中可以获得证明。《宋书·礼志》记载，南朝刘宋大明四年（460年）九月，有司奏："陈留国王曹虔季长兄虔嗣早卒，季袭封之后，生子铣以继虔嗣。今依例应拜世子，未详应以铣为世子，为应立次子锴？"所以韩昇推测其传承谱系为：曹虔嗣—曹虔季—曹虔铣。

曹虔嗣和曹虔季为兄弟，前者死于永初元年（420年）七月，后者和曹虔秀或为同一人，死于大明六年（462年）十一月，其嗣子死于元徽元年（473年）正月。有宋一代，陈留王曹氏世系清晰可知，分别见于《宋书》的武帝、孝武帝和后废帝本纪。曹虔铣还有一位兄弟叫曹锴，门丁依然兴旺。根据以上记载，可以知道陈留王系作为旧朝遗族依然受到礼遇，其王爵继承还需要朝廷审议决定。

曹氏后人在之后的很多朝代里还是享受特权待遇的，他们可以通过地方考察举荐进入仕途。据韩昇考证，曹毗就是通过郡察孝廉的途径任官的。他曾经撰写了《曹氏家传》一卷，著录于《隋书·经籍志》。曹魏时代实行九品中正铨选制度，出仕者须考察家世，故谱牒大盛，大姓、中正以及官府相关部门都需要握有谱牒，作为仕进的依据。韩昇认为，《曹氏家传》传世，并被著录于唐朝史官编纂的《隋书》之中，说明曹氏家族一直是历朝官府选拔的对象。只是曹魏宗室由于各种原因，之后就没有影响卓著的大人物再次出现，导致家门不振，逐渐衰落。所以曹操后裔氏族逐渐在史籍中难见记述。

三、曹操与夏侯氏之间有血缘关系的推测是否成立

另外，还有一个争议很大的问题，曹操究竟是不是夏侯氏的后代？

这个争议来自东吴人写的一本名叫《曹瞒传》的书，这是一本丑化曹操的书，书里说曹操之父曹嵩为"夏侯氏之子，夏侯惇之叔父。太祖于惇为从父兄弟"。其实早在曹操崛起当初，其对手袁绍在讨曹檄文中就骂他"父嵩乞丐携养"，意指他身世不明，但并没有说曹操出自夏侯氏。

韩昇对此进行了梳理，他认为在汉魏之际，家世同清浊之争紧紧联系在一起，东汉末年崛起的群雄，争相以清流自我标榜。刘表因为被推举为清流领袖，故虽才疏兵寡，却能广聚名流，巍然屹立于荆楚要地；刘备力弱，却因皇叔之名而终成大事。舆论对政局的影响，难以估量。曹操祖父属于被舆论抨击的宦官浊流势力，这本来就一直是政敌攻击他的痛处，如果再加上身世不明，特别是出自异姓，就更成为笑柄，为人不齿。从袁绍讨曹檄文，到东吴人编写的《曹瞒传》，已经可以看出曹操同时代人对其身世传说由虚而实的编造演变过程。到了宋代以后，随着曹操形象日益低落，其出自夏侯氏之说也就越盛，言之凿凿，《资治通鉴》胡三省注也采用此说，但都提不出任何确凿证据。

那么曹操究竟有着什么样的身世呢？

其实，曹操的祖父曹腾是东汉末年一个有能力、有作为的高级宦官。120年，当时汉顺帝做皇太子，曹腾就伺候太子读书，后来汉顺帝即位，曹腾升任中常侍。汉顺帝（汉章帝玄孙）去世后，两岁不到的儿子汉冲帝即位，过了半年就夭折了。这时候皇位的人选就出现了争议。

当时大臣们都认为应该立一位年长有德的宗室当皇帝，汉章帝另一个玄孙清河王刘蒜呼声很高，梁太后的弟弟外戚大将军梁冀为了继续掌权，却立了八岁的勃海孝王刘鸿的儿子刘缵为皇帝，是为汉质帝。而刘缵也是汉章帝的玄孙。

汉章帝刘炟是东汉的第三代皇帝，是一位明君，他励精图治，注重农桑，兴修水利，减轻徭役，衣食朴素，实行"与民休息"，并且"好儒术"，使得东汉经济、文化在此时得到很大的发展。班超、班固等都是那个时代涌现的优秀官员。他和他父亲汉明帝开创的东汉初年的盛世历史上被称为明章之治。汉章帝的儿孙也不少，他有9个儿子。但是东汉王朝经历了三代后就每况愈下。皇帝一般年纪轻轻就去世，造成了外戚和权臣干政的局面，皇权无法重新集中起来。汉章帝的儿子刘肇虽然开创了永元之隆，但是本人27岁就去世了，第五代皇帝刘隆出生百天时登基，8个月后就夭折，之后的皇帝是汉章帝之孙刘祜，即位时才13岁，26岁想要亲政了，却被刘隆母亲邓太后命令用布袋将其蒙头盖脸套起，用棍棒击杀，然后抛尸城外。第六代皇帝是刘懿，是汉章帝的另一个孙子，在位仅仅半年多就去世了。第七代皇帝就是汉顺帝。

梁冀在朝廷上专横跋扈，即位的汉质帝虽然才 8 岁，也看他很不顺眼。在一次朝会中，他当着群臣的面叫梁冀"此跋扈将军也"，后来梁冀衔恨在心，觉得质帝虽小，但为人聪慧早熟，担心其年长后难以支配，决定害死他。

当时的朝廷官员分成两派。一派由李固领导，他们主张拥立清河王刘蒜为帝；另一派由梁冀领导，主张拥立汉章帝刘炟曾孙刘志登位。正当两派开会争议时，曹腾看准机会成熟了，亲访梁冀，表示支持刘志为帝。他又指出，清河王为人严明，如果他真的为帝，恐怕难保平安，但立刘志，则可以长保富贵。梁冀在曹腾的支持下，毒死汉质帝，拥立刘志为帝，是为汉桓帝。汉桓帝即位后，曹腾也因为拥立有功荣升费亭侯。曹腾死后，他的养子曹嵩（曹操的父亲）承袭了他的封爵。

后来魏明帝曹叡追尊其高祖父曹腾为高皇帝，而曹腾也是在中国历史上，被正式授予正统王朝皇帝称号的唯一宦官。

在很多人的记忆中，封建王朝宦官的社会地位很是低下，家底殷实之家的孩子是不可能被送到宫里做宦官的。根据韩昇考证，在东汉，宦官未必都出身贫贱，只是正史对他们的出身缺少记载。比如东汉后期著名的宦官曹节，《后汉书》记载他"家吏二千石"，显然是高官子弟。曹腾出身于沛国谯县（今安徽省亳州市）的曹家，在当地也是属于大姓。

而《三国志·魏书·武帝纪》上记载说，曹操其为西汉相国曹参后裔。根据《汉书·曹参传》记载，曹参本家居于沛，和萧何等沛人共同辅佐刘邦，沛国是西汉创业元勋发迹之地，世居于此，相互通婚，构成世家大姓的社会网络，这是必须给予高度重视的。这也是后面基因团队需要解答的另一个问题，曹操家族和曹参家族究竟是什么样的关系？到底有没有血缘的传承。

事实上，曹腾家族并不弱小，司马彪《续汉书》中记载，曹腾家在乡里以谦让闻名，受到敬重，兄弟四人，他最小，入宫做官。根据其他古书记载，曹腾有兄弟四人，曹腾最小，字季兴。他的三个哥哥姓名已不可考，只知道他们的字分别是伯兴、仲兴、叔兴。根据北魏郦道元《水经注》记载，曹腾兄弟子侄都葬在谯县，有坟冢墓碑见在。

但是曹腾的养子曹嵩究竟是不是曹腾从自己本家过继的呢，《三国志·魏书·武帝纪》称"莫能审其生出本末"。这句话也引来后人的许多推测，才有了曹嵩出自夏侯氏之说。

曹腾位高权重，且出自谯县比较知名的家族，他找养子继承官爵封地，决不会随便。按照当时过继承宗祧的基本原则，当然是从本宗他房中过继。除非本宗绝后等特殊情况，一般来说不太可能找其他家族过继孩子。然而，为了慎重起见，韩昇还是对曹操后代的过继问题进行了详细考证。他发现曹操的儿子中，有6个过继承宗的例子，均取兄弟之子。曹丕儿子中，有4个过继的例子，也全都来自兄弟之子。至于曹操第三、第四代中的过继事例，也毫无例外地来自本宗。据此可知，曹氏家族全部在本宗内部过继。所以，以曹腾旧族出身，兄弟和睦的情况判断，曹嵩必定出自本宗。

那么，为什么会有出自夏侯氏之说呢？那是因为曹操家族和夏侯氏家族关系太紧密了。曹家和夏侯家都是沛国谯县的名门望族，夏侯家出自西汉创业功臣夏侯婴。《汉书·樊郦滕灌傅靳周传》中记载："夏侯婴，沛人也。"曹家和夏侯家同属于刘邦"创业元勋集团"，并且一直居住在本籍地谯县，世代通婚，关系亲密。在曹操时代，曹家和夏侯家依然是很深的亲戚关系，深到什么程度呢？夏侯渊的妻子是曹操原配丁夫人的妹妹，因此夏侯渊便是曹操的连襟。为了寻求自己和家族的发展，夏侯惇、夏侯渊投靠了当时声名在外的曹操。当时曹操辞职在家，夏侯惇、夏侯渊与曹操相交。曹操因得罪朝中权势被寻隙，夏侯渊代替曹操入狱，曹操积极营救，救出了夏侯渊。

后来，曹操的女儿清河公主嫁给夏侯惇的儿子夏侯楙，这种姻亲关系一直维持着。另外，古代一般同族之间不会那么密切的通婚，如果曹操是夏侯家的孩子，曹操的女儿怎么可能嫁给同族的男子呢？所以韩昇认为从历史上细加辨析，说曹操与夏侯氏之间有血缘关系的种种推测，都是没有根据的，不能成立。

之后在进行曹氏遗骸 DNA 分析的时候，复旦大学科研团队还是准备采集夏侯氏的基因样本进行分析，对这个问题做出科学的论断，解开另一个千年疑团。

第三节　中国首例"基因家谱学"研究拉开序幕

2010 年 1 月 23 日，复旦大学现代人类学教育部重点实验室正式向全国征集曹姓男性参与 Y 染色体检测。2010 年 1 月 26 日，复旦大学历史系和现代人类学教育部重点实验室联合宣布，将利用复旦大学在人类基因调查中积累的先进科学技术手段，调查分析曹氏基因，进而给曹操墓真伪的研究提供科学的证据。复旦大学的科学家希望通过检测这些男性的 Y 染色体类型并进行归类，然后借助序列比对的方式，推测曹操应有的 Y 染色体特征，用 DNA 技术来解答曹操墓真伪之问。

这意味着中国首例"基因家谱学"研究拉开序幕。

研究利用的就是之前介绍的 Y 染色体中的 SNP 检测方式。人与人的基因序列中有 99.9% 以上的序列都是相同的，仅有 0.1% 不同。基因序列中平均每 500～1 000 个碱基对中就有 1 个 SNP 不同，总数可达 300 万个甚至更多。SNP 的多态性只有两种。SNP 是由个人的遗传背景决定的，祖辈的特殊 SNP 位点可以在所有后代的 Y 染色体中找到。

这个消息一经发布就引起众人的广泛关注，大家等待最后答案的揭晓。

一、寻找全国的曹氏后人

一切已经就绪，复旦大学寻找曹操后人的行动拉开了序幕。

复旦大学现代人类学教育部重点实验室首先在已有的基因检测数据库中，找到了 48 位曹姓男性的 Y 染色体。这些人主要分布在中原地区、东北地区和甘青地区。对比这些曹姓男子的 Y 染色体，发现中原曹姓的 Y 染色体类型主要是 M134 型，而东北地区曹姓的 Y 染色体类型主要为 M48 型。而甘青地区的曹姓 Y 染色体类型则种类非常多，并无规律可循，由此基本可以确定，他们大多数是唐代来自中亚的移民，并无太多的参考依据。

※甘南地区曹姓的祖先是隋唐时代从中亚粟特地区（这个地区在中亚地区阿姆河和锡尔河流域，也就是今中亚塔吉克斯坦与乌兹别克斯坦境内部分地区，当时这个区域是阿拉伯人与唐朝激烈争夺的领土）来到中原的粟特人后裔。当时粟特地区有康、安、曹、石、米、何、火寻、戊地、史九个国家，这些国家的名字是音译的，之后来到中原后，民众以国家名字为姓氏，后世称为昭武九姓。后来阿拉伯人与唐朝军队开战，这九个小国家的老百姓就跟着唐朝军队回到了中原。另外一部分甘南曹姓是来自甘肃和四川边界的一些氐人，他们是白马藏族和蟹螺藏族的后裔。白马藏族的记载最早见于西汉《史记·西南夷列传第五六》："自冉駹以东北，君长以什数，白马最大，皆氐类也。"蟹螺藏族有两个支系：一支是自称"尔苏"（或鲁苏）的藏族，一支是自称"木雅"（或木涅）的藏族。他们都是藏族中人数较少的支系，保留着自身的母语，其语言所属虽为藏缅语族，但所属语支尚未确定。

那么今天的曹操后代会在哪里呢？

复旦大学科研团队进行了详细的查询，《中国家谱总目》收载了全球见于著录的家谱目录，其中曹氏的家谱有275件。上海图书馆是国内收藏家谱最多的图书馆，收藏的曹氏家谱达118件。

当时韩昇的研究生秦蓁带领一个小组负责搜集曹氏家谱的工作，并进行了系统的整理工作。

秦蓁在接受采访时说，2010年4月，他们来到上海图书馆把118份曹氏家谱都看了一遍，并根据要求进行了筛选，将家谱所载世系同历史记载相比较，把比较可靠的曹姓家谱挑选出来，其中包含自称是曹操后裔的家谱。值得注意的是，在上海图书馆的家谱中自称曹参为先祖的家族比较多。但是，很多谱牒上"从曹参到明代的世系"没有完整可靠的记载。最后筛选的标准是这样的：如果家谱的时间从明代开始，但是前面非常模糊不清的，团队就过滤掉不用。

筛查家谱前前后后持续了一个多月的时间。

韩昇在之前的研究中已经发现，五胡进驻中原后，司马睿在晋朝贵族与江东大族的支持下在317年在现南京称帝，曹氏家族也跟随南迁到了江东，曹操的后人到南朝刘宋政权时还是陈留王系，妻妾成群，但是具体追溯到唐代，查遍史籍，其后代只是一位县令而已。从历史学角度看就是曹氏家族已经走向平民化了，曹操家族的子孙也散落在了各地的民间。

自从曹操墓发掘的消息公布以来，国内好几个地方又陆续出现了一批曹氏家谱，其中也有明确记载为曹操后裔者。复旦大学科研团队认为，这些家谱也很值得好好研究。

韩昇认为，从家谱中反映的情况来看，一般将曹参和曹操称为祖先的曹氏后裔大量分布在长江流域，这与历史上考证的五代十国后曹氏陈留王系迁居江南的情况是吻合的。

复旦大学科研团队的做法是广撒网，曹氏家族取样的面铺得广一些，多取一些样本，就能够更加全面地反映出自古以来多支曹氏的基因状况，获得整体的把握。在此基础上梳理出曹氏基因 Y 染色体的类型，最后同曹操后裔的遗骸提取的基因染色体做比对，就更能够提高准确性。

今天的 DNA 鉴定技术的准确性已经很高。鉴于此，复旦大学科研团队对家谱的记载有意放宽尺度，让基因鉴定运用于家谱的辨别，在 Y 染色体的测定上，允许辨识出伪冒改姓等情况。所谓伪冒改姓的情况一般是在传承过程中没有按照父子的生物学模式进行，异姓的领养和妻妾的红杏出墙等都会造成后代 DNA 中 Y 染色体的改变。

二、在全国采集样本时发生的小故事

全国调查时有很多小故事。韩昇在访谈时说，当时都是寻找有家谱、有祠堂的曹氏后裔进行采样和调查。复旦大学科研团队成员整整走访了半年，而且大多数都在乡村。比如当时在江西省赣州市兴国县有一支曹操后裔，从族谱来看非常清晰，也是相当重要的。正好复旦大学一位学生的母亲在兴国县的相关单位工作。在了解情况后，当地公安局给予了大力支持，在第一时间进行查找，结果发现这个家族很早就迁走了。安徽省委宣传部的主要负责人在寻访中也给了复旦大学科研团队很多帮助，帮他们找到了大量曹氏宗族地的相关资料。

对于曹姓祠堂集中的地方，复旦大学科研团队采取的方法是文科团队先外围调查，确定存在取样价值后，理科团队再出发采集血样。当时科研团队很忙碌，天天接到各种各样的电话，老百姓非常踊跃，很多人主动登门，表示可以提供血样，而且这些自称为曹操后裔的人彼此之间绝大多数都是没有较近的亲缘关系。韩昇回忆说，比如有一个曹姓的某省电视台台长来电话，当年他没有烧掉所有家谱，将它们埋在地底下。后来挖出来，保存良好。还有北宋期间迁往广东南浔的曹氏家族，听到复旦大学正在寻找曹操后裔进行基因检测的新闻，整个家族开车赶到江西找到复旦大学科研团队，主动配合抽取血样。

在当时的新闻报道中，也出现了很多前往上海捐献 DNA、自称曹操后裔者。

中国红学研究学会成员曹祖义自称是曹操第七十代孙。他在接受《沈阳晚报》采访时表示自己是曹髦的后代，曹髦是曹操的曾孙，曹操是曹髦的高祖。今天，在辽宁的东港市大孤山、岫岩等地方，都有曹姓族人。他认定自己是曹操后裔的原因有两点：第一是家族口口相传；第二是根据现有的家谱可以证实。根据族谱，从曹髦算起，曹祖义是曹髦的第六十六代孙。而曹髦是曹操的曾孙，因此，曹祖义认定自己是曹操的第七十代孙。

※ 曹髦是曹魏第一位皇帝魏文帝曹丕的孙子，是曹丕的儿子东海定王曹霖的儿子，这是一位才子型皇帝。254 年，司马懿的儿子司马师废掉魏帝曹芳，曹芳是三国时期曹魏第三位皇帝，因为第二位皇帝曹叡没有儿子，被过继过来成为其养子。后来就把身为宗室的曹髦立为新君，当时司马师和司马昭两兄弟把持朝政。曹髦对司马氏兄弟的专横跋扈十分不满，"司马昭之心，路人所知也"这句话就出自曹髦的口，260 年他召见王经等人，带领冗从仆射李昭、黄门从官焦伯等，授予铠甲兵器，率领僮仆数百余人讨伐司马氏，后来因为计划暴露，惨遭杀害，年仅 20 岁。曹髦有名画《祖二疏图》《盗跖图》《黄河流势》《新丰放鸡犬图》传于代。唐玄宗时著名的画家曹霸宣称自己是曹髦后裔。

抱着亲手校定的 12 卷"曹氏大全谱"，69 岁的曹云老先生当时也走进了复旦大学人类学实验室。填过一份自愿申请 DNA 检测登记表后，他右臂弯处被抽取了

2 毫升的血液，曹云居住在杭州，祖上自浙江上虞迁徙而来。曹云的族谱显示，其远祖可追溯到宋初开国大将曹彬，后周太祖郭威之贵妃张氏是曹彬的姨母，曹彬在北宋统一战争中立下汗马功劳。这个家族于宋末迁到浙江上虞，再移居余杭。对曹彬是曹操后裔的身份，学界向来无异议。

2010 年 6 月的《广州日报》刊发了一则题为"广东南雄发现疑似曹操后裔聚居村落"的报道，说的是粤北南雄市邓坊镇发现了一个疑似曹操后裔聚居地的村落，这个村落的名字叫作兰田村，这里距离较热闹的镇区还有 15 千米的山路。这个村的经济状况并不好，是典型的贫困村。村里大部分的年轻人都出去打工了，留下来的大多是老弱妇孺。犁田种稻与养些家畜、植些果树是村民的主要活计，闲时上山采些野生蜂蜜与灵芝香菇则是他们的副业收入。村庄中共居住着 281 人，而曹姓村民占 98%。村人自称是北宋开国名将曹彬的后代，自明代嘉靖年间从江西信丰迁徙至此已有 400 多年的时间。这个村的村民保存了两本祖辈珍藏的族谱。这是两部纸色发黄的线装大书，掀开封面，"光绪乙巳年重镌""曹氏重修族谱"等字样赫然在目。这部由"同文堂字林书局"印制的族谱上赫然写着"先源于曹彬二十六世孙，南京避乱，世居北京真定府。迄宋之末，公达祖者因乡科释褐，后任选信丰县正堂……"复旦大学科研团队在那里也采集了 DNA 样本。

韩昇说，之所以将南雄曹氏纳入检测范围是因为有家谱明确记载是由中原地区迁徙入粤，据广东南雄、江西南康、大余等地曹氏族谱的互相印证，南雄曹氏为曹彬的后代是比较明晰的。

自安徽歙县雄村迁徙而来的浙江富阳东图乡上村的曹氏，也是一支谱系清晰的曹植后裔，其族规中明文规定"非本宗过继者不得姓曹"。在 2000 年族谱未重新编修以前，上村人一直不太确定自己曹植后裔的身份，虽然村里建于清代的祠堂里，一直刻着"上溯陈思、才超邺郡"的对联，而陈思王就是曹植。上村曹氏又称自己是"雄村曹"。有趣的是，两千多年前与曹氏同为三足鼎立一方的东吴孙氏，故里就在离上村不到 2 千米的王洲乡。而两汉皇族刘氏后人，也有一支避难迁到了附近的渔山乡曙星村，这支刘氏族人世称"活金死刘"，也就是活着都姓金，入族谱及去世后的墓志铭上却姓刘。历史常常会开玩笑，三国时期三个君王的后代居然会近距离相聚。

富阳电视台记者曹觉民是上村人，他发现，上追到北宋时期，其所在的这支曹氏家族，居然与曹雪芹家族同为北宋初年重臣曹彬之后。相传曹雪芹家族和"雄村曹"的渊源还不止于此：当曹雪芹祖父曹寅任江宁织造时，曹觉民先人曾前往拜会认了本家，尔后赖以荫蔽，成为数一数二的江南大盐商。曹家后来败落，乾隆末年，"雄村曹"出了个著名人物曹振镛，他官至军机处领班、太子太傅，轮到曹寅后人寻到曹振镛的门下寻个荫蔽。

复旦大学科研团队奔赴当地采样的新闻还被地方媒体报道。《钱江晚报》刊登了一篇题为"复旦专家前往浙江金华5个曹姓村采集DNA样本"的文章。

文章是如此记录的：

2010年7月8日早上9点，金华市的曹街村来了一批看上去很有学识的男人，其中两人各拎着一个铁箱子。

村书记曹龙水当天一大早就等在了村口。7月初，他接到一个电话，说要到村里给村民抽血验DNA，当时他没怎么在意。8日早上8点，电话又打过来，说快到村里了，曹龙水才想起这档子事。

带队的人让他找些曹姓男子来抽血，要10多个。同时，另外的人在村委会摆开架势，拿出设备——两个放血样的小冰箱、一些采集血液的针具。

抽完血，大伙填了一张表格。内容基本就是个人档案，包括姓名、联系方式、家庭住址等。

……

7月8日带队去曹街村的人就是"用DNA技术辨别曹操后裔和河南汉魏大墓出土人骨"课题组的负责人之一李辉。到曹街村之前，李辉带领的采集小组已经去过金华的曹宅村、含香村以及义乌的曹村、曹道村。

韩昇在访谈中说："复旦大学宣布征集曹操后裔采样后，就启动了全世界第一例用基因研究历史的科研工作，我们一发布消息，新闻报道就铺天盖地而来，文章点击量都是一天几百万的，当时的复旦大学宣传部部长萧思健一见到他就开玩笑，笑称他是中国高校点击量最高的教授。"

韩昇认为，这种情况对复旦大学科研团队来说也意味着巨大的压力，网不仅要撒得大，还要撒得全，比如老百姓都说曹操是夏侯的后人，复旦大学科研团队就把夏侯氏也纳入检测的对象，调查的量扩大了很多，还有一个操姓家族，他们宣称是曹操一支被追杀，所以后代避祸改姓操，这个问题也要回答。有些曹氏名气很大，觉得自己就是最正宗的，比如曹植死了以后葬在山东，他是王，朝廷分了100家人给他守墓，守墓的人世世代代守下去，这一支全部姓曹，固定在山东，这一支人数后来变得非常巨大，一开始他们坚信自己就是曹操后人，也在等待检测结果，当然最后的结果很遗憾，最后的研究证明他们都是守墓人的后代。

在大规模的调查后，复旦大学的团队最后确定了几处最接近曹操后裔的居住地：一是位于安徽、山东、河南、江苏四省的交界处，以安徽亳州（曹操故里）为中心，这里是曹操政权发源地，距离西高穴村安阳大墓被发现的地方不是很远；二是江东地区，包括安徽泾县、繁昌、歙县、绩溪，浙江金华、东阳、绍兴、余姚、萧山，江西赣州等地；三是湖南等省的沿江地区，如湖南新化、郴州、益阳、长沙等地。

最后由复旦大学生命科学学院伦理委员会通过，根据知情同意的原则，在全国各地采集了79个曹姓家族的280个男性和其他姓氏的446个男性外周血样本。与此次研究相关的大部分谱牒资料也在家族成员知情同意后影印保存。

　　※ 外周血是一个科学名词。所谓外周血是除骨髓之外的血液，正常人外周血中一般看不见幼稚的干细胞，只存在有极少量的造血干细胞，其含量为0.01%左右。如果幼稚细胞的比例大幅增加，有可能是类白血病。当然提取外周血就可以获得准确的DNA信息。

三、检测期间的河南安阳

就在复旦大学科研团队如火如荼地进行曹氏后裔的DNA采样时，2010年4月3日，中国秦汉史研究会、中国魏晋南北朝史学会在河南安阳首次召开两学会会长联席会议，考察和研讨河南安阳曹操高陵考古发现。

参加此次会议的包括华南师范大学历史文化学院教授、中国魏晋南北朝史学会会长李凭，中国人民大学历史学院院长、中国秦汉史研究会副会长孙家洲等11位学者。当时这些专家一致认为，曹操高陵判断正确、定性准确，河南省考古工作者对安阳曹操高陵的田野发掘、资料整理与分析是认真科学的。此外，从目前已完成考古发掘的西高穴2号墓周边地理环境及地望、墓葬形制、规格、刻铭石牌及相关出土遗物等证据来看，考古工作者关于该墓为曹操高陵的判断是正确的，定性是准确的。

会议召开的时间正值复旦大学的基因检测研究刚开始阶段。韩昇当时是中国魏晋南北朝史学会副会长，他没有参会，也没有发表意见。

韩昇仍不赞同当时有些负责人的做法："当时接到一个电话，说是河南方面的，希望会长都要到，一起签字，我的态度是必须要等基因检测结果出来我才能表态，最终我没有参会。"

2010年4月9日，"2009年度全国十大考古新发现"初评结果揭晓，安阳西高穴大墓榜上有名。6月10日，在北京举行的"2009年度全国十大考古新发现"终评会上，组委会评委、考古专家徐苹芳表示，考古发掘必须是在排除了盗墓发生的干扰情况下，才能得到真正的实在的东西。作为铁证的"魏武王常所用格虎大戟"石牌并不能确定这个墓就是曹操墓，"常所用"包括东西和衣服，是最高统治者送给他的大臣或者亲属的，在东汉时期非常常见，《后汉书》里面就有一些记载。该墓称为"西高穴"没有问题，但是如果目前就要定性为曹操墓的话恐怕还有很多问题。[1]

2010年6月11日，在2009年中国文化遗产日主场城市苏州，国家文物局副局长童明康宣布了"2009年度全国十大考古新发现"评选结果。河南新密李家沟旧石器至新石器过渡阶段遗址、安徽固镇垓下大汶口文化城址、江苏张家港东山村遗址、内蒙古赤峰二道井子夏家店下层文化聚落遗址、山东高青陈庄西周城址、陕西富县秦直道遗址、陕西西汉帝陵考古调查及发掘、河南安阳西高穴曹操高陵、河北曲阳涧磁村定窑遗址、江西高安华林造纸作坊遗址当选。

就在"2009 年度全国十大考古新发现"评选结果发布的第三天，新闻媒体发布信息，河南安阳西高穴曹操高陵拟建国家级考古遗址公园，中国文化遗产研究院承担了曹操高陵的保护和展示规划工作。时任该院院长的刘曙光表示，拟在曹操高陵规划建设国家级考古遗址公园，在曹操墓本体上规划建设遗址博物馆。

2010 年 6 月 13 日，时任河南省商业经济学会常务副会长的宋向清在接受中新社记者采访时表示，曹操墓的发掘充分向世人展示这些代表中华古代文明和历史智慧的文化符号，不仅对传播民族文化具有重大意义，更重要的是可以实现曹操高陵旅游价值的最大化。曹操墓的学术价值、历史价值、社会价值决定了它的投资价值和经济价值。因此，当地政府一定会尽最大努力首先实现通路、引水、造绿等，在此基础上，社会资本也会择机渗透，在景点（区）规划建设、经营、配套设施、附属宾馆酒店、商场超市等方面进行投资。在宋向清眼中，曹操高陵有望成为安阳继殷墟和红旗渠之后第三大旅游热点，至少让该村发展经济实现小康的历程缩短十年以上。

中新社的记者在西高穴村采访发现，西高穴村已凸显出旅游景点的雏形：附近有卖曹操诗画的小摊、卖曹操纪念品的小店，甚至有村民卖起来"曹操牌"凉皮。村民们对曹操高陵的开发也是充满期待。

在此前的 3 月 7 日，安阳·三阳开泰旅游推介会在北京举行。安阳旅游部门推出了关于曹操高陵的探奇之旅，涵盖安阳地界众多历史文化遗迹。相关领导详细介绍了安阳丰富的旅游资源和悠久的历史文化。为了拉动安阳旅游市场，安阳市政府表示 2010 年将拿出 1 000 万元的旅游景区门票，开展免费赠送活动，以此将安阳旅游推介出去，让安阳旅游消费市场活跃起来。

此时，曹操墓真假依然还是谜团。

全国政协委员、中国文联副主席、中国民间文艺家协会主席冯骥才在接受《南京晨报》记者采访时表示："自古以来，考古活动都是非常封闭、秘密的。许多考古活动都要求足够的认真、充分、彻底，一点细枝末节都不能忽略，然后反复考证，都有一个很长的权威报告，最后才能得出结论。"

提到某些学者测算过曹操墓能带来 4.2 亿元的收入，冯骥才认为："政府应该严格按照国家文物法来办事情，更多是担负保护责任，而非只盯着开发。我们是 5 000 年的文明古国。我们还是书香门第。我们富起来的时候应该非常从容、博大、深邃、平和。"

2010 年 5 月，由河南省文物考古研究所编著的《曹操墓真相》由科学出版社出版。书中有大量考古现场的照片，有出土的石牌和铁帐钩、有埋在土里的铁镜和石璧，还有各种陶器，还有七女复仇画像石的残片照片和拼接图照片。这本书让普通读者可以近距离走近这次考古挖掘的现场，窥见那里的真实面貌。

书中披露了一些从来没有公布的考古细节。经认真整理后发现，有 11 个方面的观点很重要。

第一，在考古过程中，发现在 2 号墓侧壁上居然有一个空洞，这居然是通向 1 号墓的暗洞，长达 30 米，是一条地下长廊，而且看情形也不是盗墓贼挖的，而是入葬前就存在的。

第二，考古人员对三副遗骨的位置进行了勘测，后室的南北两侧都有棺木，而主棺的石葬具印痕和铁棺钉也被发现。一共是三座棺木。所以三副遗骨不可能是盗墓贼留下的，他们很可能原本就安葬在这里。

第三，考古学家对比了同时期的其他墓葬，国内已经发现的东汉诸侯王一级的墓葬有 8 座，其中河北定县北陵头的 43 号墓葬形制与西高穴 2 号墓最为接近，都是

安阳西高穴大墓的盗洞 潘伟斌供图

安阳西高穴 2 号墓的木棺残存 潘伟斌供图

由墓道、甬道、前室、前室的左右侧室、后室、并列于尾部的后室双后侧室组成。
该墓葬早期被盗，出土有银缕玉衣和铜缕玉衣各一套，考古人员根据《后汉书·中
山简王传》推测墓主是熹平三年（174 年）去世的中山穆王刘畅夫妇。还有一座是
东汉晚期的睢宁刘楼东汉墓，与西高穴 2 号墓形制类似，里面也有银缕玉衣和铜缕
玉衣。这说明西高穴大墓的规格非常高。

　　※ 汉代中山国历时 300 余年，东西两汉共有 17 代中山王，刘畅是第十六代中

　　山王，也就是东汉第六代中山王。其死亡时间大约是 174 年。刘畅墓位于定州城南

　　北陵头村西约 200 米处。封土高出 12 米，直径约为 40 米。1969 年冬季，由定州县

　　博物馆发掘清理。刘楼东汉墓属于汉代下邳国王陵。在东汉所分封的诸侯国中，下

　　邳国疆域属于比较大的，汉献帝建安十一年国除，前后经历 134 年。

　　第四，墓室中出土的四系黄釉和绿釉陶罐是汉末三国时期的代表性文物。出土
的瓷罐也有东汉瓷罐风格。

安阳西高穴大墓出土的陶瓷器 潘伟斌供图

第五，墓内出土的五铢钱是东汉钱，有一枚是典型的东汉"剪轮五铢"。

第六，此次考古发掘的"魏武王常所用格虎大戟"石牌中的魏字与西晋元悦墓志中的魏字明显不同，而与东汉末年袁博碑上"魏"字很相像。

第七，西高穴大墓是目前考古发现的规模最大的东汉末年或者曹魏时期墓葬，总面积达740平方米，墓室所用的铺地石和条砖也是目前发现规格最高的铺地石和

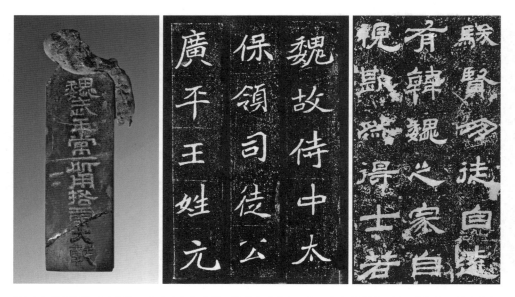

"魏武王常所用格虎大戟"石牌（左）与西晋元悦墓志（中）及东汉末年袁博碑上的"魏"字比较（右）

安阳西高穴大墓出土的错金铁镜 潘伟斌供图

条砖，墓室里的石圭高达 28.9 厘米，而过去汉王陵出土的石圭只有 10 厘米，同时还出土了直径达到 28 厘米的石璧，石璧和石圭的配套出土说明这是帝王陵。值得一提的是，直径 21 厘米的铁镜也是迄今为止发现的最大件的东汉铁镜之一。

第八，西高穴大墓虽然形制很大，但是没有封土，也没有壁画，也没有金、银、铜缕玉衣，确定是薄葬。

第九，西高穴大墓为何不用碳-14 测年法测定，或者是用热释光方法断代呢？书中认为原因是误差太大，精准的碳-14 测年法需要树木标本，可是 2 号墓中的棺木仅存痕迹，很难测年，即使测年误差也在 50 年左右。书中认为只需要考古学类型学断代法就可以。

第十，不让做曹操头骨 DNA 鉴定的原因是很难提取古人 DNA，盗墓贼多次光顾，头骨上 DNA 可能会有污染，做出来的结果不一定准确。

第十一，书中介绍了体质人类学家如何判定西高穴大墓墓主人的年纪。他们用的方法是看头骨。头骨上一个横着的缝叫作冠状缝，它的愈合范围是从 24 岁开始，到 41 岁结束。头部竖着的缝是矢状缝，它的愈合年龄是 22～35 岁。头顶部还有一个人字缝，愈合年龄是 26～47 岁。另外，太阳穴附近有三个缝是蝶顶缝，从 22 岁开始愈合，一直到 65 岁愈合完成。这些都是判断头骨年龄的依据。而墓内两位女性的骨盆情况显示，她们都曾生育过。

这本书非常客观，内容翔实，有很强的说服力。

2010 年 8 月，高陵的临时展馆开始搭建，与高陵相隔百米之遥。临时展馆面积为 787 平方米，建成后将具备游览、放映展示、会务办公等多种功能。当地媒体披露，曹操高陵展馆 9 月对外开放，门票价格初步确定为 60 元，将展出 400 余件文物。高陵参观环廊规划设计全长 291 米，建筑面积约 700 平方米，河南省和安阳市的相关专家已整理展板文字 20 余万字，资料图片 500 余幅。

当时，安阳县投入 400 万元征用土地，投入 800 万元建设临时展厅和参观通道，投入 100 万元用于墓葬发掘和加固等工作，投入 700 多万元保证发掘工作的顺利开展等。市政府拨付专项经费 46 万元用于发掘现场更换围墙、建设隔离护栏和形象广告牌等基础设施及考察调研等工作。配套设施建设如火如荼地进行着。

第四节　浮出水面的事实

复旦大学科研团队细致和严谨的科学工作已揭示了曹操家族的 Y 染色体单倍群，一系列尘封的历史疑团也被逐一破解，历史的事实终于展现在世人的眼前。

一、O2-F1462，曹操家族 Y 染色体单倍群的揭晓

在实际的检测中，复旦团队选取了 280 个样本的 Y 染色体上 101 个 SNP 位点进行检查。这些位点覆盖了 Y 染色体谱系图上所有的单倍群。

李辉认为，"单倍群"的概念与"单倍型"有关。由于 Y 染色体可以在男性个体中稳定遗传，如果某个现代人男性祖先有一个 Y 染色体突变点，那么他的所有男性后代都会带有这个突变点，可以称为第一种单倍型。再过若干年，他的某一个男性后代中出现了第二个突变点，即第 2 种单倍型，依此类推。第一代单倍型是其他单倍型的祖先型，其他单倍型都是后代型，祖先型与所有后代型合称为一个"单倍群"。

超景深三维立体显微镜 复旦大学分子考古实验室供图
该显微镜具有景深大、分辨率高、成像清晰、对比度高等优势，可进行微观结构观察。

用于提取 DNA 的超净台 复旦大学分子考古实验室供图

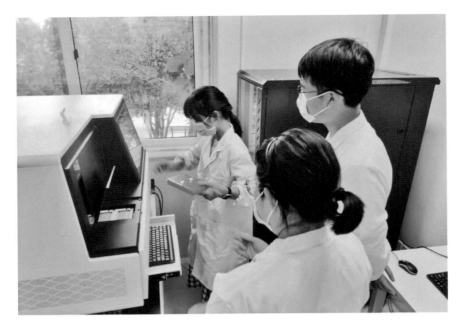

用于古 DNA 样本测序的高通量测序仪 复旦大学分子考古实验室供图

用于提取 DNA 的离心机

复旦大学分子考古实验室供图

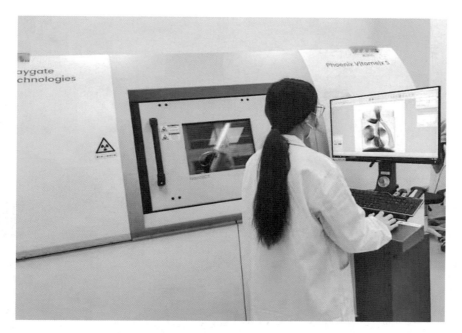

用于扫描骨骼样本的纳米 X 射线断层扫描重构设备（Nano-CT）复旦大学分子考古实验室供图

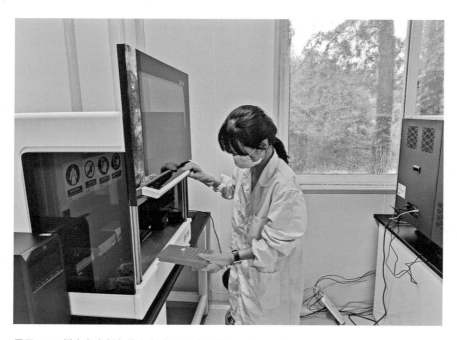

用于 DNA 样本文库制备的全自动 DNA 提取仪 复旦大学分子考古实验室供图

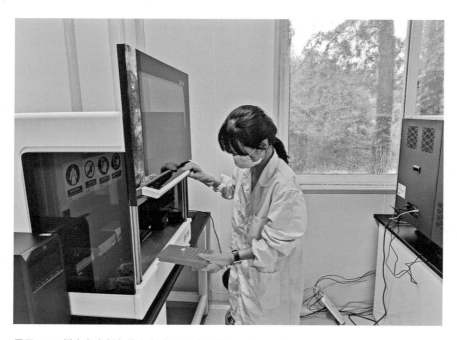

扫描骨骼样本三维形态的手持三维扫描仪 复旦大学分子考古实验室供图

复旦大学科研团队发现有 15 个曹姓家族宣称自己是曹操后代，但是他们当中居然有 6 种 Y 染色体的单倍群。当然只有一种是曹操的，还有 5 种的存在可能是收养、跟随母姓、并非父系亲生等原因造成的，也就是祖先不明了。

在近 2 000 年的历史长河、近百代的传承中，出现男性没有生育能力或者女性出轨等很寻常。

复旦大学科研团队将手头的曹姓家族分为三类，宣称曹操后代的曹氏（他们之中有的说自己是曹丕的后代，有的说自己是曹植的后代），宣称其他曹姓祖源的曹氏，未宣称曹操后代和其他曹姓祖源的曹氏。另外，还匹配了其他姓氏的普通对照人群。

最后的结果显示，O2-F1462 是宣称是曹操家族中显著高频出现的单倍群，有 6 个家族的显现。另外，有 3 个家族的单倍群是 O3-M117，有 2 个家族的单倍群是 O1-P203，有 2 个家族的单倍群是 C3-M217，此外有 1 个家族的单倍群是 O3-002611，有 1 个家族的单倍群是 O3-P164。

O2-F1462 在汉族中的出现频率为 5%，也就是说 100 个人中就有 5 个是这种类型的，复旦大学科研团队从 OR 值（带置信空间）的角度判断，O2-F1462 是曹操单倍群的概率是 92.71%。此外，从概率角度看，6 个不同地区的宣称曹操后裔的家族出现同一个 5% 频率单倍群的概率为一千万分之三。复旦大学科研团队认为曹操在历史上是一个名声不太好的帝王，不太会有人去冒充他的后代来沾光。所以可信度也是非常高的。

值得一提的是，虽然只有一个宣称曹操家族的单倍群是 O3-002611，但是也证明了一个事实。因为 O3-002611 是宣称是曹参家族直系后裔的 5 个曹姓家族中唯一出现的单倍群，复旦大学科研团队基本认定，O3-002611 是曹参家族最有可能的单倍群，可能性接近 100%。这从侧面也印证了魏武帝曹操并不是自己所宣称的是西汉开国功臣曹参的后裔。所以这个宣称曹操家族的后代族裔可能是搞错了自己家族祖先的名字。

2010 年 11 月，复旦大学现代人类学教育部重点实验室宣布，通过对 8 支家谱有明确记录曹操为祖先的曹姓人群进行 DNA 分析，找到了其中 6 支人群共同拥有的特殊的 Y 染色体单倍群，其可信度高达 90% 以上，其巧合概率仅为千分之三，符合法医学上鉴定要求。曹操遗传密码有可能就此破解，而判断曹操墓真伪之辩也有了可靠的科学佐证。

李辉在复旦大学新闻发布会上介绍，通过 Y 染色体 500 万点精测研究，最终发现来自江苏、安徽、辽宁等地的 6 个曹姓家族样本的祖先交汇点在 1 800～2 000 年前（即汉代王莽时代—东汉），这个时间准确符合曹操的历史身份时间。这 6 个家族分别为安徽舒城县（仪壹堂）、安徽舒城县（七步堂）、江苏盐城（绣虎堂）、辽宁、安徽、湖南等曹氏族群，分属于曹操的 3 个儿子，其中有一支从曹操次子魏文帝曹丕后代一直到曹髦传承的，四支家族是陈思王曹植的后代，还有一支是曹操某个庶子（名字未知）的后代。

二、夏侯氏和曹氏没有血缘关系

曹操和夏侯氏是一家的说法由来已久，如果翻开《三国演义》，第一回曹操就出场了，其中写道："官拜骑都尉，沛国谯郡人也，姓曹，名操，字孟德。操父曹嵩，本姓夏侯氏，因为中常侍曹腾之养子，故冒姓曹。曹嵩生操，小字阿瞒，一名吉利。"因为《三国演义》是我国四大名著之一，因此这样的说法也是一直流传至今，很多人都以为曹操的父亲曹嵩本姓夏侯，曹嵩做了宦官曹腾的养子，所以改姓曹。夏侯氏与曹氏本是一家，但是曹操本姓夏侯的说法并非《三国演义》首创。

早在《三国演义》问世1000年前，南朝人裴松之在为史书《三国志》作注时就曾写下过这样的话："吴人作《曹瞒传》及郭颁《世语》并云：'嵩，夏侯氏之子，夏侯惇之叔父。太祖（曹操）于惇为从父兄弟。'"《曹瞒传》大约成书于三国时期，是吴国人所写，《世语》的作者则是晋朝人。按照裴松之所说，曹操本姓夏侯的说法，早在三国时期就有了。

如果追溯夏侯家族，就会发现这也是颇为显赫的家族，其祖先可以追溯到夏侯婴。夏侯婴是西汉开国功臣之一，与刘邦是少时的朋友。夏侯婴一开始在沛县的马房里掌管养马驾车，每当他驾车送完使者或客人返回的时候，经过沛县泗水亭时，都要去找好朋友刘邦聊天。他跟随刘邦起义，立下战功，后被刘邦封为汝阴侯，封地在今天的安徽省阜阳市。他的曾孙夏侯颇曾经娶了汉武帝的女儿平阳公主为妻，当时平阳公主的第一任丈夫曹寿去世了。后来因为夏侯颇和他父亲的御婢通奸，畏罪自杀，汉武帝勃然大怒，封地被撤销，平阳公主后来又嫁给了卫青。

三国时期的著名人物夏侯惇、夏侯渊、夏侯霸、夏侯玄、夏侯献、夏侯和，以及后来著《抵疑》《昆弟诰》的夏侯湛，都是夏侯婴的后裔。

夏侯家族应该和当时的曹氏家族住得很近，他们都是安徽亳州人，关系很好，应该是世交。夏侯渊的妻子便是曹操原配丁夫人的妹妹，也就是说夏侯渊和曹操两人娶了一对姐妹花。从历史记录来看，曹操家族和夏侯家族后来也一直保持通婚关系。比如夏侯渊的哥哥夏侯惇次子夏侯楙娶了曹操之女清河公主为妻，夏侯渊的长子夏侯衡后来娶曹操侄女为妻，袭父爵后转封安宁亭侯等。

但是在古代，一般是宗族内部不可以通婚，如果曹氏和夏侯氏是同族关系，如此密集的通婚是否恰当呢？

夏侯为中国的复姓，如今在我国江西省南昌市，安徽省天长市、合肥市、亳州市、阜阳市，台湾省台北市，以及国外澳大利亚墨尔本市、日本等地，均有夏侯氏族人分布。在征集曹姓后人进行 DNA 检测的同时，复旦大学科研团队同样在征集夏侯氏后裔的 DNA。

这里说一个小插曲。2010 年 4—5 月，浙江富阳上村曾先后组织 10 余名曹姓后裔赴上海进行 DNA 检测。他们的 Y 染色体类型全部都有 O1a1 位点突变，而上海地区召集到的 4 个夏侯姓氏的测试者中，有 3 个人居然也有 O1a1 位点突变。出乎所有人的意料，富阳上村曹氏后裔竟与夏侯氏后人 DNA 高度吻合。这让复旦大学的科研团队十分迷惑。随着样本的增多，李辉进一步研究发现，O1a1 这个类型在江浙一带很常见，占到人群的 30%。

就在几年前，李辉调查过姒（Si）姓群体的基因。姒姓是中国汉族姓氏，上古八大姓之一，姒姓的祖先是被世人千古传颂的中国古代治水英雄大禹。结果显示，他们的主要类型也是 O1a1。号称有确定家谱的曹操后人以及夏侯氏后代出现了和大禹后代一致的基因类型，这意味着什么？

姒姓与夏侯姓之间颇有渊源。大禹这位世人千古传颂的治水英雄原姓姒。春秋时期，夏禹的后裔建立杞国。在诸雄争霸中，杞国为楚国所灭，夏禹的后裔逃往鲁国，鲁国国君因其为夏禹之后，封以侯爵，称为夏侯，其后世子孙于是以夏侯为姓，称夏侯氏。因此这个结论可能证实了史书上记载的"夏侯氏源出夏朝王族"的说法。

对于这样的结果，上村人曹觉民对检测结果颇感意外，尽管他对本村曹操后裔的身份从不怀疑，但此前他也认为曹操不姓夏侯。根据复旦方面的研究，上村曹氏 Y 染色体类型除与夏侯氏后人相吻合外，在国内仅与安徽歙县、上海松江、安徽舒城等处的曹姓人群吻合。

当时在李辉看来，曹姓和夏侯姓历史上一定发生过"过继事件"。但是曹操是否是夏侯氏的家族后裔，还是存在疑问的。一直到复旦大学科研团队认定的 O2-

F1462 单倍群与曹操叔父曹鼎的牙齿 DNA 吻合的结果出来，这一事实才正式被澄清，最终尘埃落定。

可以确定的是，至少在三国时代，曹姓家族并不是夏侯氏那里过继过来的，而是从本宗中过继而来的。2 000 多年的争议终于画上了句号。

值得一提的是，关于曹操的真实身份，历代学者也有考证。明代学者顾炎武认为曹操并非本姓夏侯，而是确实姓曹。不过，曹操的祖先到底是谁，顾炎武认为曹操、曹植、曹叡三人的说法都不统一，后人就实在是说不清了。事实上，顾炎武对曹操的印象并不好，其在《日知录》卷一三"两汉风俗条"指出，两汉倡导儒学，尊崇节义，整齐风俗，"而（曹）孟德既有冀州，崇奖跅弛之士。观其下令再三，至于求负污辱之名，见笑之行，不仁不孝而有治国用兵之术者，于是权诈迭进，奸逆萌生……夫以经术之治，节义之防，光武、明、章数世为之而未足，毁方败常之俗，孟德一人变之而有余"。所以，顾炎武对曹操并不会有"美化"的做法。

三、曹操家族和曹参家族没有血缘关系

《三国志·魏书·武帝纪》上记载说，曹操其为西汉相国曹参后裔。根据《汉书·曹参传》记载，曹参本家居于沛，和萧何等沛人共同辅佐刘邦，沛国是西汉创业元勋发迹之地，世居于此，相互通婚，构成世家大姓的社会网络，这是必须给予高度重视的。这也是后面基因团队需要解答的另一个问题，曹操家族和曹参家族究竟是什么样的关系？到底有没有血缘的传承。

曹参是历史上的名相，当年他仅仅是管理监狱的小吏，是刘邦的上司。后来，他跟随刘邦在沛县起兵反秦，身经百战，屡建战功。刘邦称帝后，对有功之臣，论功行赏，曹参功居第二，赐爵平阳侯。萧何在临终前，向孝惠皇帝刘盈推荐的贤臣只有曹参。曹参上任后一直遵守萧何生前制定的大政方针，"萧规曹随"说的就是萧何和曹参两位西汉开国名相的治国传承。

曹参治理国家的要领就是采用黄老的学说，核心思想是无为而治，与民休息。他从各郡和诸侯国中挑选一些质朴而不善文辞的厚道人，对官吏中那些言语文字苛求细枝末节，过于追求声誉的人，就斥退撵走他们。曹参继相三年病逝，在汉史上

他与萧何齐名。

曹参的后人在两汉时期一直是高等级贵族，地位非常显赫。其中曹寿娶了汉武帝的姐姐平阳公主，生儿子曹襄，曹襄娶了卫长公主，卫长公主是汉武帝和卫子夫的长女，也是汉武帝最宠爱的女儿。两人生儿子曹宗。曹宗因受汉武帝戾太子事件的牵连，获罪，封国被除。《史记》记载，征和二年曹宗坐卫太子死；《汉书》记载曹宗罪名为"与中人奸，阑入宫掖门"，曹宗入财赎此死罪而失侯，处以完刑，为城旦。曹宗最后用钱换来了脱离死刑，最后判处得完刑。所谓完刑就是劳役，汉确定"城旦"的刑期为五年，夜里筑长城，白天防敌寇（站岗）。曹宗的子女无遇害记载。汉元康四年，曹宗之子曹喜奉诏复家。曹参的后裔一直到了东汉末期还是世袭的侯爵，曹操家族和曹参家族同是沛县人，又是同姓，应该也有一定的往来。

族谱研究学者、山西省社会科学院首席研究员李吉对曹操的家世做过研究。他认为曹操非曹参后人。曹参这一支是邾姓曹氏，出自陆终第六子曹安后裔曹挟，因封邾邑，以邾为氏。也有争议说是曹安是陆终的第五子，又名晏安。陆终是上古时代中国传说中的人物，楚国先祖火神吴回之子，他有 6 个儿子，是中华民族演进史上的重要人物，他们的后代，曾经繁衍成了许多重要的姓氏。

李吉的观点是，曹操这一支其实出自周武王的弟弟这一脉。周王朝取代商之后，周武王把弟弟振铎封到曹邑，称曹伯，曹伯后代取曹为姓，是姬姓曹氏。所以这两支曹，虽然都出自山东，但没有血缘传承关系。事实上，关于曹操是曹参之后的说法，最早记录是在《魏书》中。书中记载，曹操的身世可以追溯到黄帝时期。

此外，在中国古代，追认先代名人作为自己的先祖是历代开国皇帝常用的手段。曹操打下了曹魏基业，魏文帝曹丕即位后，重新修家族史也是理所当然的。往上追溯姓曹的名人，又是沛县老乡的恰好是曹参，选择这个形象比较好、地位比较高的人来做自己的先祖是很正常的。

但是在科学工具的验证下，近 2 000 年后，事实还是呈现在大家面前。宣称是曹参家族直系后裔的 5 个曹姓家族的 Y 染色体单倍群无一例外都是 O3-002611，与曹操家族完全对不上号。基因科学研究已确切证实了曹操并不是曹参的后代。

四、操姓人群与曹操家族没有血缘关系

史书中最早有记载的操氏历史人物是隋末农民起义领袖操师乞，其是江西鄱阳人。隋炀帝登基之后大兴徭役，发动大量的民丁营建洛阳，开凿运河；还进行了对高句丽远征。统治者不顾人民的死活，必然激起人民的反抗。大业七年（611年），山东人王薄首先树起义旗，反对隋朝的压迫。接着，全国各地农民起义迅速展开，此伏彼起。大业十二年夏秋间，操师乞、林士弘亦揭竿而起。

在历史记载中，操姓源自曹氏的说法由来已久。根据现存的一些操氏家谱序记载，他们是曹操孙子曹休的后代。西晋泰始二年（266年），司马炎废除魏帝，建立西晋政权后疯狂屠杀曹魏皇族，曹操嫡孙曹休举家逃亡鄱阳郡新义（今江西鄱阳），为了避免被司马氏政权赶尽杀绝，就以曹操的名字"操"为姓，改姓"曹"为姓"操"。

复旦大学科研团队也把操姓纳入了研究范围。根据调查有详细家谱记载的操姓一共有两支，一支是鄱阳郡操氏，另一支是重庆长寿操氏。

自李唐时期开始，由于人口繁盛，操氏后代纷纷从鄱阳外迁，最大一支迁往浙江金华、宁波和绍兴一带。从家谱上看，他们也有迁往北方的河北、山东、甘肃和陕西的。还有迁往安徽池州、徽州、亳州，以及江苏扬州和无锡，甚至还有迁往宝岛台湾的。

复旦大学科研团队发现，重庆长寿操氏家谱比较完整，可信度较高。其从明代开始记录家谱，第一位修家谱的人叫作操节。他说自己祖籍在山西的牟道县，操节应五经魁，在朝为官（我国古代讲学以五经为教材，考试以五经取士，乡试前五名为五经魁）。明正德九年（1514年）操节因为戍边有功，柱奉谕赐祭不留停侯，后来又被授予车骑将军，最后的职务是两湖总兵官。他的儿子叫操洁清，也是显赫一时，最后的官位是刑部侍郎，相当于刑部的二把手，在明代是正三品的高官。后来操节被奸宦陷害，弃官入蜀定居"小歌山"（今天的重庆市长寿区境内）。相传操节临终遗嘱曰：我操姓始祖乃周武王姬发之后代、昭考公第十三子之第二十七代子孙，因先祖在当时社会地位崇高，孔子当时写了《猗兰操》一诗，又名《幽然操》，这既

是诗歌也是一首曲子，操氏先祖独解奇妙，所以世人恭称其为琴操家，他的后人始以操为姓。

而来自安徽潜山的敦本堂《操氏宗谱》修订于光绪二十一年（1895 年），其中收录一篇写于康熙五十年的序言，对操姓来自曹操的说法也是彻底予以否定，"不待深辨而知其荒唐不足信"。在新编家谱中其开宗明义地说明，操姓源自郰（Cao）姓，郰姓可能源自古代姬姓，出自春秋时期的郑国郰邑，郰姓还可能源自狄族，或出于春秋时期狄族分支郳瞒国。

据史籍《玉篇·邑部》记载："郰，郑地。"史籍《春秋·襄公十七年》中亦有记载："郑伯髡顽卒于郰。"史书中记载的郑伯髡顽，即郑僖公姬恽（公元前 570—前 566 年在位），郑成公姬睔之子。郑僖公为太子时就十分傲慢，对晋、楚两个大国均不以礼待。在他即位后，以子驷（姬騑）为宰相，又不以礼待之，使子驷十分恼火。周简王姬夷七年（公元前 566 年），晋悼公姬周召会宋公、陈侯、卫侯、曹伯、莒子、邾娄子等诸侯盟于郑国鄵邑（今河南鲁山），当郑僖公与陈侯一起从新郑起程去赴会时，子驷便派刺客在郰邑（今河南宝丰）杀了郑僖公，陈国侯妫弱逃走，子驷遂自己去赴会，并对会场诸侯伪称郑僖公是暴病而卒。僖公被刺身亡之后，子驷扶持郑僖公之子姬嘉即位，是为郑简公，其后有郑国人以郑僖公被弑之邑名为姓氏者，称郰氏，以悼郑僖公，世代相传至今，这是非常古老的姓氏之一。

明代学者陈士元所著的《姓觿》中记载："郰，姓考云：以国为氏。"《姓觿》中所指的"郰"即"郳"，或称"酁"，春秋时期鲁国史载中"郰""郳""酁"三字通用。郰（郳、酁）是春秋时期北方少数民族的一个小国，即史称的郳瞒国，属于狄族的一支，国地在今山东高青。郳瞒国在周顷王姬壬臣四年（鲁文公姬兴十一年，公元前 615 年），被齐桓公姜小白之子齐昭公姜潘率军所灭，其故地改称郰（郳、酁）。从《中国历史地图集》上看，西周时期，在现在的山东北部、河北南部方圆近千里的土地上，郳瞒是唯一的一个国度。[2]

据典籍《论语·孔子年谱》记载：鲁定公姬宋十年（公元前 500 年），孔子由中都宰升小司空，后升大司寇，摄相事。夏天随鲁定公与齐景公姜杵臼相会于夹谷。

孔子事先对齐国邀鲁君会于夹谷有所警惕和准备，故不仅使齐国劫持鲁定公的阴谋未能得逞，而且成功地逼迫齐景公答应归还侵占鲁国近百年的郓、鄆、龟阴等国土。鄆瞒的国境当时与鲁国之龟阴邑相邻，龟阴邑地在今日泰安、新泰、泗水交界处以地处龟山以北而命名，所以大约鄆邑之地即为鲁国的汶阳川一带地区，即今山东省肥城县至宁阳县之间。

鄆瞒国被齐国所灭后，国人化入齐国而汉化，后鄆邑被孔子夺归鲁国，遂以国名为姓氏，分别称作鄆氏、鄆氏、鄆氏等。

复旦大学科研团队选取了操姓后裔 Y 染色体上涵盖东亚所有单倍群的 100 个 SNP 位点进行检测，发现所有的操姓家族的 Y 染色体单倍群都属于同一种类型，显示出很强的亲缘关系。但是与曹操家族没有很大相关性。一桩旧案也有了定论。可以明确的是：之前的一些操姓家谱明显是后世杜撰的。从最终的结果看，操姓和曹操家族确实没有血缘关系。

第五节　无法查验的遗骨

曹操家族的 Y 染色体单倍群已经明确，西高穴大墓的发掘工作不断推进。此时最简单的鉴定方法莫过于检测曹操遗骨的 Y 染色体单倍群，将其与复旦大学得出的答案加以比较，但是为什么经历那么多年，这项研究迟迟没有开展呢？背后的原因是我们预料不到的，与某些人臆想中的"阴谋"无关，也并非河南和复旦大学不努力，阴差阳错间导致遗骨鉴定未进行。

一、西高穴大墓的翡翠疑云

在复旦大学紧锣密鼓地进行科学检测时，安阳西高穴大墓的挖掘工作继续进行着，2010 年 6 月 12 日，中央电视台科教频道直播曹操高陵发掘。

12 日上午，河南安阳西高穴大墓考古发掘现场：又一断定墓主人为曹操的"铁证"——"魏武王常所用"刻铭石牌出土。至此，曹操墓中出土的"魏武王常所用"刻铭石牌达到了 9 块。

当日上午 9 点半左右，刚刚出土的一块铭刻着"常所用长犀盾"字样的石牌，

河南安阳西高穴大墓出土
的石牌 潘伟斌供图

通过电视镜头展示在公众面前。这是曹操墓首次出现带"盾"字的石牌,表明墓主人生前曾经使用过此种兵器。

这些文物其实也间接证实了 2009 年 12 月河南考古队在新闻发布会上公布的重要文物出土的真实性。这些备受争议的文物并不是人工伪造,确确实实是从大墓中出土的。

当时主持考古发掘工作的河南省文物考古研究所副研究员潘伟斌介绍说,发现石牌的地点位于曹操墓前室、一块被扰动的石质地板残块下面。此前该墓中出土的曹操头盖骨,以及 8 块"魏武王常所用"刻铭石牌,均在此出土。

让专家们感到奇怪的是,这些出土石牌凡带有"魏武王"字样的,均被打断;专家推测为石椁的精美画像石,也均被打成碎片,以至于考古人员从墓中出土了上万片画像石残片。疑似曹操的遗体也被人从墓葬后室拖到了前室,甚至连脸部都被残忍地砍去。

根据这些非正常现象,专家推测说,这是一个值得深思的课题,曹操墓曾遭人为破坏,也许就在曹操去世后不久。

当日上午,考古人员还继续清理了墓室内被盗墓扰动的石质地板残块,出土了铁质铠甲片、陶器、漆器、玉珠等遗物。同时,考古人员选择了墓道两边的磬形坑和长方形坑各 1 个进行了考古发掘。在长方形坑中发现有分布规律的铁钉,可能是建墓时遗留的建筑设施遗迹。

之后专家又发现,西高穴大墓 1 号墓的情况并不好,1 号墓非砖石墓,而是土坑墓,既无地板,墙壁也全为夯土,盗墓贼多次光顾,墓门被砸烂,墓顶有两个盗洞,其他部分也有 5 个盗洞。砖石结构的 2 号墓,也被盗墓贼多次光顾,墓顶有两个盗洞,最大的盗洞可追溯至东西晋时期,墓室前室的北耳室亦有一个盗洞。根据现场勘察,盗墓贼打通了这个耳室,一直向北打了 35 米,打到 1 号墓墓室的南墙上,继续又打了 1 米多,没有打通,就顺着墓道出去了。1 号陪葬墓共清理出 7 个盗洞,其中一个盗洞通往曹操墓(西高穴大墓 2 号墓),被盗、破坏十分严重,仅在墓道通往墓室的地方出土了一把铁剑。

西高穴大墓 1 号墓的盗洞 潘伟斌供图

陪葬墓几乎是一座空墓，这让本来迷雾重重的墓主人身份变得更加扑朔迷离，难以猜测。没有文献记载，又没有得力的实物证据出土，专家们感到十分迷惑不解。为什么只有 2 号墓有遗骨，为什么 1 号墓没有遗骨？

中国社会科学院学部委员刘庆柱在专程考察 1 号陪葬墓的发掘情况后说，期待出土更新的资料，或者其他地方能发现同期可作对比的资料，但他也表示，可以肯定的是，陪葬墓的发掘情况丝毫不影响曹操墓的定性。

当时一段"翡翠疑云"成了公众关注的热门问题。

西高穴大墓 1 号墓挖掘现场 潘伟斌供图

具体情况是这样的，媒体披露，在2号墓里还出土了一个翡翠大珠，它呈椭圆状，2厘米长，质地温润，在灯光的照射下惊艳无双。为什么说是曹操下葬时含在嘴里的珠子呢？知情者表示，其他所有从曹操墓出土的珠子都带有穿孔，只有这个翡翠珠没有任何穿孔，由此专家推断其他珠子为配饰物上所用，翡翠珠为曹操下葬时口含。

苍青色玉珠　　　　　　　　白色玉珠　　　　　　　　珍珠

黑色玉珠　　　　　带白彩的红色玉珠

陵墓出土的玉珠、珍珠
潘伟斌供图

中国盗墓史研究学者倪方六率先质疑，在题为"曹操墓造假手段低劣　清朝翡翠跑进曹操嘴"的文章中，倪方六说，他为此特意请教了央行的一位珠宝鉴定专家，该专家说，在中国玉器分为两种，一种是软玉，如和田玉；一种是硬玉，如翡翠。中国出现翡翠的年代是清代，翡翠是从缅甸和南美洲传过来的。在一千多年前的三国时期，哪里来的翡翠？

迄今为止，中国史料最早记载着腾冲翡翠生产贸易的是明代大旅行家徐霞客，他于 1638—1639 年曾在腾冲目睹了翡翠加工及贸易的盛况，并写入了他的"游记"之中。根据史料看，翡翠传入中国的历史仅仅只有 600 年。

这些玉珠究竟是派什么用的呢？ 2018 年，潘伟斌在期刊《黄河 黄土 黄种人》上，发表了一篇题为"曹操墓出土的小玉珠、珍珠功用之探讨"的论文，对这些玉珠的作用进行了解读。论文中未提及上文中所谓的翡翠大珠。

曹操墓中出土了 7 颗色彩不同的玉珠，它们均有穿孔，皆在珠子的中部，孔很细小，贯穿上下。其中，除了 1 颗黑色的玉珠体形较大，直径为 1.6 厘米之外，其余 6 颗体形均较小，直径均在 0.6～0.7 厘米。从颜色上分，这些珠子可以分为苍青色、白色、黑色和红色，从材质上分，它们又可分为玉珠和玛瑙珠。其中，苍青色玉珠 4 颗，白色玉珠 1 颗，黑色玉珠 1 颗，红彩玛瑙珠 1 颗。[3]

根据潘伟斌的考证，这些体形较小的玉珠很可能是曹操生前所戴冠冕旒上的串珠。

旒有两种解释。一是指古代旌旗下边或边缘上悬垂的装饰品，所谓"旌旗垂旒"，故《礼记》中有"是以鲁君，孟春乘大路，载弧韣；旗十有二旒，日月之章；祀帝于郊，配以后稷。天子之礼也"之说。二是指古代帝王冠冕前后悬垂的玉串，"冕而前旒"。例如，《礼记·玉藻》中言："天子玉藻，十有二旒。前后邃延，龙卷以祭。"[4]

天子的冠冕由以下几部分组成，其顶部有一块微微上翘的黑色木板，叫"綖板"，形状为前圆后方，寓意着天圆地方，表示博大之意。綖板"以木板为中，以三十升玄布衣之于上"。"綖以木干，玄布衣其上"的意思是，綖板是用木板为干，以布覆于其上。綖的形式前圆后方，前比后高一寸。綖板前后均垂以流苏，学名叫"旒"，共十二旒，每旒均用五彩丝绳串有十二颗不同颜色的玉珠。这种丝绳又叫"藻"，因为以藻穿玉，故又称玉藻。旒遮挡在天子的脸前和脑袋后面，其寓意为帝王不视非、不视邪，是非分明。綖板下为玉衡，贯穿冠冕两边的凹槽内，衡的两端各有一孔，孔内穿以丝绳，丝绳下端各悬挂一块玉珠，名为"纩"，即所谓的"充耳"，寓意帝王不听谗言，求大德不计小过，有所闻，有所不闻，故衍化出成语"充耳不闻"。《汉书·东方朔传》对此解释说："水至清则无鱼，人至察则无徒。冕而前旒，所以蔽明；黈纩充耳，所以塞聪。明有所不见，聪有所不闻，举大德，赦小过，无求备于一人之义也。"[5]

汉以前，天子冠冕上的旒用五彩缫丝制成，共计十二根，每根长十二寸。每旒均贯以十二颗五彩玉珠，按朱、白、苍、黄、玄的顺序依次排列，每块玉相间距离各一寸。西汉建立以后，叔孙通为朝廷建立了一套礼仪制度，他认为"旒"是冕冠中最能体现身份等级差别的部分，因此，其所制定的冠服规制为：皇帝的綖板宽八寸，长一尺六寸，綖板包以丝帛，外层玄色，内层纁色，前后有旒。刘秀建立东汉王朝后，非常重视祭祀和礼制建设，他兴明堂，立辟雍，复兴旧制，汉王朝的礼制得到了一定的恢复。到了明帝时，确立了更加完备的服饰制度。其中规定了皇帝的"冕宽七寸，长一尺二寸，前圆后方，朱绿裹，玄上，前垂四寸，后垂三寸，系白玉珠十二旒；衣绣日、月、星辰等十二章；纁下玄上"。也就是说，到了东汉中后期，天子冠冕上的垂旒不再限于五色，而是完全采用白色。196 年，曹操迎汉献帝至许都时，初为大将军，封武平侯。217 年十月，天子命魏王曹操冕十有二旒，乘金根车（天子法驾，所乘曰金根车），驾六马，设五时副车，以五官中郎将曹丕为魏太子。因此，220 年曹操去世时，他所佩戴的冠冕已经与汉献帝完全相同，享有十二旒的冠冕崇高礼遇。

既然东汉中后期，天子冠冕上的垂旒已经变成了白色，那为什么西高穴大墓中出土的玉珠有各种颜色？潘伟斌解释说，213 年，曹操晋升魏公，建立魏国，令侍中卫觊与王粲一同主掌制度，负责典定众仪，为魏国设立一套完备的礼仪制度。王粲参照周制，为朝廷创制了一套玉佩制度。为了与蜀汉争夺正统地位，在恢复礼制时，他更多地会参考古代制度。例如恢复丞相制度，就是参照秦代制度，这样有助于强化曹操在朝中的地位和权力。因此，在恢复王冠时，他极有可能也会趁机参照周代的样式，将旒的颜色由汉代的纯白色恢复成周代的五彩颜色。所以，此时皇帝冠冕上所用的十二旒，极有可能又恢复到了周代时的五彩颜色。潘伟斌推测曹操取得了与汉献帝同等的礼遇后，其所戴的冠冕，也就是平天冠上的十二旒，应该是用朱、白、苍、黄、玄五种颜色的玉珠串成。这也就很好地解释了为什么曹操墓中所出土的这些玉珠，虽然大小相同，但是色彩较多。

二、曹鼎牙齿的古 DNA 数据证实复旦大学科研工作的准确性

2010 年年末，复旦的 DNA 查验结果公布，但是考古界没有做出回应，据韩昇回忆说，当时疑似曹操遗骨上还留下了牙齿，牙齿是很适合提取 DNA 的部位，但是河南省文物考古研究院、河南省安阳市相关部门和中国社会科学院方面都没有提供牙齿检验的各种表示。他们当时以为考古界并不愿意拿出疑似曹操遗骨进行科学鉴定。

为了确定查验结果的有效性，当年复旦大学科研团队选择了另一条路，那就是找到已经确定的曹操家族的男性成员的骨骸进行验证。

2011 年年初，复旦大学科研团队来到曹操家族墓所在地——安徽亳州，从 20 世纪 70 年代曹操家族墓"元宝坑一号墓"出土的文物中寻找曹鼎牙齿。经过现场挖掘人的口述和墓内中央位置的铭文等，最终确定其中两颗牙齿来源于曹操叔祖父——河间相曹鼎。有了数千年前曹操叔祖父曹鼎的牙齿，通过古 DNA 测试，隐藏在这颗牙齿中的时空记忆也逐渐展现，其同样是复旦大学科研团队认定的 O2-F1462 单倍群。根据现代基因和古 DNA 的双重验证，课题组得出最终结论——他们百分百确定曹操家族 DNA。

至此，千古之谜被揭开。

曹操家族墓位于安徽省亳州市，是属于曹操家族的一个规模宏大的墓群，占地有 10 平方千米，有 50 多座墓葬，主要包括元宝坑汉墓群、董园汉墓群、曹四孤堆、薛家孤堆、刘园孤堆、观音山孤堆、张园汉墓、马园汉墓、袁牌坊汉墓群等，其中有曹操祖父曹腾和曹操父亲曹嵩的墓。20 世纪 70 年代，这些墓葬陆续被发掘，因为年代久远，很多墓也遭到过盗扰，大部分墓主人的身份都没有被认定。元宝坑一号墓墓冢封土呈覆斗状，残高 7 米，出土了很多铭文字砖，通过出土文字材料分析，墓主身份主要指向会稽曹君，而这位会稽曹君与曹腾家族有关，与曹嵩有关，与河间有关，与（尚书令）吴郡太守曹鼎（曹休祖父）有关。而该墓葬中 16 号字砖铭文

还显示了"吴郡太守曹鼎"的文字。后来复旦大学一位名为李淑元的老师通过该墓出土牙齿的齿龄，分析了墓主的可能身份。根据一颗臼齿的磨损度判定，推断出该墓主人应为 50 岁甚至 55 岁以上，同时辅以历史文献，最终推测此墓主人最有可能是曹休的祖父曹鼎。

※ 曹鼎在历史上的名声并不好，是一个贪污受贿的小官吏。根据《后汉书》的记载，曹腾的弟弟曹鼎担任的官职是河间相（可能在 139—144 年之间，或 136 年之前）。曹鼎担任河间相时，被冀州刺史蔡衍弹劾，理由是"臧罪千万"，臧罪就是贪污受贿之罪。曹腾请当时的大将军梁冀写信给蔡衍求情，但蔡衍没有理会，照章办事。于是，曹鼎因此获罪。

韩昇在接受采访时说，当时前亳州市博物馆馆长、被誉为"亳州考古第一人"的李灿先生也在找复旦大学科研团队。20 世纪 70 年代，在曹操家族墓"元宝坑一号墓"发掘后，是他亲手把曹操叔祖父河间相曹鼎的牙齿封存的。30 多年后，安徽亳州市文物管理所的年轻工作人员已经不记得曹操叔祖父曹鼎的牙齿被安放在了何处。85 岁的李灿和安徽亳州市文物管理所的工作人员一起对仓库进行清点。普通大众认为找到文物很容易，其实不然，因为一个文物管理所里的文物实在是太多了。曹操 Y 染色体的结论是 2010 年底公布的，一直到了 2013 年，他们才找到曹鼎的牙齿。

李辉解释道，复旦大学科研团队当时在牙齿的右下侧选取了约 0.5 平方厘米大小来打磨除去表面，再通过乙醇洗涤、紫外线照射来去除污染，之后钻孔，通过零下 180℃的液氮将钻孔取出的材料处理成粉末，再通过一系列的反应搜集提取 DNA。成功扩增和检测了元宝坑牙齿的 Y 染色体上的 12 个位点，进而在数据库中进行比对得出其父系遗传类型属于单倍群 O2-F1462，与之前通过曹操现代后裔推定的曹操 Y 染色体类型一致。

2013 年 11 月初，复旦大学再次召开新闻发布会，公布曹操家族 DNA，并正式确认：目前找到的曹操后人有 9 支，分别来自安徽绩溪、安徽舒城、安徽亳州、江苏海门、广东徐闻、江苏盐城、山东乳山、辽宁东港、辽宁铁岭。

复旦大学曹操家族历史人类学研究成果新闻发布会

　　那么为什么 2011 年课题组发布的结果是 6 支曹氏族群是最有可能的曹操后代，而在 2013 年确定结果时，却变成了 9 支呢？李辉的解释是，在 2011 年，是以有族谱为标准的，当时江苏海门、广东徐闻的曹氏家族因为没有家谱，未被列在其中，但是后来通过 DNA 比对，证明他们与另外六支曹姓家族"同源"。山东乳山的曹姓家族，是 2011 年发布结果后，才与课题组联系的，他们有家谱，最终也通过 DNA 比对，验证了身份。

　　2013 年 11 月 23 日，被复旦大学研究认定为曹操后代的铁岭腰堡的曹国平和东港的曹祖义分别带着各自族人相聚沈阳，准备一起重修家谱。参加认亲恳谈会的，还有在沈阳居住生活的曹征、曹铁成、曹振等人。47 岁的曹征说，他的曾祖父曹世福是晚清的小官吏，在日俄战争期间和族人一起从安徽来到铁岭。安徽绩溪、舒城、亳州三地曹氏也被复旦大学认定为曹操后人，但是这次没有相聚。值得一提的是，这些曹姓族人站到一起，相貌相似，都是浓眉大眼，让人不禁联想到曹操基因的强大。[6]

曹操后人在沈阳聚会

　　江苏盐城建湖县恒济镇建中村曹家舍是村中一个以曹姓人为主的普通群落，最终这里被确定是曹操后人的一个聚集地。年过八旬的曹习厚是目前曹家最年长的人，对于祖上更多的事，曹习厚挂在嘴边的话是"不知道的不能乱说"。因为要追根溯源曹家的过去，家谱是最重要的证明。可是曹家的家谱现存最老的一部也只是1996年由曹习厚修订的。在家谱里，详尽叙述了曹氏堂号的由来。曹氏宗祠堂号有四五个名称，最早的称武惠堂、士德堂、敦礼堂，后来曹氏家人又以"绣虎"为堂号，这是因为三国时曹操之子曹植的文才而得名，曹植号绣虎，绣谓其才华俊美，虎谓其才气雄杰。曹习厚说，一直以来只知道堂号和曹植有关系，却从不知道自己就是曹操和曹植的后人。

　　9支曹操后人中，还有一支来自江苏南通的海门，他们是北宋大将曹彬的后代，家谱上说是"武惠堂"曹氏。

　　而红学专家根据《江宁府志》"曹玺传"记载发现，曹雪芹的曾祖父曹玺"出自宋枢密武惠王裔也"。也就是说，曹雪芹也是曹彬的子孙，同时也是曹操的后代，这是一个意外的发现。

据有关资料显示，北宋南迁时，曹彬后人确有四支十八房南迁，曹彬的后代，包括曹雪芹、曹永昌（柳敬亭）等的祖辈也随迁至金陵句容（今南京）一带，其中一支又迁至今南通余西（古通州余西场）。

而这样的结论也是经过考证的。通州二甲镇人曹洪江自称"武惠堂主"，他曾在一篇博文中提到，"武惠堂"曹氏自江南迁至南通通州后，从明初洪武至清嘉庆，曾六次纂修家谱。据南通通州曹氏族谱记载，余西武惠堂曹氏是曹彬第三子曹玮之后；又据江西南昌武阳曹氏族谱记载，曹雪芹为武阳曹氏始祖曹孝庆第十七世孙，而曹孝庆是曹彬第三子曹玮第五世孙。

三、客观还原当时复旦大学与河南方面的沟通过程

为什么在曹操的 Y 染色体单倍群被确定后，查验曹操遗骨无果？为了探寻背后的原因，笔者先后采访了几位当事人，还原了当时的沟通情况。

2018 年 1 月 20 日，复旦大学生命科学学院人类遗传学与人类学系成立仪式上，刘庆柱作为嘉宾上台致辞。他告诉笔者，疑似曹操遗骨被浸泡在水中，所以无法查验。目前，疑似曹操的遗骨依然存放在安阳市的文物考古研究所内。从考古学的种种权威证据来看，河南安阳大墓就是曹操墓没有任何疑问，杀鸡不用牛刀，已经证实的事情何必再多此一举，进行查验呢？

复旦大学那里是如何沟通的呢？根据《华商报》的报道：在李辉办公室的通讯录上，写着河南省文物考古研究所的相关负责人的手机号码。李辉说此前曾给他打过几次电话，联系检测"曹操墓"遗骨的事宜，但河南方面很慎重，表示必须有进一步的可行性把握，不能轻易取样鉴定，"因为遗骨已经是文物了"。此前，潘伟斌认为 DNA 鉴定"未尝不可""可作证据之一"。[7] 2018 年 6 月，李辉向笔者表示，河南方面不回应的做法并不理性："科学界很多零星的假说，科学界从来没有百分百正确的，更何况是社会科学，证据本身的准确度相对来说要比自然科学低得多，出错很正常。既然有自然科学的证据，那就要把这些证据做实。头骨首先要测年，我

们要证明这个遗骨是 1 800 年前的头骨，可信度就很大，如果这个头骨的 Y 染色体单倍群与我们的结果对上，那么一桩公案就此结束了。就算这个头骨做出来不是曹操本人的也不能说明，安阳西高穴大墓就不是曹操本人的墓葬，因为这个头骨是在墓道里被发现的（发掘时，头骨是墓室的前室内发现的），并不是在棺椁里被发现的。证据越实在，老百姓就越是相信，我们要做的不是推翻这个是曹操墓的认定，而是要把这个结果做实。这样就可以平息质疑。"

而在笔者 2021 年 12 月采访潘伟斌时，他表示自己并没有排斥曹操遗骨的 DNA 检测工作，只是持有谨慎的态度。

在之后的交流中，潘伟斌多次披露了曹操墓考古发掘时的种种不易和艰辛。

"2006 年，我发现西高穴大墓被盗，我将考察该墓的照片和录像整理好送到了河南省文物局的相关领导手里，但是没有引起他们重视，一直等我发掘完固岸墓地后，该墓再次被盗，才进行了抢救性发掘。在这个过程中，也无法申请到经费，万般无奈下，我跑到当时的安阳县，从那里争取到了挖掘经费。"

"让我很感动的是，当时河南省文物局一位退休的老局长对此事格外关心，经常自己掏腰包买一些礼品到考古现场慰问我们和鼓励我们，从来不干预我们工作，只是给予支持。"

笔者于 2021 年 12 月来到河南安阳高陵建设工地，向安丰乡的某位老领导询问遗骨查验未果背后的原因。他的回答是，当时安阳市的相关负责人认为这纯属于学术领域的争论，政府官员不是专家，不能随便发表意见，所以当时没有进行正面回应，安阳相关部门也很希望复旦大学能过来进行学术交流和沟通，但是复旦大学没有主动联系过他们。

2022 年 1 月，笔者致电高蒙河教授，问起 12 年前的往事。他回忆说，自己并不是复旦大学当时科研团队的成员，不知道遗骨检测的联系事宜，所以一直没有和潘伟斌说起过遗骨检测的事情，也不知道潘伟斌在等他联系。

2022 年 1 月，韩昇再度接受采访时表示，他对当年河南方面的态度记忆犹新。当年，在西高穴大墓被质疑的情况下，复旦大学表示出了客观积极的态度，我们没有否定西高穴大墓是曹操墓的真实性，从考古学上一直将其视为高规格的大墓，就是希望通过基因检测技术把证据做得更加扎实，经得起历史的考验。

为了向考古学者说明基因检测技术的科学性，韩昇说，当年还邀请了原中国社会科学院考古研究所刘庆柱所长和现任中国社会科学院考古研究所王巍所长来复旦大学参观，王巍所长回到社科院后就开始建设基因检测实验室。

韩昇也坦言，当年复旦大学认为是河南方面拒绝了遗骨检测的工作，没有能力找对合适的、能开展检测工作的对接人。

查验未果事实上是一系列沟通问题，各种有意为之和无意为之混杂在其中。对这一结果，河南曹操高陵考古队和复旦大学都感到遗憾。事实就是，引颈盼望的河南曹操高陵考古队和复旦大学科研团队一直到11年后才真正联系上。

而在当年的时代背景下，这种无法查验，确实会让民众陷入"阴谋论"的联想中。所谓阴谋论通常是指对历史或当代事件做出与众不同的特别解释的说法。此类特别解释不同于一般广为接受的解释，很多人会把事件解释为个人或是团体秘密策划的结果。哲学家波普尔（K. Popper）曾经指出：阴谋论忽略了社会行为普遍存在的意外后果，阴谋论认定所有后果都是人们蓄意为之的结果。人们依然相信"凡事皆有因"，往往倾向于把每个事件都描述成"故意的"和"有计划的"的，认定重大事件是"非随机因果链作用的结果"，从而低估了社会行动的随机性和意外后果。

因为获取信息有限，人类天生就有听信阴谋的心理弱点。因为人不可能充分完全了解自己的生存世界，面对一些奇怪和复杂的社会现象时，脑海会试图去解释这个现象，此时阴谋论正是简单易懂的解释理论，尤其是当解释者具有某权威身份。布坎南（M. Buchanan）在《隐藏的逻辑》一书里曾经说过：阴谋的说法之所以流传开来是因为它们所暗示的事，让人从心理上更容易接受！在社会情绪"共鸣"作用之下，阴谋论往往会形成"社会流瀑效应"。也就是说如果认识的大多数人都相信一个谣言，则当事人就很容易相信那则谣言，接受他人的信念，是因为缺乏相关信息。特别是当对某则谣言的内容一无所知时，就更容易相信它。在追随一些先行者或"领头羊"的言行时，社会"流瀑"现象就会发生，谣言便开始泛滥。此外，在现实社会中，还有一些习惯"敌意性归因"的人群，他们在生活中遇到了一些挫折后，这种情况尤为强烈，"阴谋论"已经成为他们看待日常事务的一种方式。而这些人往往就是社会"流爆"现象的助推者。

安阳西高穴的"曹操墓"之所以遭遇持续不断的质疑，同样与老百姓无法获得令人信服的确切信息有关，此时一旦有权威身份的学者进入其中，阴谋论会喧嚣直上，谣言广泛传播。第四章将详细披露的闫沛东丑闻事件就是其中一段耐人寻味的插曲。

参考文献

［1］ 朱治华. 专家质疑曹操墓入围考古新发现：墓主人不确定［EB/OL］. 中国新闻网，2010-06-11 ［2021-04-21］.https://www.chinanews.com.cn/cul/news/2010/06-11/2339117.shtml.

［2］ 高翔，陈巨慧，刘元阁. 狄国：先秦时期的巨人国［EB/OL］. 大众网，2014-12-10［2021-06-11］.https：//paper.dzwww.com/dzrb/content/20141210/Articel11002MT.htm.

［3］ 潘伟斌. 曹操墓出土的小玉珠、珍珠功用之探讨［J］. 黄河 黄土 黄种人，2018（24）：19-24.

［4］ 孙希旦. 礼记集解：中册卷30：玉藻第十三之一［M］. 北京：中华书局，1989：774.

［5］ 孙希旦. 礼记集解：中册卷23：礼器第十之一［M］. 北京：中华书局，1989：641.

［6］ 王立军. 曹操后人首次齐聚沈阳　皆浓眉大眼相貌相似［EB/OL］. 央视网，2013-11-25［2021-05-20］.https：//news.cntv.cn/2013/11/25/ARTI1385330225095856.shtml.

［7］ 孙强. "曹操DNA鉴定"是科学还是"无厘头"［EB/OL］. 华商报，2010-01-28［2021-06-07］.https：//news.hsw.cn/system/2010/01/28/050423041.shtml.

第四章　让人回味的几段插曲

很多专家为他鼓掌，很多记者又趋之若鹜。但是谁也没有想到言辞凿凿，号称握有曹操墓造假证据的闫沛东居然是一个网上通缉犯。

另有专家提出西高穴大墓的主人是末代曹魏皇帝曹奂的父亲曹宇，然而这种推断并不是准确的答案。

西高穴大墓出现后，疑似曹操墓的新闻多了起来，还出现了一些曹魏家族的大墓，背后的真相是什么？

这些专家在舆论的漩涡里起伏，但是很少有人了解真实的他们。

第一节　发人深思的造假闹剧

闫沛东是质疑"曹操墓事件"绕不开的一个"人物"，当年众多媒体对其言论进行了报道，时至今日，很多人对曹操墓表示质疑，给出的缘由都是出自闫沛东之口的各类"造假信息"。但其真正身份却出乎意料，闫沛东的动机和目的至今仍是一个谜团，整个事件更像是一场闹剧，既匪夷所思又发人深省。

一、民间的一次质疑性的论坛

关于曹操墓造假的言论起源于 2010 年 8 月 21 日在苏州召开的三国文化全国高层论坛。这届论坛上的学者集体认为安阳西高穴大墓出土石牌中的"魏武王"称谓不合理，曹操墓系伪造。这其中不乏一些知名学者。

当时的媒体报道中，学者质疑的观点主要有以下几个方面：

江苏省书画鉴定委员会某专家认为鲁潜墓志系伪造，理由是鲁潜墓志所葬的后赵建武十一年（345 年），当时中原河南一带为 500 万胡人所占领，按胡人葬俗，安阳不可能出现墓志。河南人盗墓厉害，伪造墓志更是由来已久。清末民初的郭玉堂便是近代作伪第一高手，仅从魏晋南北朝墓志列表检出，河南造假的墓志就达 40 多方。含"魏武王"字样的几块石牌与鲁潜墓志中的"武"字均把"止"错写为

"山"，专家们遍查几十种篆隶，均没有发现这种写法。石牌与鲁潜墓志中的"武"字可能系一人所为。

河南开封文联书画委员会某专家认为，曹操生前先被封为"魏公"，而后又被封为"魏王"，死后获得了"武王"的谥号。曹操崩于东汉建安二十五年元月，曹丕称帝后，追尊曹操为"太祖武皇帝"。他指出，从曹操死后至曹丕称帝的 10 个月间，世人对曹操严格的称呼是"武王"。任何史书都没有准确出现过关于"魏武王"的记载，在礼制森严的封建社会，曹操墓中出现"魏武王"的提法不能成立。

另有一位专家在会上公布了一批"新"证据，即 2008 年在西高穴墓正式发掘之前，河南考古方面已发布过宣传文字。与此同时，河南方面还公开过一批画像石。他指着放大的汉画像石图片称：整个图像用现代工具开槽太深，就是用电锯锉的，边框斜打得太过明显，甚至连石头印痕、石头粉末还在的情况下，就只好在上面抹上黄土冒充，假石牌被考古学者误判了。

针对质疑，挺曹派也进行了回击。

对于伪造墓志的说法，刘庆柱表示，当时同去的专家都是全国响当当的，他们仔细研究了鲁潜的墓志。其中一位古文字专家已经 70 多岁了，是国家文物局委派他去的。那位古文字专家认定鲁潜墓志是真的。原因是，其中一块石牌上刻有"行清"，具体是"木墨行清"。行清就是厕所，这在古代文献里有很明确的记载。

河南省文物考古研究所原所长郝本性研究员解释说，鲁潜墓志是标准的隶书八分体，从 1998 年至今，还没有人质疑过真假。而"武"字山字底的出处，在中国艺术研究院研究员陆明君所著的《魏晋南北朝碑别字研究》中就有。

对于"魏武王"提法不成立的说法，潘伟

西高穴 2 号墓出土的石牌 潘伟斌供图

斌回应说，曹操生前确实没有称"魏武王"，如果那时候称曹操为"魏武王"，那就不是曹操本人。曹操二月葬高陵，曹丕建立曹魏政权后，追尊其父亲为武皇帝，此后人们提起曹操一般都称为魏武帝。因此，魏武王正是他死后至曹丕称帝这短短的10个月中所用的。称曹操为"魏武王"，这个词早在曹操去世不久的南朝时期沈约编著的《宋书》中就有记载："汉献帝建安二十三年，秃鹙鸟集邺宫文昌殿后池。明年，魏武王薨。"《通典》上也有多处提到过魏武王，如"魏武王以礼送终之制，袭称之数，繁而无益，俗又过之"。

郝本性进一步解释说，为什么曹操叫魏武王呢？魏是曹操的封号，武是曹操的谥号，王是爵号，把这三者放在一起很正常。古代地位高的人去世，都有谥号，而这个谥号至少是当时经过汉帝同意的。也可能是因为层次比较高，民间知道的不多，没有流传下来，也可能是因曹操死后20多天就入了葬，加之当时又是高层权力动荡之时，历史背景比较复杂，时间又太短，没有史书记载，或者有记载已丢失，或者有记载到目前还没有发现，这都是很正常的事情。同时，即使下葬再匆忙，刻个"魏武王"的石牌，也是件很简单的事情。至于"武王"前加上"魏"，就更容易解释了，曹操生前本来就是魏王，死后获得"武王"的谥号，入葬时加上"魏武王"，有什么大惊小怪的呢？天下历朝历代"武王"很多，不加魏武王，又怎能分出是哪朝、哪代的呢？

对于画像石的造假问题，潘伟斌回应，曹操墓中出土的画像石是墓门和石椁上的。严格地说，它们不应该称为画像石。这些画像石不仅在盗洞周围出土，而且大量出土于墓室内，前后室内都有，其中在前室内至今还保留有成形大块的画像石。因为画像石是作为封闭南北两个侧室用的，其黏结用料是白石灰，当然，其还保留有石灰的痕迹。而且在墓的大门上部至今还保留有黏结砖缝所用的石灰，其颜色纯白。因为这些画像石被盗墓分子从门上撬下来，掩埋在土中，所以，其上面粘有黄色土痕，没有谁专门抹上去造假。

也就是这次论坛上，号称三国学者的"闫沛东"登场，他没有参会，但向会议提交了论文。文中号称，早在2006年，西高穴村几座无名大墓已经被河北、河南史学界、收藏界人士熟知，当时根本没有"曹操墓"之说。

二、骗子身份的暴露

闫沛东在调查中说，当地人向他们透露，从1998年开始，安阳文物贩子就在西高穴村一带埋了不少"好东西"，以诈人钱财，俗称"埋地雷"。鲁潜墓志就是"埋下的地雷"之一。当地村民徐玉超就曾用尿和泥，制成比普通砖大一倍的颜色更青的"古砖"，特别烧制后给了当地某个考古学者，后者珍藏至今。他还煞有其事地告诉很多前来采访的记者，自称握有安阳高陵曹操墓造假的铁证，可以揭露曹操墓各种官方证据的造假全过程。他宣称，安阳考古队宣布的出土文物——"魏武王常所用格虎大戟""魏武王常所用慰项石"等石牌、画像石，以及指明曹操墓方位的"鲁潜墓志"，都可以在南阳地下造假工厂生产出来。那里有制造这些假文物的模具。

闫沛东还声称，造假模具是一种金属槽，里面存放着腐蚀石料表层的液体。这些液体可使新石料立刻产生风化效果，而石器也会显得古朴。至于石牌上的铭文，造假者可先在石料上用刻章技法套印古代字体，然后利用电钻和钢钉，精雕细刻，与此同时，他们还撒上发霉气味的黄土，使得仿造品散发岁月沧桑的气息。除了物证，闫沛东称自己还有人证，能证明两年来村乡、县直至市政府介入假文物的事实。

之后，他甚至抛出了一份参与造假的"书面证明"。

闫沛东颠三倒四的言论很让很多媒体开始警觉起来，着手调查他真实的身份。无论是他声称的"联合国世界新经济（中国）研究会秘书长"，还是号称"毕业于邢台学院美术系油画专业"，相关单位均查无此人。

闫沛东自称河北邢台人，但是据公安部门检索，整个河北省只有两个闫沛东，一个在邢台威县梨园村，是货车司机，两年前丢失了二代身份证，有可能身份被别人假冒了；另一个在张家口，只有17岁。

其公司所在地的工商管理所根本查不到该公司的注册信息。

2011年1月，闫沛东人间蒸发了。

2011年12月4日下午，河北省邢台市公安局桥东分局的微博上爆出一条惊人消息：自称拥有曹操墓造假的十多项铁证而一夜之间蹿红网络的"闫沛东"，真实姓名为胡泽军，其实是一名网上逃犯。2005年，他因冒充记者骗人钱财而被邢台警方列为网上逃犯，目前仍在对其进行追捕，并悬赏500元征集破案线索。

随后，该微博又连续发出多条相关微博，"2006年2月10日公安机关接到报案后开展调查。2月21日正式立案，2月23日将胡泽军列为网上逃犯进行追捕。在调查过程中，警方发现其还涉嫌多起诈骗案件"。

2011年公安机关展开清网行动后，邢台桥东警方加大了促使胡泽军投案的工作力度，多次通过其亲人、村干部劝其自首。2011年11月10日，桥东分局民警走访胡泽军的一个朋友时了解到，当年春夏期间，胡泽军在与其闲谈时，曾多次不无得意地声称，自己就是媒体上热炒的"闫沛东"。其后，警方将胡泽军的照片与媒体上出现的"闫沛东"照片比对，确定"体貌特征相符"。

安阳市也提出了要联手抓捕闫沛东，警方加大悬赏力度，把缉捕"闫沛东"的奖金由500元提高到2万元。

三、引以为戒的一次教训

当回顾完"闫沛东"欺骗恶行，笔者的内心泛起苦涩、尴尬、难过、愤怒的情绪。一个如此不堪的通缉犯，利用人们对西高穴大墓真伪的广泛关注，编造证据，信口雌黄，吸引全国大众的眼球，在全国范围内掀起了轩然大波，造成了恶劣的社会影响，大大损害了中国考古工作者的职业形象和政府部门的公信力。

不可否认的是，这种情况发生的背后与此次事件中媒体报道的走向有一定的关系，对于这样一个"横空出世"的学者，当时三国文化全国高层论坛没有核实其身份就接收其提交的论文，盲目相信论文中提到的各种证据，并对其礼遇有加。一些媒体记者没有坚持新闻工作者价值中立的工作准则，在没有确认造假证人真实身份和所谓证据真伪的情况下，选择了盲信盲从，为了拿到所谓的造假证据，发出独家报道，被通缉犯牵着鼻子走，刊发了不实的新闻报道，将虚假信息传递给公众，使其各种言论广泛传播。

这个恶性事件对媒体人来说，也是一次警示和教训，不能为了追求热点，为了吸引眼球，不判别新闻线索的真伪，要坚持新闻工作的基本准则，查明信源，脚踏实地地去进行采写工作。

第二节　安阳西高穴大墓是不是曹宇、曹奂父子埋骨的王原陵

学术界还有一种声音，一度得到了一些专家的认可，那就是安阳西高穴大墓可能是曹宇、曹奂父子墓。2010 年 8 月起，四川大学历史文化学院教授，原四川大学三国文化研究中心主任方北辰教授在自己的新浪博客上连续发表了题为"曹操墓认定的礼制性误判"的五篇系列文章和题为"曹操墓应为曹宇、曹奂父子王原陵"的七篇系列论文阐述自己的观点，文章内容有很高的学术价值。这些文章后来被发表在《成都大学学报》。

方北辰曾经在央视的《百家讲坛》上主讲过三国名将，是之前质疑安阳西高穴大墓为曹操墓的专家之一。

这一组系列七篇文章是很有看头的，虽然结论并不正确，但是其中的观点新颖，内容比较有深度，其中一些重要的内容和观点罗列如下。

一、石牌上的文化信息

方北辰首先阐述了安阳西高穴大墓刻石文字背后特殊的文化信息。他选取了"常所用""格虎""胡粉"和"慰项石"加以破译解读。他认为，西高穴大墓中多处刻石文字措辞当中所蕴含的文化信息，不仅内容丰富，而且又特别存在于汉魏两晋六朝时期，绝非后世的文物作伪造假者，尤其是当今的文物作伪造假者所能全面熟悉并且恰当表述。因此，这些带有刻石文字的石质器物，应当是真正墓主下葬当时带入墓中随葬的真品，而非后世伪造的赝品。另外，这些带有刻石文字的石质器物，也应当是真正墓主下葬当时带入墓中随葬的真品，所以，此墓主逝世和入葬的时间点，也应当在以上文化信息特别存在的汉魏两晋六朝时期。

"常所用"，意为平常时候所使用。这正是魏晋南朝时期人们所使用的措辞。例如《三国志·吴书·周泰传》裴松之注引《江表传》："权把其臂，因流涕交连，字

之曰：'幼平，卿为孤兄弟战如熊虎，不惜躯命，被创数十，肤如刻画，孤亦何心不待卿以骨肉之恩，委卿以兵马之重乎？卿，吴之功臣；孤当与卿同荣辱，等休戚。幼平，意快为之，勿以寒门自退也！'坐罢，住驾，使泰以兵马导从出，鸣鼓角作鼓吹。即敕以己常所用御帻青缣盖，赐之。"《宋书》卷七十八《萧思话传》载："初在青州，常所用铜斗，覆在药厨下，忽于斗下得二死雀。思话叹曰：'斗覆而双雀殒，其不祥乎？'"

"格虎"，意为用力击打老虎。这也是当时人们所使用的特别措辞。按照东汉许慎《说文解字》的解释，"格"的意思是"击也"，即用力击打。后世的"格斗"一词，即由此而来。而要用力击打某一对象，必须在近距离才能做到。因此，当时人们在叙述猎杀猛虎的时候，专门称使用兵器与猛虎做近距离的激烈格斗从而猎杀之为"格虎"。其他猎杀手段，包括使用弓箭去射杀，使用陷阱去困杀，都不能称为"格虎"。三国时期，多有猎杀猛虎的活动。单以《三国志》而言，魏明帝、曹真、夏侯称，孙吴的孙权，都有猎虎的记载；魏明帝还曾将自己的围猎场列为禁地，其中饲养了专供其围猎的猛虎，即有 6 百头之多。曹魏的大臣王肃，曾经写过《格虎赋》。南朝的画圣张僧繇画过《吴王格虎图》。"格"字，从汉魏以至隋唐时期，一直是与"虎"字构成专用的语词搭配。

"胡粉"是东汉末年女性的美容用品，一些重视自身美容者，也会使用。胡粉，当在张骞开通西域之后从西域传入，所以用"胡"字命名。东汉之后，以"胡"字修饰而构成的词语，开始频繁出现于汉晋典籍。最为典型的例证，则是司马彪《续汉五行志一》对东汉灵帝时期京城盛行胡风的记载：灵帝好胡服、胡帐、胡床、胡坐、胡饭、胡箜篌、胡笛、胡舞，京都贵戚皆竞为之。

胡粉在史籍中出现频率还是挺高的。如《北史》卷十四《齐武明皇后传》载："后雅性简约。帝尝合止痢药，须胡粉一两。宫内不用，求之竟不得。"但是，东汉末年，男性之中有重视自身美容者，也会在脸上涂抹胡粉。如《后汉书》卷六十三《李固传》载："大行在殡，路人掩涕。（李）固独胡粉饰貌，搔首弄姿。"这句话说的是李固是东汉的男性官员，在当时皇帝去世的悲哀时刻，以胡粉美容，搔首弄姿，被人视为骇人的怪异之举。又《三国志》卷二十一《王粲传》[①] 裴松之注引《魏略》："时天暑热，（曹）植因呼常从，取水，自澡；讫，傅粉。遂科头拍袒，胡舞五椎锻，跳丸，击剑。"这句话说的是曹植在进行舞蹈、杂技和剑术表演之前，先沐浴，再搽粉。由于广泛使用胡粉装饰容貌，又出现后世沿用至今的"粉饰"一词。

方北辰介绍说，此后在中原的部分地区，也能生产胡粉。《新唐书》卷三十九《地理志三》之中，记载了唐代就有三个州，能够将本地特产的胡粉，作为常年向朝廷进贡的贡品。值得注意的是，三州当中的相州，其辖境正好就是现今大墓所在的河南安阳市、河北邺县一带。

"慰项石"是曹操所在时代人们用来对自己颈项病痛部位进行热敷治疗的特殊石枕头。方北辰认为，有些专家把"慰项石"解释为安放曹操颈项的石头是不对的。此处的"慰"，当为"熨"的通假字。古代著名的语言文字学专著南朝的《玉篇》和宋代的《广韵》中都有相关的表述。

在古代"熨项石"又有何用途？从汉族的文化来说，"熨"是古代中医治病手段的一种。《史记》卷一百零五《扁鹊列传》记载先秦名医扁鹊的话说："汤、熨之所及也……针、石之所及也。"汤、熨、针、石，乃是扁鹊治病的四种方法。汤，是汤药。针，是针灸。石，又称砭，这种方法后来失传。至于熨，则从后世的中医学著作中可以考察。如《普济方》卷一百四十四："治伤寒后肺中风冷，失音不语：右用白芥子五合，研碎，用酒煮，带热包裹，熨项颈周遭。冷则易之。"可见所谓的"熨"，乃是使用加热之后的药包，对患处进行热敷。

"熨"其实是北方草原民族广泛使用的一种民间疗法。《三国志》卷三十《乌丸鲜卑东夷传》裴松之注引《魏书》云："乌丸者，东胡也。……有病，知以艾灸；或烧石自熨，烧地卧上；或随病痛处，以刀决脉出血；及祝天地山川之神。无针药。"从上述记载中可以看出，乌丸族的治病方法都很简易，特点是能够就地取材。其中的"烧石自熨"，就是在草原上找一块合适的石头，放在火里烧，加热到合适的温度

---

① 应为《王卫二刘傅传》。

西高穴大墓出土的慰项石石牌 潘伟斌供图

时，拿出来放在身体疼痛之处，进行热敷，这是简单易行而且相当有效的民间治疗手段。此处史文所言的乌丸族，正是汉魏时期活跃于北方草原的游牧民族，而且在东汉末年对北方边境造成非常严重的威胁。因此，曹操被迫在南下荆州之前的建安十二年（207 年），亲自率领大军出塞进攻乌丸，将其数以十万计的骑兵和民众，全数收归麾下，带回中原随从征战和居留。这是汉魏时期乌丸族人数规模最大的一次入塞内迁。在这批乌丸族骑兵和民众进入中原之后，这种简易的治疗方法随之传入曹操军中和中原汉族，应当是很自然的事。

但是方北辰并不认可西高穴大墓就是曹操之墓，他认为此墓主生存和入葬的时间点，可以从汉魏两晋六朝时期，收缩到曹操所在时代的前后，即汉末、曹魏和西晋之时。从礼制上看，此墓是曹操的定论是存疑惑的。

方北辰认为西高穴大墓的建造时间应该是曹魏王朝灭亡和西晋王朝建立之初，按照汉魏时期的丧葬礼制，君主的随葬品中，如果要书写其谥号加以说明的话，其规范性的格式，应当遵照当时铭旌的书写样板，只书写谥号和身份，而绝不能再加其国号以及姓氏。如果随便加了国号，不单在丧葬礼制上完全违背了孔子所创立的正统儒家政治理念，而且更有损于现实政治，使君主的至尊地位遭到亵渎和贬低。方北辰觉得墓葬中出现"魏武王"这样的说法，那只能说明当时已经改朝换代。只有在曹魏灭亡之后新兴王朝的正史之中，使用谥号来称呼曹操时，才会加上其国号"魏"字。这就表明，真正墓主入葬之时，必定在身份上有某种非常特别的因素，不得不选择"魏武王"的措辞。

二、曹宇和曹奂是谁

方北辰认为西高穴 2 号墓的墓主人是曹魏末代皇帝的父亲曹宇，而 1 号墓的墓主人是末代曹魏皇帝曹奂。只有他们可能拥有曹操随身使用的遗物。

曹宇是曹操之妃环夫人所生。环氏生三子：长子曹冲，次子曹据，小儿子即是曹宇。曹冲小名仓舒，自幼聪颖异常，五六岁时即因设计以船称象而使曹操大为惊喜。曹操多次公开对群臣称赞曹冲，颇有以之为自己继承人之意。就连魏文帝曹丕也亲口说过："若使仓舒在，我亦无天下。"12 岁的曹冲因病夭亡，曹操因此痛惜不已。曹宇的人生比较顺畅。据《三国志·魏书·武文世王公传》记载，曹宇自幼就被特别安排，与年龄相近的曹操嫡孙曹叡在一起居住生活。可见因为曹冲的早死，曹丕对其幼弟曹宇格外爱怜。文帝时期，曹丕对环氏母子也有意关照，曾因曹据的封地义阳，位于南方潮湿低洼地区，特地将其封地改在条件更好的环氏故乡彭城。曹宇幼年与曹叡相处，关系融洽亲密，因而魏明帝曹叡继承帝位之后，对曹宇的优宠赏赐，远胜其他的宗室亲王。魏太和六年（232 年），曹宇被改封为燕王，其封地在幽州的核心地区燕国。他的封地民户累计多达 5 500 户，在所有曹魏宗室王公之中，仅次于东海王曹霖的 6 200 户。明帝临终之时，还一度将曹宇升任为大将军，担当朝廷的首席辅政大臣。

但曹宇并不住在燕国，他一直居住在邺城。据同卷《燕王曹宇传》记述可以得知，自从明帝曹叡改封曹宇为燕王之后，曹宇就长期住在曹魏故宫所在的邺县。他应明帝之命两次入朝，之后再离开京城洛阳回返住地，史文都是使用"还邺"的措辞。而其他的宗室王公，没有出现过以邺县为住地者。曹宇是曹操直系子孙之中唯一曾经在邺县故宫担任长期守护的宗室亲王。

曹宇的儿子曹奂其实是名义上的曹魏末代皇帝。魏甘露五年（260 年）五月，20 岁的少帝曹髦，举兵反抗权臣司马昭，被杀死。司马昭便选择 14 岁的少年曹奂来当傀儡皇帝，并且特别派遣长子司马炎前往邺县，迎接曹奂到洛阳。《三国志》卷十九《任城陈萧王传》裴松之注引《曹志别传》就记载了此事。正始七年（246 年），曹奂出生在父亲居住的邺县。魏甘露二年（257 年），曹奂 11 岁，被封为幽州燕国安次县（今北京市大兴区东南）常道乡公。即位五年之后，曹奂又将帝位拱手"禅让"给迎接他进京的司马炎，曹魏王朝至此寿终正寝。《三国志》卷十九、卷二十的史文中，对曹魏宗室王公的继承子嗣均予著录，但是关于曹宇的史文，却没有类似继承子嗣的记载。方北辰推断曹奂应为曹宇的独子。曹奂入继大宗，曹宇支系爵位便没有继承人，史书便留下空白。

265 年，曹奂退位改封陈留王之后，回到 5 年之前长期居住的邺县，而且还明确受命，居住在原来曹操当魏王时留下的宫殿内，直到其死亡的 302 年，享年 56 岁。在爵位方面，曹奂享有封王的称号，高于其他所有的曹魏宗室成员；在封地方面，他被安排在邺县南面不远而且相当富庶的兖州陈留县（今河南开封市东南），下有领民万户，所交租税供他享用，具有一定的经济实力；在礼仪方面，他还保留了天子的部分礼遇，包括旌旗、专车，以及使用曹魏原有历法、祭祀天地。

方北辰认为，曹宇并非普通的曹魏宗室王公，而是退位皇帝曹奂的生父。司马炎会恩准其和独子居住，既显示其优待政策，又可以监视曹宇的一举一动。

所以，在遗留的所有曹魏宗室王公之中，没有其他人可以比肩这对父子，能够与邺县发生如此漫长的关系。他们父子是邺县曹魏故宫的守护者，也是曹魏故宫之中曹操遗物的长期守护者。

方北辰认为西高穴大墓的两座大墓应该有一定的关联性，它们是同时规划和同时设计的，但是又有很大的差异性。从墓葬规模看，前者宏大，后者狭小；从墓葬质量看，前者精细，后者粗糙；从墓葬材质看，前者充分使用优质砖石，后者多用普通泥土；从墓葬结构看，前者全部完成，后者仅完成墓穴、墓道、陵门等部分；从墓主遗骸看，前者一男二女，后者没有遗骸；从出土文物看，前者丰富珍贵，后者仅铁剑一柄。方北辰认为墓主人应该是曹操直系亲属中的子孙群体，他的判断是西高穴大墓是曹宇和曹奂之墓。他的依据是进入西晋王朝之后，原来曹魏宗室王公的爵位，确实都被下降了等级。比如曹植的儿子曹志的王爵变成了公爵，名义上的封地是郿城县。曹志后来又辗转到乐平郡、章武郡和赵郡各地去担任郡太守。其他曹魏宗室的后裔后来都到各地做官，也没有住在郿城。

方北辰考证了曹宇的年龄，曹宇的年龄与魏明帝曹叡大体相当，二人自幼被安排在一起生活。而曹叡的生年，据 1995 年陕西人民出版社出版的《三国志注译》卷三《明帝纪》注释的考证，是东汉献帝建安十一年，即 206 年，去世时间是 239 年，死时虚岁 34 岁，以此计算，265 年曹奂退位之时，其父曹宇的年龄当在花甲之年的 60 岁左右。他认为，曹奂和父亲曹宇生前决定将曹操的某些遗物作为自己的随葬品入葬以作纪念的时候，那么在选定的曹操遗物上面，就必须标明"魏武王"的称谓，以免与自己的其他器物用品而作为随葬品者相互混淆。此墓葬中，只有少数石牌的刻石文字带有"魏武王"的称谓，其余大多数却没有这一称谓而只有随葬品的名称，原因就在这一点。

《晋书》卷三《武帝纪》泰始二年（266 年）中记载：夏五月戊辰，诏曰："陈留王操尚谦冲，每事辄表，非所以优崇之也。主者喻意：非大事，皆使王官表上之。"这段史文说的是，曹奂到了邺县故宫当陈留王之后，凡事不论大小，一律亲自先向西晋朝廷呈上表章请示，得到皇帝批复才敢进行。

曹奂生前的任何事情处置已是如此谨小慎微，而治丧乃是一件大事，随葬品上祖父曹操称谓的措辞书写，不仅涉及礼仪典章制度，更涉及现实政治利害，必须周密考虑，以求万全。方北辰认为，其选择使用"魏武王"的措辞铭刻上石，其用心主要有二：一是从当时丧葬礼制的角度，首先在曹操谥号前面清清楚楚加上国号"魏"字，这就明确将自身置于普通诸侯国君的地位。二是在冠以"魏"字的同时，又放弃等级最高的"武帝"谥号，只采用曹操最初的谥号"武王"。这一个"王"字，既与前面的"魏"字呼应，将曹操置于普通诸侯国君的地位，更为重要的是，又与曹奂"陈留王"的"王"字等级相一致。这就更加明白无误地将忠顺谦恭毫无复辟之意彰显，可以避免冒犯当朝天子的崇高威权而招致灾祸。从当时的情势来判断，刻石文字采用"魏武王"的称谓，极有可能是曹宇或者曹奂生前自己主动向朝廷上奏请示，并由西晋朝廷明确批准之后，才由家属安排刻字上石，并在其死亡入葬时放入墓中的。

方北辰还推测，晚年的曹宇内心肯定是痛苦万分的，他经历了曹魏政权的没落和结束，还要和儿子两人在司马家族的监视下生活。当初魏明帝委任曹宇为首席辅政大臣，与另一宗室成员曹爽共同辅政。如果这一格局不发生改变，便没有其后司马懿进入曹魏中枢政治核心，进而取代曹魏的变局。因为临死昏乱的魏明帝听信亲信刘放等人的干涉安排，强行解除了曹宇的职务，另行紧急征召在外的司马懿，火速进京接替曹宇，与曹爽共同辅佐少帝曹芳。曹宇满心悲愤，流泪离开皇宫。从此种下司马氏取代曹魏的祸根。

三、曹操高陵和王原陵都在邺城西

方北辰认为河南安阳西高穴大墓的真实名称应该是史书记载的魏元帝"王原陵"。他在后续的史籍中找到此次保护古代帝王陵的详细情况记录。南宋初期王明清《挥麈录》之《前录》卷中提到，祖宗朝重先代陵寝：每下诏申樵采之禁，至于再三；置守冢户，委逐处长吏及本县令佐，常切检校，罢任具有无废缺，书于历子。文中明确指出，魏武帝葬高陵，在邺县西；陈留王葬王原陵，在邺县西。

《挥麈录》的作者王明清，字仲言，颍州人。其父王铚，南宋高宗时曾任枢密院编修官，曾经撰写《七朝国史》，因权臣秦桧作梗，被迫中止。他的长子王廉清，字仲信。秦桧之子秦熺依仗权势，企图以官职引诱，夺占王家丰富的藏书，廉清断然回答说："愿守此书以死，不愿官也！"王铚长于史学，对历代帝王陵墓用力尤深。王氏父子，不仅品格清正，而且家学渊源。王明清本人，对文化遗产多有研究，还有关于《兰亭集序》法帖的论述流传至今。所以，他在自己著作中所引宋代保护前代帝王陵墓的诏令典章，有可靠性和权威性。

这两座曹魏王陵都在邺城西部，可能离得还不是很遥远。方北辰认为，在这种情况下，将本来相距不远的曹奂王原陵误判为曹操的高陵，是很容易发生的事情。很有可能，曹宇和曹奂二人都被安葬在了王原陵中。

方北辰的依据是西高穴大墓的陵园内有两座大墓。2号墓是主墓，专家判定为曹操墓；1号墓是陪葬墓。从布局上看，陪葬墓与曹操墓应属同时规划；陵园的中轴线在两墓之间，两个墓朝向均为坐西向东，墓道还分别对着一个陵门。两座墓葬，全部坐西向东，以中轴线为对称，一北一南排列，并且共同面对前方的广场。这样的考古情况证明两座墓葬确实是同时规划的统一体。如果是曹操本人的墓葬，陪葬墓怎么可能同时排列，必定要有主有次。但是曹奂和曹宇父子之墓却很可能同时规划。如果曹奂没有退位，依然是大魏皇帝之身，那么在其陵园之中再安葬其生父曹宇，当然是不可能的。因为曹奂是君，曹宇是臣。但是，曹奂退位之后，他与父亲曹宇就没有君臣大义的礼制束缚了。魏晋时期的家族聚集葬在一处，乃是常见现象。这方面的考古证据甚多，例如，1974 年以来安徽亳州发现的曹操家族墓，正是曹氏家族自身聚葬一地的实例。

方北辰认为，将曹宇和曹奂的陵园建在邺县西面，父子二人放在一起，应该是出自西晋朝廷的旨意。整个陵园面积不大，将父子二人遗体一起安葬其间，而且就在邺县的西郊不远，这一切意味着什么？有何深层次的意蕴？其实，这完全就是二人被长期关押在邺县曹魏故宫之中的死后翻版：你父子二人生前被关押在此封闭的深宫，在死后依然关押在此封闭的陵园。

方北辰认为，曹宇和曹奂二人的爵位是由西晋王朝正式给予的，所以，二人墓穴位置的摆放安排，应当与二人爵位的高低相对应，而不是与他们血缘关系的辈分相对应。西晋武帝给予曹奂的爵位，是陈留王，而且保留一部分天子礼仪的优待，这在曹魏宗室王公之中是绝无仅有的，肯定高于其父曹宇的公爵。方北辰认为，曹奂的墓穴会摆放安排在尊位，即北面的墓穴。所以，位于北面尊位的墓穴，即 1 号墓，属于爵位是王爵的曹奂；位于南面卑位的墓穴，即误判为"曹操墓"的 2 号墓，属于爵位是公爵的曹宇。

但是为什么曹宇的墓要大大地超过曾经是皇帝的曹奂的墓呢？方北辰认为，西晋王朝既然考虑和批准这一陵园的选址和规划，而曹宇和曹奂父子，在爵位上仅有王、公之间一个等级的差别，那么两座墓葬出现如此巨大的差异性，就绝非出自规划者的主观意图，而是在两座墓葬各自建造之时，迫于客观环境发生巨大改变而造成的结果。而客观环境发生巨大改变，主要是与时间因素相关。曹宇和曹奂父子年龄上相差 40 岁，便是破解这一难题的着眼点。

方北辰认为曹氏王原陵中的曹宇墓葬，其修造时间应当在武帝的时期。如上所述，西晋武帝本人对禅让帝位给自己的曹奂，表面上是优礼有加。因而他对曹宇墓葬的修造，肯定会给予积极的支持。而此时的西晋王朝，国力迅速上升，经济日益繁荣，社会秩序稳定，出现"太康之治"的鼎盛局面，因而西晋武帝也有能力给予充分的支持。在如此理想的客观环境之下，曹宇所属的2号墓，才能以规模宏大、工程完整、质量上乘、随葬品珍贵而丰富的面貌，呈现在我们的眼前。到了30多年之后曹奂死亡之时，客观环境却发生了颠覆性的剧变。265年曹奂退位之时，时年19岁，37年之后到晋太安元年（302年）去世。当时西晋皇室经历了"八王之乱"，战乱波及了全国各地。

方北辰认为，在非常严峻的环境中，曹奂的墓地是无法进行好好修缮的，人力不够、质量粗糙，甚至曹奂还没有来得及下葬，工程就被迫停止下来。曹奂的1号墓没有发现遗骸，原因就在于此。

关于安阳大墓最早被盗掘的时代。考古发掘证实，安阳大墓早就被盗掘过。方北辰认为第一个下手的是十六国时期统治邺城的后赵政权，当时后赵的皇帝石勒、石虎曾经公然大规模发掘所辖境内的帝王和先贤墓葬，攫取随葬品中的珍宝。石虎夺取权位之后，还将都城迁到邺县。王原陵近在咫尺，他自然不会放过。

关于安阳大墓中刻字石牌被毁的原因。考古专家发现，安阳大墓中带有"魏武王"称谓的刻字石牌，都出现了人为的断裂破损。他们判定，这是被后来进入墓穴者有意击破。方北辰给出的答案是石牌被毁的原因是刻字石牌上"魏武王"的称谓，下面紧接着有"格虎"的措辞。而这个"虎"字，正是后赵君主石虎的大名。这个虎字，在当时是属于需要避讳的文字。所以，当后赵的盗墓军队奉石虎之命，挖开盗洞进入墓穴之后，发现刻字石牌上竟然出现了当今君主的名讳，而且措辞还是"格虎"的大不敬语言时，一一检查然后全部击破毁损之，乃是必然的结果。

四、一个无法成立的结论

2015年西朱村曹魏大墓的发掘间接证明了方北辰对于安阳西高穴大墓文物并没有造假的观点是正确的，考古也是正规的，没有虚假成分在其中。方北辰的分析也是非常精彩到位。但是这其中依然有众多疑点值得探讨。

第一，西高穴大墓的地层年代问题。根据河南省文物考古研究院编著的《曹操高陵》一书，西高穴大墓两座大墓的开口处在东汉地层上，叠压在魏晋地层之下，

现代耕土层

明清地层

宋元地层

隋唐地层

魏晋南北朝地层

西高穴大墓的土层 潘伟斌供图

因此。西高穴大墓的年代应该是东汉末年。而曹宇去世的时间是 278 年，曹奂去世的时间是 302 年。曹宇和曹奂的安葬时间应该位于西晋时期的早中期，时间上不符合。

第二，随葬文物的规格问题。在洛阳西朱村曹魏大墓（据潘伟斌考证，该墓是魏明帝曹叡之墓）中也有类似西高穴大墓中的石牌，但曹休墓和曹植墓中没有石牌。原因可能是石牌是曹魏时期只有帝王等级才能享有的特殊丧葬形式。另外，西高穴 2 号墓出土的圭和璧都是古代帝王大墓的标志。

作为曹奂父亲的曹宇其地位并不是帝王级别的，在魏明帝时代，他被封为燕王，西晋时期，他被降为燕公，死后也没有追封为帝王，所以，其是 2 号墓主人的可能性不大。

第三，假使推断西高穴 2 号墓是曹奂之墓，也很难自圆其说。

后代皇帝为末代修建巨大陵墓的先例存在。魏明帝曹叡就为汉献帝修建了规模较大的陵墓，并谥号孝献皇帝。该墓葬的规模也非常大，墓中也应该有圭和璧存在。

汉献帝禅陵

但是汉献帝的身份不同。其一是汉献帝刘协是曹操的女婿，和曹魏家族是姻亲关系。213 年，曹操把自己的三个亲生女儿曹宪、曹节和曹华一同嫁给汉献帝刘协。215 年，曹操让汉献帝立曹节为皇后。220 年，汉献帝刘协在曹丕的逼迫下禅位于曹丕。曹丕还给刘协留了句客气话："天下的好东西，我跟你可以一起享受。"其二，在安稳的年代中去世。234 年，汉献帝去世。魏明帝曹叡为其修建大墓。根据《三国志·魏书·三少帝纪》记载，260 年，曹节去世，谥号献穆皇后，按照汉朝皇后的礼仪下葬，和汉献帝合葬于禅陵。

而曹奂与司马家族没有姻亲关系，曹奂只有一位皇后卞氏，卞皇后的祖父卞秉是曹操妻子武宣皇后卞氏的弟弟。曹奂去世的时间是 302 年，当时正处于"八王之乱"期间。八王之乱是西晋时期统治阶层历时 16 年（291—306 年）之久的内乱，其也是中国历史上最为严重的皇族内乱之一，当时社会经济遭到严重的破坏，导致了西晋亡国以及近 300 年的动乱。

可以看看 302 年前后都发生了哪些大事。301 年正月，赵王司马伦废惠帝自立为帝，晋惠帝被软禁于金墉城（洛阳城东北的小城）。司马伦一党道德低下，缺乏治国能力，随即引发了三王起义。在许昌的齐王司马冏，联合长安的河间王司马颙、邺城的成都王司马颖集体起兵讨伐司马伦。司马伦战败，死者近 10 万人。司马伦后来被囚禁于金墉城，也被赐金屑酒而死。四月，司马冏在杀了司马伦后，迎接司马衷复位，司马冏独揽政权后不可一世，沉迷女色，政事荒废。

302 年年末，河间王司马颙兴兵讨伐首都洛阳，当时驻军在洛阳的长沙王司马乂为内应。司马乂连同其党羽百多人，乘车奔袭皇宫，以奉天子的名义攻打司马冏。司马冏战败被杀，其子被囚禁于金墉城。于是，司马冏的两千名党羽都被夷灭了三族，司马乂独揽大权。

在这样的背景下，司马家族怎么可能有心情为前朝皇帝修建如此大的墓地。不符合常理。再者，从规制上看，晋帝皇陵规模都远远小于西高穴大墓，如晋武帝司马炎峻阳陵的墓道长 36 米、宽 10.05 米，墓室长 5.5 米、宽 3 米、高 2 米。就算大墓修建年代靠前，也与常理相悖。

晋武帝司马炎峻阳陵

第四，西高穴大墓第一次遭遇毁墓并不在后赵时代，更有可能的是在西晋时代，这从西晋文学家陆机和陆云两兄弟的书信中可以窥见端倪。更值得一提的是，他们看到曹操遗物的时间在 302 年十二月—303 年十月，而曹奂去世是 302 年，月份不详，所以，曹奂下葬时可能无法带着曹操的遗物下葬。在后面的章节，将进行深度剖析。

2018 年 6 月，李辉在接受采访时表示，他认为该墓不是王原陵，因为西高穴大墓的规制在那里，曹丕墓和曹植墓规制都在，可以对比，如果有个小儿子达到王侯规格的墓地，就逾制了。西高穴大墓是帝王级别的墓室规模，所以，很多考古学家才有把握说这是曹操墓。

精彩的文章赏心悦目，但是好像距离事实还是有很大差距。真正的王原陵可能依旧在邺西的某个角落里，等待我们去发现。

第三节　后续各种相关墓地的发现和挖掘进展

在西高穴大墓的争议风波中，几座疑似曹操墓和魏晋时期相关大墓的信息也逐渐浮出水面。它们为何不是曹操墓？它们与曹操墓有何关联？

一、河南省鹤壁市淇县所谓的"魏王墓"

倪方六于 2010 年 10 月在其博客中指出，在河南境内还有一座"曹操墓"，这座墓因为发现早，未正式考古，故不为外界人熟知。这座大墓就是鹤壁市淇县的"曹操墓"。

淇县这个名字对大多数中国人来说比较陌生，但是它的古称却是大名鼎鼎，这里就是中国商朝后期都城——朝歌，商纣王陵也在这里。三国时期曹魏升"朝歌"为郡。

倪方六在其著作《三国大墓》一书中详细写了这座未发掘的曹操墓。原文如下：

这座大墓发现的时间在 1957 年，发现的确切位置在淇县石林乡时丰村，羑（yǒu）河北岸。发现"魏王墓"的地方早年有两个奇怪的地名，一叫"大冢"，一叫"小冢"，但是很奇怪的是说是冢，却没有坟头，就是两块平地。大冢这个地方多年来一直是农田，小冢这个地方随着人口的发展，后来建起了民房。值得一提的是，时丰村在1957年时并不属于鹤壁市，而是隶属安阳专区（即今安阳市）汤阴县。

根据《淇河晨报》记者陈志付的实地考察采访，"魏王墓"是当地村民当年在犁地和浇地时发现的。当时地面塌陷出一个深洞，这才引起了村民注意。

当时，当地村民从洞口下去后，才发现下面原来是一座石砌的大墓。据村上两位当年亲历此事，年过七旬的王姓老人介绍，大墓有3个墓室，每个墓室都有墓门，墓门紧闭。乡干部闻讯后还曾前来察看，发现墓内有石刻，上面刻有"魏王墓"字样。

结合《三国志》上的记载，曹操生前曾被封为"魏王"，墓石上有"魏王墓"，当地人当时就怀疑这墓的主人是曹操，所以，后来当地人一直称之为"曹操墓"。

由于墓室内淤泥太多，无法再往里去看个究竟，时丰村发现古墓一事，并没有引起重视，村民将洞口填平后继续耕种。

后来，村民在浇地时，大墓再次塌陷。当时正赶上生产队建造仓库和牲口棚，需要石料。有人想起了"曹操墓"里的长条石，于是挖开了一个墓室。

墓室距塌陷的洞口北边约2米，墓室顶部距地面约4米。打开第一道墓门进入墓室后，所看到墓室呈正方形，室内约3米见方，其四壁全部用长约1.5米、宽约0.6米、厚约0.3米的白色条石砌成。条石上面刻有人物、龙、虎、鱼等多种图案，还有各种花纹。墓室的顶部全部用长约3.5米、宽约0.6米、厚约0.3米的白条石筑就。

为了将笨重的条石从墓室运出，村民想出了土办法，挖出了一道斜坡，再套上好几匹骡子，一起将一块块长条石拉到了地面上，连续拉了一个多星期。

当时的汤阴县和安阳市两级文物部门得知时丰村在挖掘古墓的消息后，遂派人前来现场制止。塌陷的墓坑被重新填平，现在又成了耕地。否则，余下的2个墓室可能也会被破坏。

从这座"曹操墓"里拉出的画像石，后来都被砌成了墙基。20世纪80年代，仓库和牲口棚作价卖给了村里7家农户，村民拆掉了仓库和牲口棚，建起了新房。新房墙基还是用古墓里挖出的长条石砌成的。那块带有"魏王墓"字样的石刻，后来一直没有看到，据村民说，应该能找到，很可能还埋在墙基下。

淇县的时丰村一带当年都属邺地，这里也有与曹魏有关的地名。据明崇祯年间编《汤阴县志》，时丰村南边数公里处便有个"冷泉村"，县志记载："魏文帝幸洛，道病，有巫师以水饮之立愈"，冷泉村因而得名。当年，从邺城到洛阳有一条从安阳向南，经汤阴、浚县一线官道，曹丕从邺城去洛阳，为何不走官道，要绕经崎岖不平的冷泉村一带？这确实令人费解。

"魏王墓"未被毁的两个墓室，现在还在田地下面，当地媒体和有关人士一直希望上级考古部门能对此墓进行正式的考古发掘，以弄清墓主真相。但是，却一直没有答复。

从文中首先可以发现，这座淇县"魏王墓"的规制和规模要远远小于西高穴大墓，一个墓室仅仅3米见方，整个大墓只有3个墓室。另外从地图上看，淇县魏王墓距离位于河北省临漳县和河南省安阳县交界处，它与古邺城之间的距离要远于位于安阳县的西高穴大墓，站在位于河北临漳县的铜雀台上，绝对是无法眺望到的。

在与潘伟斌沟通过程中，他介绍了去该墓调研后看到的真实情况。"淇县所谓的'魏武王墓'状况与倪方六书中叙述的情况不符，并不像他记述那样只挖掘了一座墓室，另外两个墓室还埋在地下。其实，当时大墓已经被全部挖出来了，石条被砌在队里的牲口屋的墙上，后来又被老百姓砌到了自己的房基下面。我经过走访，发现当地没有任何人提起墓中刻有'魏武王'字样的石头这件事。当地人一直怀疑该墓是袁绍之墓。鹤壁市文化局邀请我前去调研时，也说当地怀疑该墓是袁绍之墓。我去现场看了一下，该墓地表没有任何东西，由于没有任何东西可以佐证，我无法给出最后的结论。没有证据，我们不能道听途说，随意发挥！"

二、已经被证实的曹休之墓

在河南西高穴大墓争议纷纷的时候，2010年5月17日，河南省文物局在洛阳发布新闻，曹操族子曹休墓在河南洛阳孟津县宋庄乡三十里铺村现身。该墓葬位于河南省洛阳市邙山陵墓群大汉冢东汉帝陵陵园的东侧。

邙山是为我国的历史名山之一，自古有"生在苏杭、死葬北邙"的谚语。唐代诗人白居易有名句曰：贤愚贵贱同归尽，北邙冢墓高嵯峨。当时洛阳考古所派出的是以洛阳市文物考古研究院副研究员、郑州大学考古系博士王咸秋领衔的考古队负责对"大汉冢"的发掘，其中心工作是一座东汉帝陵的发掘，帝陵周围围绕着大量宗室和官员的陪葬墓。但是其中有一座墓葬非常特别，墓葬跨度超过了50米，仅次于帝陵。它的墓葬和附近其他墓葬的南北朝向不一样，它的朝向是东西朝向，另外，这座墓葬居然没有任何封土。因为临近高速公路，考古队对这座奇怪的墓葬进行了抢救性挖掘。挖掘人员发现该墓葬盗扰非常严重，但是在北侧墓道清理时，非常幸运地发现了一枚印章，这枚只有两厘米边长的正方形印章的材质是红铜，出土时锈蚀非常严重。经过除锈后，考古人员发现这是一种小篆文字，两个字是"曹休"。

曹休是曹操的族子，即祖父的亲兄弟的曾孙。他也是三国曹魏时期赫赫有名的大将，被曹操称为是"千里驹"。曹休十余岁时丧父，因为曹操起兵，族人担心受到董卓迫害，四处躲藏，曹休父亲恰好去世，他独自与一门客抬着其父灵柩，临时租借了一块坟地将其父安葬，然后携带着老母，渡江到吴地避难，因为其祖父曾经为吴郡太守，故前往躲避，被时任吴郡太守收留。曹休在太守官邸里，见到壁上挂着昔日太守即其祖父曹鼎的画像，遂下榻拜于地上涕泣不已。189年，曹操在兖州举义兵讨伐董卓，曹休赶来见曹操。曹操很关心这个族子，安排他和自己儿子曹丕同吃同住。

曹休军功卓著，虽是武将但是颇有计谋，曾经识破了蜀将张飞的作战意图，长期镇守东南，负责对吴作战。后被封为长平侯，官至大司马，他的寿命不短，一直活到魏明帝曹叡时期，228 年，曹休在石亭之战中大败，不久因背上毒疮发作而去世。

曹休的祖父就是复旦大学科研团队成功比对牙齿的曹鼎。通过这次比对，也证实了复旦大学科研团队反推曹操 Y 染色体单倍群的正确性。

曹休墓的确定没有任何争议。墓内发现散乱人骨，鉴定为一男一女，男性 50 岁左右，女性 40 岁左右。墓内还发现一枚铜印和一枚古岫岩玉蝉扇坠，铜印 2 厘米见方，瓦钮，篆书白文"曹休"二字，这是最可靠的考古证据。

潘伟斌介绍说，曹休墓中的出土遗骨非常少，和曹操墓出土遗骨无论数量还是保存状况都没有可比性。三座墓室中，只有星星点点的几小块，呈白色钙化状，在当时的考古报告中几乎没有被提及。

根据历史记载，在石亭之战中，曹休中了吴军的诈降之计，孤军深入，结果战败，曹休羞愤交加，背上长了一个毒疮，因此而死。他死后，被谥为壮侯。《三国志·魏书·诸夏侯曹传》记载：休因此痈发背薨，谥曰壮侯。考古工作者发现，曹休墓中出土遗骨额骨内侧发现不规则的凹坑。这也引发了很多考古迷的关注。

潘伟斌认为，这两者可能也并没有什么关联。痈发背薨中的痈是一种皮肉上的脓疮病，与额骨内侧发现不规则的凹坑，没有任何关系，一方面位置不同，另一方面，该病不会在骨骼内侧形成痕迹。

潘伟斌又说，通过实地考察，他认为曹休墓和曹操墓在许多地方都存在相同点，其中最明显的一点就是两个墓葬方向一致，均为东西走向。此外，两个墓葬的模型构造也基本一致，两者均为多墓室砖石大墓，都是斜坡墓道，均为七层台阶，随葬器物都有四系罐等显示时代特征的物品。曹操墓和曹休墓都没有特别的防盗设施。

尽管曹操墓和曹休墓在大的层面存在许多相同点，但如果仔细观察两个墓葬的内部构造，还是可以发现不少差别：

曹休墓比曹操墓的规格要小一个等级。曹操墓的规模相当宏大，墓葬东西全长有 60 多米，而曹休墓的东西全长为 50.6 米；曹操墓的墓顶高达 6.5 米，曹休墓的墓顶为 4.5 米。

此外，曹操墓与曹休墓的内部结构也存在许多不同，具体来讲，曹操墓有前后两个墓室，前室近似方形，东西长 3.85 米，南北两个侧室。墓室地板非常大，长是 95 厘米，宽是 90 厘米，非常规整。而曹休墓的墓室由前室、后室、耳室和北侧室以及南双侧室组成，两侧不对称。

西高穴曹操墓朝向：坐西向东，偏南 10 度或 20 度；结构：砖室结构墓，由前室、后室和两个双侧室组成；封土：无；墓道形制：斜坡式；墓道长度：39.5 米；南北长：57 米；门：石门；土圹内收台阶：7 级。

曹休墓朝向：坐西向东，偏南 10 度或 20 度；结构：砖室结构墓，由前室、后室、南侧室、北侧室、耳室等组成；封土：无；墓道形制：斜坡式；墓道长度 35 米；南北长：50.6 米；门：木门；土圹内收台阶：7 级。

安阳曹操墓与洛阳曹休墓对比表

墓葬名称	墓 向	墓葬总长 / 米	墓道长、宽 / 米	墓葬台阶	墓葬形制	墓室长、宽 / 米
安阳曹操墓	坐西朝东	57.5	长 39.5 宽 9.8	长斜坡 7 级	砖多室	长 18 宽 19.8～22
洛阳曹休墓	坐西朝东	50.6	长 35 宽 9.7	长斜坡 7 级	砖多室	长 15.6 宽 21.1

不仅如此，在曹休墓中还发现，在墓室和墓道之间，垒砌有一道砖墙作为分割，这是中国早期墓葬中的照壁，而曹操墓中没有照壁。此外，曹操墓的墓道两侧从上到下有九对对称的坑，而曹休墓的墓道不存在这一现象。

综合这些异同点，潘伟斌认为，曹休墓的出现对了解曹魏时期的墓葬制度起到了至关重要的作用。因为魏晋时期丧葬制度的一个突出特点就是薄葬，这一制度起始于曹操，完善于曹丕。但在曹休墓未出现前，由于没有充足的证据，魏晋时期的薄葬制度历来困扰着考古学界，而此次发掘的曹休墓，从出土的器物看，也恰好印证了这一制度。

值得一提的是，曹休墓中没有出土和安阳西高穴大墓类似的大量石牌。按照常理来说，这些石牌体积不大，经济价值不高，不可能是因为盗扰而一件不留。这个谜团一直到西朱村曹叡之墓发掘后才被揭开。

之后，曹休墓和曹操墓的规制高低争议在曹休墓发掘后就开始在网上进行了广泛的讨论，一篇题为"从曹休墓的发掘，聊聊对安阳西高穴曹操墓的质疑"的帖子出现在洛阳网、洛阳信息港、大河网等网站的论坛上。潘伟斌和洛阳曹休墓的主要发掘人之一的严辉对网友的质疑进行了回应。

严辉说，虽然文献并没有明确记载，但从目前掌握的考古资料来看，土圹内收台阶应该和墓主人身份有关，特别是曹休墓，因为墓主人身份确定，他是一个侯的级别，所以，他使用的墓葬应该和他的身份相符合。不仅如此，在曹休墓的周围，考古人员还发掘了两座与其形制相似的大型墓葬，这两座墓葬的内收台阶为5级，墓葬的规格大小也与曹休墓有一定的差异，这也显示了内收台阶的等级与墓主人身份有一定的关系。

潘伟斌认为，尽管两个墓葬存在许多相似之处，但两者之间也有很多明显的不同，曹休墓规格明显低于曹操墓，曹操墓从墓底到墓顶有6.5米，约三层楼高，曹休墓就没那么高；曹操墓有15米深，曹休墓也没那么深。另外，曹操墓的4个侧室分别位于前、后室两旁，而曹休墓的4个侧室则集中于前室，左右各两个；曹休墓是砖铺地，每块砖长约40厘米，曹操墓是大青石铺地，长度在90～130厘米，大而规整。[1]

三、魏明帝曹叡墓的出现

这座大墓的发现也是纯属偶然。2015年7月，洛阳市万安山脚下的野生动物园开始征地拆迁，当时洛阳市寇店镇西朱村村民在一块叫作南岗的地方，平整土地而迁坟过程中，意外发现了一处地下遗迹。

该遗址北距汉魏洛阳城阊阖门遗址20.4千米。墓葬地处万安山北麓的缓坡上，西侧距曹魏时期圜丘遗址约2.5千米，没有封土和陵墓园遗迹。

潘伟斌还原了该墓葬的发掘过程。2016年，他受邀前往洛阳市文物考古研究院。在院长办公室中，他翻阅了洛阳市文物考古研究院上一年度的考古年报，年报显示：当时西朱村1号墓只被挖开了一个口子，露出了墓圹的形状，在墓道的填土中发现了一块墓砖。潘伟斌告诉现场的同行："这种形制就是曹魏时期的墓葬。"时任院长史家珍此时才告诉他，此次邀请他过来就是去鉴定该墓的具体时代。

万安山海拔937.3米，史料记载，魏文帝曹丕与其子曹叡猎于万安山，见子母鹿，帝射杀母鹿，命其子射子鹿，曹叡（即后来的魏明帝）泣曰："陛下已杀其母，臣不忍复杀其子。"此外根据历史记载，万安山这里还发生过曹叡出行遇虎的典故。

因该墓存在被盗掘的隐患，经国家文物局批准，洛阳市文物考古研究院对墓葬进行抢救性发掘。

魏明帝曹叡是魏文帝曹丕长子，在位期间指挥曹真、司马懿等人成功防御了吴、蜀的多次攻伐，并且平定鲜卑，攻灭公孙渊，颇有建树。然而统治后期，大兴土木，耽于享乐。239年，曹叡病逝于洛阳，时年35岁，谥号明皇帝，庙号魏烈祖，葬于高平陵。其养子曹芳继位。曹叡能诗文，善乐府，与其祖父曹操、父曹丕并称魏之"三祖"。

西朱村曹魏大墓也有两个墓葬，其中1号墓是坐东向西。1号墓附近的东面还发现一座规模更大的墓葬，编号为2号墓。2号墓的墓道长约39.6米，宽9.4～10.2米，2号墓坐西向东，朝向也和曹操高陵一样，其规模与安阳西高穴曹操高陵十分接近。该墓的地面未发现封土，专家推测也应该是帝王一级的陵墓。但是有个现象很有趣，两座大墓属于背对背的葬式。

1号墓葬出土的刻铭石牌，一圭四壁，石牌的尺寸及书写内容、格式与河南西高穴大墓所出土的刻铭石牌高度一致，有的内容一样，有些内容不一样，具有较为明显的时代和等级指向。

这里的墓葬也是同为甲字形大墓，不封不树、无陵园建筑、长长的斜坡墓道、七层生土台阶、"前堂后寝"的墓葬结构，没有任何的陪葬墓，该墓与安阳西高穴大墓有很多的相似之处。非常巧合的是，这次考古的领队是负责过曹休墓葬发掘的王咸秋。

1号墓的盗扰非常严重。在抢救性发掘中，考古人员发现的第一件文物就是石牌的一个残件，这是一个长度不超过10厘米的小石牌，形状和尺寸与西高穴大墓出土的石牌很相似，这令考古学家很吃惊。2009年在西高穴大墓发掘后，小石牌是争议的焦点所在，这样的石牌在曹休墓中没有出现，而且在两汉的墓葬中也从来没有出土过。之后，考古人员又清理到了数量惊人的小石牌，还有其他一些随葬器物，有陶器，陶鸡、陶狗，还有石质的帐座，但是总体感觉器物非常粗糙，贵族墓葬中的玉璧和玉圭都是用石块来代替的。考古人员发现，很多石牌就是随葬器物的清单，会把一组器物的名称刻在石牌上。石牌上有很多形容词，并记录了尺寸、容量、质地和颜色，如墨漆书案一、纯金杯盘一。根据石牌的文字显示，大墓里拥有很多价值不菲的珍宝，但是这种情况和曹魏时期曹操和曹丕主张的薄葬相违背，后来发现居然有记录松柏的石牌，考古人员推测，这些石牌的文字只是简单描述，也许并没有高级器物的随葬。

西朱村1号曹魏大墓出土的石牌 潘伟斌供图

经过清理，西朱村1号墓共出土500多件器物，其中仅石牌就有300件之多。石牌上的文字非常众多，包括衣衾、陈设、梳妆、文房用具、饰品、葬仪等。然而遗憾的是，虽然文字众多，但是偏偏缺少了有关墓主人身份的准确信息。另外石牌中出现了看似有点像女性服饰的名词，例如袿袍、蔽结、眉刷、叉等。但是同时有男性服装的名词，武冠是男性武官的服饰，黑介帻是男性文官佩戴。

根据文献记载，魏明帝曹叡葬于高平陵，明元郭皇后葬于高平陵西。考古学家一开始偏向这是郭皇后的墓葬的观点。

2016年11月16日在河南洛阳举办的"西朱村曹魏大墓专家论证会"上，发掘单位认为，这座墓中出土了袿袍、蔽结等女性文物，郭皇后祖籍为西平人也，世河右大族，因此认为墓主人有可能是魏明帝曹叡的郭皇后的墓葬。30 余名与会专家还认为，西朱村曹魏大墓规模宏大，虽遭严重盗掘，但出土了一批重要文物，显示出该墓应是曹魏时期皇家墓葬，对曹魏时期皇家墓葬乃至中国古代陵寝制度研究具有重要意义。

国家文物局专家组成员、陕西省考古研究院院长焦南峰认为，这个墓有一种很熟悉的感觉，与曹操墓的很多东西都非常相似，特别醒目的是石牌，其制式、大小、内容、书写和语言风格等，都能够看出时代延续性和文化继承性。

中国社会科学院考古研究所副所长白云翔认为，曹操墓发现之前，从来没有出现过石质"遣册"（遗策）即石牌，有人怀疑是假的。这一次，洛阳考古人的工作做得很细致，石牌出土位置和状况很清楚，后期整理也很细致，由此可以旁证曹操墓石牌的真实性。

北京大学教授赵化成则表态，该墓的发现，为进一步确认安阳西高穴曹操墓提供了有力佐证。

专家之后推测，之所以曹休墓葬中没有石牌，而西高穴大墓和洛阳曹魏大墓中有石牌，原因可能是石牌是曹魏时期只有帝王等级才能享有的特殊丧葬形式。[2]

在此次专家论证会上，多数专家将此大墓认定为曹叡的第三位皇后郭氏的墓葬，原因是曹叡的原配虞氏被遣黜，第二位皇后毛氏被曹叡赐死。只有这位郭氏皇后是善终的，还做了 24 年的皇太后。因而推测西朱村曹魏大墓是曹叡和郭皇后的合葬之地。最后发言的潘伟斌却提出了不同的结论，他认为大家所认为的袿袍、蔽结等女性用品，都是皇室禁物，是皇帝专用之物，二品以上的官员经皇帝赏赐并特许才能使用，因此不可能是女性用品。墓内出土有一圭四璧等礼器，都是皇帝级别的人才能享用。其中，圭只有被封为诸侯王以上的男性才能使用，女性不可能随葬此物。因此，通过种种分析，他认为西朱村 1 号墓属于魏明帝曹叡本人。2 号墓极有可能就是魏文帝曹丕的首阳陵。他回到郑州之后，连夜将这次发言的内容进行了整理，补充了一些资料，撰写了《洛阳西朱村曹魏大墓墓主人身份的推定》一文，2017 年 3 月，发表在《华夏文明》上。该观点目前在学术界内得到了认同。

文中观点罗列如下：

第一，西朱村曹魏大墓 1 号墓的墓主人不可能是郭皇后。

曹魏魏文帝之后，皇帝和皇后没有合葬一说。魏文帝曹丕在黄初三年（222 年）曾经定下《终制》，其中，规定"其皇后及贵人以下，不随王之国者，有终没皆葬涧西，前又以表其处矣。盖舜葬苍梧，二妃不从，延陵葬子，远在嬴、博，魂而有灵，无不之也，一涧之间，不足为远"。这句话的意思是：明确规定皇后不得与皇帝合葬在一座墓葬内。曹丕是开国皇帝，他所立的规矩后代皇族一定会遵守。所以，郭氏不可能合葬在曹叡墓园内。西朱村曹魏大墓的 1 号墓和 2 号墓不可能是曹叡夫妻的两座合葬墓。

西朱村曹魏大墓 1 号墓出土了石圭、石璧等重要礼器，这些是天子、诸侯王礼天礼地的重要祭器，曹叡郭皇后没有资格拥有，更没有资格将其随葬。到目前为止，在已经发现的皇后墓或王后墓中，还没有出现随葬圭的情况。所能够见到的玉圭和玉璧同时出土的情况，也多见于寺庙和帝陵祭祀坑内，显然它们都是祭祀用器。国内已经发掘的汉代诸侯王墓和高等级汉墓中，虽然璧出土了不少，但是出土圭的现象极少，目前仅有中山靖王刘胜墓出土有玉圭三件，昌邑王刘髆墓中出土玉圭一件，曹操墓中出土石圭一件，西朱村 1 号墓出土石圭一件。

值得一提的是，中山靖王刘胜墓中出土有圭，他的王后窦绾墓中却没有出土圭。该墓中出土的写有"玄三纁二""白布黻翠二"等的石牌，在曹操高陵中也有出土，现为中国人

河南安阳西高穴大墓出土石圭

民大学考古文博系教授李梅田在《曹操墓刻铭石牌考》一文中认为，这些物品"非普通之物，可能昭显了曹操死后的天子丧仪"。《后汉书·礼仪志》中记载，皇帝大丧"太常导皇帝就赠位……赠玉珪长尺四寸……玄三纁二，各长尺二寸，广充幅"。这里都说明了"圭"和"玄三纁二"都是大行皇帝殡葬时，新晋皇帝赠送给先皇的礼品。从这一点上说，基本上就可以排除洛阳西朱村1号墓墓主人是女性的可能性。

西朱村1号墓中出土的"蔽结""袿袍"二物是当时皇帝佩饰和衣服。《宋书》卷十八《礼五》上载"魏明帝以公卿衮衣黼黻之文，拟于至尊，复损略之。晋以来无改更也。天子礼郊庙，则黑介帻，平冕，今所谓平顶冠也""其朝服，通天冠……黑介帻，绛纱裙，皂缘中衣。其拜陵，黑介帻……平上帻，武冠"。"黑介帻""平上帻""武冠"应该是天子祭天、上朝、拜陵等场所所穿的不同服饰；而"袿袍""蔽结"等衣物则是禁物，非皇帝莫属；"武冠"也必须经过皇帝的赐予，高级将军才有资格佩戴。因此，这些文物的出土都证明了该墓葬的主人为男性，而非女性。

"坐西向东"墓向早已经成为曹氏家族族规，曹叡郭皇后无法做到标新立异，将其改为"坐东向西"。在安徽亳州曹操的祖茔中，其父亲曹嵩和其祖父曹腾的墓葬朝向都是坐西向东，安阳曹操高陵也是坐西向东，由此看来，这种"坐西向东"墓向已成为曹氏家族族规。虽然曹操后来高居魏王之位，位极人臣，也不能随便更改这一族规，自墓葬仍然沿用坐西向东。从后来发掘的曹休墓和钻探出来的西朱村墓地2号墓全都是坐西向东这一现象来看，这种祖制一直被保留了下来。

曹叡的第三位皇后郭氏虽然在曹叡去世后，做了多年皇太后，但是她还是没有能力去改变墓地的朝向，在严格的封建制度下，她不敢去违反祖制改变自己墓地的方向。能改变自己墓地方向的只有曹叡本人。

从地理环境上说，1号墓葬符合魏明帝曹叡高平陵的特征。《水经注》卷十五的记载：其水又西南，迳大石岭南，《开山图》所谓大石山也……山阿有魏明帝高平陵。这里的"山阿"二字，具体记述了该墓所处位置的地形地貌特征。曹丕在为父亲曹操撰写的《哀册》中就用过"山阿"两个字。原文写道："弃此宫廷，陟彼山阿。"

"山阿"到底是什么意思呢？根据《说文解字》上的解释："阿，大陵也。一曰曲阜也。"一说是大土山，第二个解释为山下的凹窝处。潘伟斌认为取自该解释的第二个意思，即山窝里的高岗地上。这里的"山"字并不是指真正自然形成的山冈，而是指帝王的陵墓，因为在古代，帝王陵墓地面上都有高大的封土，形似山丘，因此有时也称其为山陵，作为帝陵的代称，以形容帝王陵墓的高大。

根据实地调查，发现 1 号墓东面有一座小山，该墓就处在山下（山北）的一处高台地上。其地形地貌和安阳曹操高陵颇为相似，两者都是葬在一处地形略高于周围的塬上。这就是当年所理解的"山阿"之地。

《水经注》中有关魏明帝高平陵位置的记载应该是可信的。因为作者郦道元生活在北魏时期（470—527 年），距曹叡去世仅 200 多年，从他在书中对亳州曹操老家祖茔中的曹嵩、曹腾墓的位置准确记载和精细描述来看，当时这些陵墓应该都还在，且应该都亲自去察看过。

第二，西朱村曹魏大墓 2 号墓极有可能是魏文帝曹丕埋骨之地。

考古队材料显示，西朱村曹魏大墓 2 号墓墓道长约 39.6 米，宽 9.4～10.2 米，安阳西高穴曹操高陵的墓道长 39.5 米，宽约 9.8 米，两者都是长斜坡墓道，墓道两边各有七级逐级内收的台阶。这说明两座墓的规格相近，应该是同一时期帝王一级陵墓。终魏一代，能够符合帝王这一条件的也只有魏文帝曹丕。因此，推测其应该是曹丕的首阳陵。而且。他在《终制》中要求"因山为体，无为封树"，说明他的陵墓应该是在山上，2 号墓正好也在山上，故符合这一条件。

魏文帝曹丕的陵墓为首阳陵，这在历史上是毫无疑问的。一直以来，考古专家都认为曹丕的陵墓在首阳山上，怎么会跑到万安山上了呢？

文章认为首阳陵仅是陵号，不一定代表一定要葬在首阳山上。此外，由于时代变迁，地名更改和变化很大，说不准当时这里也是首阳山的一部分，毕竟山脉相连，范围较广。

第三，曹叡为何要让自己大墓与父亲曹丕的大墓"背对背"？

文章指出，能让自己的大墓突破祖制，变化朝向的，只有曹叡本人。那么，曹叡为何要破坏祖制，改变先帝所制定的《终制》，别出心裁，把大墓朝向变成坐东朝西，要与曹丕墓"背对背"？

曹叡的人生经历方面或许说明他如此操作的动机。曹叡和父亲曹丕心有芥蒂，他之所以能成为太子，与曹操的喜爱有很大关系。曹操曾当众夸奖他，"我基于尔三世矣""每朝宴会同与侍中近臣并列帷幄"。但是曹操去世后，曹丕并不待见这个儿子。

曹叡是曹丕的长子，其母亲甄宓是上蔡令甄逸之女，最早就是嫁给汉末青州刺史、袁绍长子袁谭为妻。建安四年（199 年）袁熙出任幽州刺史，甄宓留在冀州侍奉袁绍的妻子刘氏。建安九年（204 年），曹操率军攻下邺城，她因为姿貌绝伦，被曹丕所纳，甚得宠爱，生下儿子曹叡和女儿东乡公主。但是曹叡出生时不足月，这是父亲曹丕内心的一个心结，也是甄氏最后被赐死的一个原因。文中提到，曹丕称帝后，郭氏为了与甄氏争宠，在曹丕面前说甄氏的坏话，诬告曹叡是甄氏前夫袁谭留下的儿子，这件事戳到了曹丕的痛处。于是，他向甄氏求证这件事。甄氏认为这是对她的莫大污辱，因此出言不逊，曹丕大怒，下令将其赐死。在曹丕称帝之后，很长时间都未将曹叡立为太子，曾有心立京兆王曹礼为太子。黄初七年（226 年）夏五月，曹丕病笃，不得已才立曹叡为皇太子。当月，曹丕便病死，六月戊寅，葬首阳陵，曹叡继位为帝。

经受如此遭遇后，曹叡的性格变得谨小慎微，还十分孤僻和乖张，得势后出现了过激行为。曹叡继承大统后，曾想平掉邙山，打算在上面建一座台观，好望见孟津（河南省孟津县东部的一个黄河渡口），幸被大臣辛毗以"天地之性，高高下下，今而反之，既非其理，加以损费人功，民不堪役。且若九河盈溢，洪水为害，而丘陵皆夷，将何以御之？"为由而谏止。

曹叡对母亲屈死的事情始终耿耿于怀。郭氏虽然在争宠后获胜，逼死了曹叡生母甄宓，但是没有生下继承人，甄宓去世时，曹叡才 6 岁，郭氏一直对曹叡视如己出。但是生母之情还是高于养母。曹叡逼死了后母郭氏。曹叡性格乖戾，因为小事而废掉毛皇后，皇子们都早早死去，这对他的打击十分巨大。他在洛阳大修宫室，贪图享乐，后宫生活更加糜烂，造成身体更加亏空，年仅 35 岁便早早死去。

文中指出，曹叡的不幸，是其父亲一手造成的，这样的经历令人不能不怀疑他对父亲会深怀怨愤，故而与西朱村曹魏大墓 2 号墓里的父亲故意作对，有将自己的墓道调转成相反方向，用来发泄对父亲不满的可能性。

第四，西朱村曹魏大墓 1 号墓和 2 号墓，与安阳西高穴大墓一脉相传，更加验证了西高穴大墓的墓主人就是曹操。曹丕在其《终制》中明确要求，"寿陵因山为体，无为封树"。曹操的《终令》中也要求："古之葬者，必居瘠薄之地。其规西门豹祠西原上为寿陵，因高为基，不封不树。"从西朱村曹魏大墓 1 号墓和 2 号墓以及曹休墓都实行不封不树这个现象来看，他们都是依照这一制度而建造的，而在亳州曹操的祖茔中，其父亲曹嵩和其祖父曹腾的墓葬的朝向都是坐西向东，这也能说明了其一脉相承。

安阳曹操墓与西朱村曹魏 1 号墓对比表

墓葬名称	墓　向	墓葬总长 / 米	墓道长、宽 / 米	墓葬台阶	墓葬形制	墓室长、宽 / 米
安阳曹操墓	坐西朝东	57.5	长 39.5 宽 9.8	长斜坡 7 级	砖多室	长 18 宽 19.8～22
西朱村曹魏 1 号墓	坐东朝西	52.1	长 33.9 宽 9.4	长斜坡 7 级	砖二室	长 18.2 宽 14.6

2019 年 5 月 17 日，由郑州大学、洛阳市文物局主办，洛阳市文物考古研究院、郑州大学历史文化遗产保护研究中心承办的"洛阳曹魏大墓出土石牌文字专家座谈会"在古都洛阳举行。来自国内高校、科研院所、文博系统等十余位专家学者汇聚一堂，对洛阳西朱村曹魏大墓出土刻铭石牌做了不同角度的论述，就该墓的墓主身份、铭文释读、名物考证等方面展开热烈讨论。发掘单位又提出了新的见解，根据里面出土的石牌记载，随葬品中有"银鸠车一"和"七奠蔽结"，有专家认为这是儿

童玩具，根据《晋书·舆服志》载："长公主、公主见会，太平髻，七镇蔽髻。"因此，推测墓主人有可能是魏明帝的女儿平原懿公主曹淑的墓葬。潘伟斌认为，平原懿公主曹淑生下未满百日而夭折，不可能会有"银鸠车一"，因未成年，更不会有"七奠蔽结"。这是帝王一级的陵墓。

因为西朱村曹魏大墓2号墓尚未发掘，西朱村2号墓为魏文帝曹丕的首阳陵这一观点，还有待于将来的考古来验证。

四、河北省临漳县习文村的疑似"曹操墓"

2016年3月，新华社发布了一则题为"河北现一张清代地舆图标有曹操墓位置字迹清晰"的新闻，河北省临漳县地方志办公室在整理旧志时意外发现，一张清乾隆三十五年临漳县地舆图上标注有魏武帝陵曹操墓的位置，就在这个县的习文乡习文村。这张地舆图至今已有246年历史，纸张泛黄，边缘多有破损，但大部分字迹清晰可见。除在习文村南标注有魏武帝陵曹操墓外，还标注有金凤台、铜雀台、冰井台，以及临漳境内的村庄、河流、墓葬等，和现在的地图基本吻合。

另外，曾经有考古专家于1975年在习文村发现一东汉晚期墓葬，其中出土器物有七尊陶鼎，当时有人猜测这是曹操墓葬的标志之一。[3]

《邯郸日报》2016年4月刊发的题为"邯郸临漳发现清代临漳县地舆图标示曹操墓在习文村"的新闻中还提到，文物出版社出版的《邺城考古发现与研究》一书中提到，史籍中也有记载曹操墓大致方位的，明代崔铣《邺乘》记载，"西陵即高平陵也，在县西南三十里"。而习文村正位于临漳旧县（今县小庄）西南约30里，位于灵芝村西北约4里，与"灵芝故县"临近，习文村曹操墓位置也与清代乾隆年间临漳地舆图相吻合。文中还提及，1975年考古专家在习文村发现一东汉晚期墓葬，其中出土器物有七尊陶鼎。按汉代当时规制，封侯用五鼎，丞相用七鼎，天子用九鼎，此用七鼎者应为曹操墓葬的标志之一。

从地图上看，习文乡位于河北省邯郸市临漳县县境南部，与河南省为邻，距安阳市中心仅仅20千米，与西高穴村的距离可能只有5千米，距离非常近。

但是其中有一个疑问，那就是陶鼎是新石器时期出现的炊器，用于煮食物。战国至汉代出现铅釉陶鼎和彩绘陶鼎，多作随葬明器，临漳县文史专家黄浩所说的是周朝的礼制，汉代以后墓葬中情况复杂了很多。笔者对资料进行了查阅，发现西汉海昏侯刘贺之墓出土了 10 座青铜鼎；江苏盱眙江都王刘非墓葬一号墓出土了各种铜鼎 24 件，土釉陶鼎 32 件；广州象岗山南越文王墓出土了 35 件青铜鼎；山东巨野红土山昌邑王刘髆之墓中出土了铜鼎 10 件，陶鼎 3 件。此外，马王堆一号汉墓为西汉初年长沙国丞相、轪侯利仓的夫人辛追之墓，2010 年北京大学文博学院张闻捷博士在《文物》杂志上发表的《试论马王堆一号汉墓用鼎制度》中介绍了这座大墓出土的各种鼎，这座侯爵夫人的墓中居然出土了太牢九鼎和七鼎各 1 套，还有锡涂陶鼎 6 件。这些都说明汉代的墓葬规制与春秋战国时代封侯用五鼎，丞相用七鼎，天子用九鼎的制度相差甚远。所以，七尊陶鼎的出土很难判定此墓的归属。

关于此问题，潘伟斌介绍说，东汉提倡薄葬制，与西汉以及更远的西周随葬制度有了很大的不同，根据《后汉书·礼仪志》记载，皇帝去世后，用瓦鼎十二。在曹操墓出土之前，一直有七十二疑冢之说，分布范围大致在今天漳河北岸的河北境内，因此，这种记载不足为奇。事后经考古证明，这些大墓均为北朝晚期的贵族墓葬。习文乡的墓葬只是传闻，未经考古发掘证明，难以为证。

五、曹魏正始八年墓的最终确认

1956 年，洛阳矿山机器厂正在如火如荼地兴建，这是国家"一五"期间的 156 项重点工程之一。然而，就在这次工地建设中，发现了一座古墓。考古专家赶到时，发现墓葬已经被盗，墓主人的身份都不能确定，只是在散落的铁帷帐架上，找到了"正始八年"的铭文，"正始八年"是曹魏第三位皇帝曹芳的年号，因此这座墓也被定名为洛阳曹魏正始八年墓。该墓为砖室，坐西朝东，由墓道、前甬道、前堂、南北耳室、后甬道、后室几部分组成。学者们推断，该墓葬的下葬时间不会早于洛阳曹魏正始八年。

在《考古》1989 年第 4 期发表的《洛阳曹魏正始八年墓发掘报告》中这样提到其内部的结构：墓葬前室为四面结顶的方形，后室为弧顶长方形，前后室之间有一个过道，还带有逐级内缩的长大台阶形墓道。墓葬出土的文物有陶器、铜器、铁器、玉器、漆器、铜博山炉等。

最有名的出土文物是白玉杯，该白玉杯采用名贵的和田美玉琢制而成，杯体抛光细润，线条流畅，虽无任何装饰，却给人以"美在天然"的感受，其也是洛阳博物馆五大镇馆之宝之一。

洛阳曹魏正始八年墓的所属年代曾经引起了学术界的长期争论，有人认为其是曹魏墓，也有人坚持认为应该是西晋墓，双方各执己见，谁也说服不了对方。

但是现在也有了定论，鉴于曹魏正始八年墓中出土部分器物与西朱村曹魏大墓、曹休墓部分出土器物有明显的相似之处。鉴于其和曹休墓都没有出土石牌，专家们将其认定为曹氏皇族之墓。

第四节　是真心英雄，还是不负责任

在西高穴大墓发掘后的争议中，有几位当事人的曝光率比较高，他们受到的评价也是好坏不一。

一、刘庆柱的坚持

刘庆柱祖籍河南南乐，1943 年 8 月生于天津市，1967 年 7 月毕业于北京大学历史系考古专业。1979 年 4 月起，在中国社会科学院考古研究所工作，1998—2006 年任中国社会科学院考古研究所所长，2006 年当选中国社会科学院学部委员。他曾经先后参加并主持过秦都咸阳遗址、西汉十一陵、关中唐十八陵、唐长安城青龙寺遗址、秦汉栎阳城遗址、汉杜陵遗址、汉长安城遗址等考古勘探、发掘。当年他在很多场合提出，在曹操墓的鉴定中，外行不能质疑内行。

2012 年 3 月，刘庆柱在参加全国两会时，接受了中国网的采访。反思了曹操墓的争论，也谈到了自己当年准备的提案。

对于曹操墓的争议，他是这样表述的：

"曹操墓自 2008 年开始发掘，2009 年 12 月 27 日在北京举行了新闻发布会，我参加了。然后从 2010 年开始，这个学术问题就逐渐被社会化、政治化，把一个本来考古的事情弄成了一个文化事件。我们应该吸取教训，现在社会上公信力下降是事实，假酒、毒牛奶……造成整个社会的公信力下降，但不能觉得到处都是假的。"

"曹操墓反映出来不是曹操墓的问题，我们有些网民，遇到事情要动动脑子。比如，有人说曹操墓里埋的是假文物。我当时就说，你怎么不动动脑子，做假文物到潘家园去卖，埋在里头干什么，埋在里面，这不是恶作剧吗？"

"像这种常识性的东西，有些学者也不懂，你本来不是搞这一行的，术有专攻，那些批评别人浮躁的人，恰恰自己充分暴露了这个问题，这是一个教训。"

刘庆柱的提案也很有建设性的意见。他建议安阳、邯郸两市在国家文物局或文化部的统一安排下，打破行政区域划分，整体规划，建设"陵城一体"的考古遗址公园和文物保护区。不要因为人为的行政区划给割裂开来。他这样解释自己的想法："河北、河南一直在争曹操墓。这次在河南安阳发现了曹操墓，实际上墓地离河北只有二里地，而曹操的都城——邺城则位于今天河北邯郸的临漳县香菜营乡三台村。墓葬是都城的缩影。河北邺城遗址与河南安阳曹操墓历史文化背景相同，并且相距仅几里路，一个在漳河南，一个在漳河北。本来大家看完墓葬看都城，看完阴间看

刘庆柱（左）2016年在复旦大学荣获人类学终身成就奖后，与金力院士（右）合影

阳间，两者彼此可以相互补充、丰富各自的内容。因为今天的行政区域，才分别属于河北与河南。"

刘庆柱对曹操墓的认定非常肯定，认为遗骨的鉴定没有必要，考古学上认定的事实，没有必要再去检验遗骨。造成一些争议，有部分责任在某些媒体身上，他们遇到一些疑点就盲目下结论，并没有沉下心去探究。

高陵管委会相关负责人还原了当时邀请刘庆柱先生前来鉴定大墓时的情形。刘庆柱先生为人非常平和，没有一点架子，第一次来到西高穴大墓时，先绕着墓地转了一圈，然后又到附近看了一圈，他当时确定该墓地的级别达到了东汉末年的王侯级别，而墓地就在古邺城的附近，后来他沉思了很久，开口说，他觉得这极可能就是曹操的墓地所在地。当时挖掘现场出土了半个圭残片，圭的宽度和长度都是罕见的，刘庆柱先生就关照考古人员在挖掘时密切关注其他圭残片，结果真的找到了碎裂的另一块残片，拼上去就是严丝合缝。

在曹操高陵遗址博物馆的建设中，刘庆柱也提出了令人信服的意见。该负责人回忆道：当时博物馆的建设有两种意见，一种认为博物馆应该造得宏伟一些，因为

曹操高陵遗址博物馆外观（2021 年）

这是帝王之墓，另一种意见是认为曹操生前一直崇尚简朴，博物馆应该盖得小点，后来刘庆柱先生的一段话结束了争议。他说，我们应该按照保护对象的需求，来决定博物馆建设的面积大小，非常棘手的问题快速解决了。

二、潘伟斌的心声

1968年，潘伟斌出生在河南，大学毕业于西北大学考古学专业，之后回到河南工作，已经从事考古工作30余年，是一位资深考古学专家。

潘伟斌曾独自进行南水北调中线工程河南段730千米长沿线文物的调查、保护方案的编制工作。他所主持发掘的安阳固岸北朝墓地曾被评为2006年度全国重要考古发现，2007年度全国十大考古新发现，因此荣立二等功。他主持发掘的曹操高陵先后被评为"2009年度全国重要考古新发现""中国六大考古新发现""全国十大考古新发现""河南省五大考古新发现"。潘伟斌被评为"感动安阳"2009年度十大人物之一。

潘伟斌经历了曹操墓发掘的一波三折。

2004年，潘伟斌出版了专著《魏晋南北朝隋陵》，对三国魏晋南北朝至隋代帝王陵墓的丧葬制度进行深入研究，并收集了大量有关曹操高陵的历史资料。根据历史文献和有关资料，他当时就做出了曹操高陵在邺城西漳河两岸的判断。

2006年，潘伟斌在现场考察西高穴大墓时，当场预判这极有可能是曹操墓。随后，他将整理好的调查拍摄的墓内照片和录像，报送到河南省文物考古研究所和河南省文物局，建议进行抢救性考古发掘。

为了引起有关部门重视，尽快启动对这座墓进行抢救性发掘，2007年，潘伟斌撰写了一篇题为"曹操高陵今何在"的论文。在这篇论文中，他提到，"西高穴村发现一被盗大型砖室墓，经调查这是一座东汉时期的大墓……由此判定应为曹操墓或其陪葬墓中的一座"，文章最后得出了"曹操陵墓高陵应该在河南省安阳县西高穴村附近"的结论。

"我本人当时并没有打算去发掘这座墓葬。当时考虑的是自己实在太忙了，只要有人具有学术敏感性，注意到这座墓的重要性，就会尽快启动对这座墓进行抢救性发掘。当时全靠安丰乡派出所民警进行日常巡逻，安排西高穴村干部对盗洞进行回填。"潘伟斌说。

面对这种情况，他当时十分不安。

三年中，仅公安部门破获盗掘该墓的案件就有 4 起，抓获盗墓分子 38 人。这让潘伟斌十分着急。刚刚上任的安阳县县长徐慧前，听了潘伟斌的介绍后，非常重视，主张尽快发掘，愿意出经费和配合人员，发掘工作得以顺利开展。

"当时河南省文物局退休的老局长常俭传对此事格外关心，经常自己购买一些礼品到考古现场慰问和鼓励我们考古人员，他遵守组织原则，不干预我们科研工作，在背后默默支持我们工作，帮助我们协调关系，解决遇到的各种困难，我们内心深深地感动。"

在查验遗骨方面，复旦大学并不是没有与河南方面进行联系和沟通。但是，多次请求未果。"这一情况并没有转达到负责该项工作的本人这里，我对此一无所知。"潘伟斌补充说。

潘伟斌说自己从来不排斥科技在考古工作中的应用。"在发掘之初，我们便与南京大学遥感测试中心合作，邀请该中心的黄建秋教授率队到曹操墓内部和周边地区进行遥感测试。并且采用 GPS 技术对墓地进行精确定位。铁器出土后，我们还邀请国家博物馆文物科技保护部主任潘路先生到现场，亲自进行封护保护。为了弄清楚铁器的内部特征，我们与武警河南总队医院放射科合作，对出土铁镜进行 CT 扫描，以确认其背后有无错金纹饰，在发现有错金纹饰后，我们及时对铁镜进行了重点保护……类似的事例还有许多。"潘伟斌说。

2011 年，潘伟斌当选为河南省政协委员。他是河南省文物系统的三位政协委员之一，被评为河南政协第十一届十大优秀委员，被推选为河南全省民主党派关于"黄河流域生态保护和高质量发展"联合调研组的文化组组长。

潘伟斌一直十分关注曹操墓的本体保护和博物馆的建设工作。他充分利用政协这一平台，大力呼吁和推进曹操高陵遗址博物馆立项和建设工作。在曹操高陵遗址博物馆建设过程中，他全力投入到展品的介绍、文物解读等文字撰写工作。在进行好曹操墓的研究、文物修复、考古报告编写的同时，潘伟斌十分关注河南省的文物保护和开发利用工作，多次外出调研，写出许多具有建设性的建议、提案和社情民意。

2022 年两会期间，他走上委员通道，代表省政协接受媒体记者直播采访，回答记者所关心的问题。

"考古是什么，考古是印证古代历史传说和文献记载的重要依据，这里有人生信念和使命感。"潘伟斌的理想是做好河南省的文物保护工作，同时"让文物说话，让文物活起来"。

在回答记者关于如何做好文物保护和展示工作的提问时，潘伟斌说："河南是文物大省，地下文物数量居于全国第一。作为从业 30 多年的考古人，我每年见证许多考古新发现，惊喜连连，如何保护利用好这些历史文化遗产，打造我省的文化名片，将一个个惊喜变成经验，就是要创新性地做好对文物的展示和解读。曹操墓被称为千古之谜，它的横空出世让很多人难以置信，产生了质疑，一个千古之谜突然出现在人们眼前，这不足为奇，这就是事实。因为多次被盗，很多人担心我们的展览能否证明这就是曹操墓，请大家放心，我们有足够证据支撑起这一科学论断。我们创新了陈展理念，有许多新的创举，加之以全面的解读，辅之以许多最新科技，很多技术和理念都是在全国博物馆中首次采用。让很多不可能变得可能，一座恢宏的博物馆即将面世。一个不一样的曹操墓即将展现在世人的面前。一次考古发现掀起了一次文化热潮，一座墓打造了一个热门景区，这就是文化的魅力……"[4]

潘伟斌向笔者讲述了在曹操高陵保护和展示中让文物说话的探索性案例。

曹操生前有头风病，经《三国演义》传播，现在也是人尽皆知的事。其实正史中也有记载，如《后汉书·华佗传》称"（曹）操积苦头风眩"，《三国志·魏书·方技传》记载："太祖苦头风，每发，心乱目眩……佗死后，太祖头风未除。太祖曰：'佗能愈此。小人养吾病，欲以自重，然吾不杀此子，亦终当不为我断此根原耳。'"

曹操的头风病究竟是什么原因呢，有很多说法，比如说，可能因为曹操工作压力大，精神高度紧张，积劳成疾。也有认为是青光眼、心脏病、高血压甚至颈源性头痛、风湿性头痛、脑部炎症或肿瘤等。但是，潘伟斌通过对墓中出土的曹操牙齿和文物石枕进行研究，给出了不一样的解读。

"西高穴大墓中男性遗骨的多颗牙齿被蛀空，牙冠部分基本不存，甚至髓腔的上半部也已经缺失，致使髓腔直接暴露在外，这样也就直接伤及牙髓。并且，其中部向下还有穿孔，深至根部，其他保存稍好的牙齿磨损也相当严重，其釉面基本不全。"

潘伟斌查阅资料，发现牙髓与三叉神经相连，怀疑这一现象与曹操的头风病有关，于是向第四军医大学的有关牙科权威专家咨询。专家介绍，确实有这种可能，因为三叉神经共分为三支，一支在太阳穴，一支在鼻子周围，第三支在下颌周围，三叉神经痛需要有一个触发点，一旦开始，就会间歇性发作，很难治愈，因为神经是相通的，当龋齿发展到后期，造成牙髓炎时，就会引起三叉神经痛。舒缓这种疾病的最有效方法就是保持颈部血管畅通。

大墓里曾经发现过一块石牌，上面刻着"渠枕一"三字，由此推测，应该有一个枕头存在。潘伟斌认为，"渠"字有两种解释，一是通"钜"，大的意思，如渠帅，渠枕可能指一个很大的枕头；二是指枕头的形状弯弯如沟渠。后来公安部门从盗墓者手中缴获了一个石枕，经指认和专家辨识应该出自曹操墓。这一块石枕中间果然有一凹槽，正如弯渠的形状，背面刻有"魏武王常所用慰项石"几个字。潘伟斌提出该铭文所记载的就是该石枕的主人和它的功用。石枕的正式名字就如石牌所称为"渠枕"，其功效如背面铭文所刻乃是用于"慰项"。

"我们推测这个石枕经过加热后，枕于脖颈下有利于疏通脉络、促进血液循环流动，古人讲'通则不痛'，如此可以帮助曹操舒缓头疼。

西高穴大墓中出土的"渠枕一"石牌 潘伟斌供图

经过对遗骨龋齿的研究，以及渠枕的发现，证明了曹操生前所患痼疾头风病的确存在，而且极大可能是由龋齿引发的三叉神经痛造成，'慰项石'的功用也符合这一病理特征。从而，从考古学上找到了曹操头风病的证据。"

曹操高陵遗址博物馆内正在建设的墓室复原结构（2021 年）

参考文献

［1］李燕锋，尹亮.曹操位更高何以"降阶"葬［N］.洛阳日报，2010-05-24（2）.

［2］桂娟.洛阳发现曹魏皇家大墓 佐证安阳曹操墓真实性［EB/OL］.新华网，2016-11-17［2022-11-03］.https：//www.xinhuanet.com/politics/2016-11/17/c_1119935612.htm.

［3］范世辉.河北临漳发现一清代地舆图上标注有"曹操墓"位置［EB/OL］.中国青年网，2016-03-24［2021-11-10］.https：//news.youth.cn/gn/201603/t20160324_7775327.htm.

［4］河南省政协十二届五次会议"委员通道"潘伟斌委员：让文物会说话［EB/OL］.大象网，2022-01-05［2022-10-10］.https：//www.hntv.tv/rhh-9096589314/article/1/1478523701143461889?v=1.0.

第五章　答案呼之欲出

掩盖在历史尘埃中的曹操墓更加清晰地展现在我们的面前。深谋远虑的曹操未曾料到，死后会遭遇儿子善意"毁陵"，也不会料到后来的西晋统治者会打着"平定妖言"的旗帜毁了自己的墓。

有迹可循的阴谋论背后呈现出的是一种社会情绪的宣泄，还有利益的身影，而此时学者身处弱势地位。

科学从来没有像今天一般占据重要地位，全人类的利益是科学家在科研工作中应该追求的理想和目标。

第一节　西高穴大墓为曹操墓地的事实逐渐明晰

2017 年，许久没有消息的西高穴大墓的新闻又出现在媒体上。2017 年 11 月 1 日，澎湃新闻转载了《河南商报》一篇题为"河南安阳曹操墓考古队队长：将借助高科技设备对尸骨进行鉴定"的新闻，在该文中，曹操墓考古队队长潘伟斌透露，考古队已与国内最权威的相关科研部门达成初步协议，将对安阳高陵中尸骨进行分拣，借助高科技设备进行鉴定，对墓主人的生前食谱、健康状况等进行研究。未来，有可能对曹操相貌进行复原，如果此工作进展顺利，人们将有望一睹魏武王曹操的尊容。另外，还将对安阳高陵中出土的其他两具骨骼进行多方面的深入研究。潘伟斌还强调了西高穴大墓的墓室用大型青砖垒砌，缝隙紧密，连刀都插不进。大青砖规格为 48 厘米 ×24 厘米 ×12 厘米，重达 25 千克，十分致密，扣之铿铿，有金属之声，是专门为帝王一级的墓葬所烧制的。

潘伟斌介绍说，2017 年 9 月底，安阳曹操高陵本体保护与展示工程开工建设，这也标志着曹操高陵保护工程进入正式建设阶段。该工程总占地面积 490 亩。安阳市将依托曹操高陵本体保护与展示工程，建成一座集考古文化展示、市民休闲文化娱乐于一体的"遗址 + 公园"型人文旅游景点，让更多的人走近曹操墓。该项目占地约 10 万平方米，建筑高度 19 米，总投资约 1.6 亿元。主要建设内容是地面一层遗址展示厅、西侧利用取土坑高差形成下沉空间一层遗址博物馆，整座建筑以大跨度钢结构覆盖高陵主要文物本体。

随着各种细节的披露，西高穴大墓为曹操墓地的事实开始变得明晰起来。

一、曹操高陵曾经被曹丕毁陵

2018 年 2 月，河南省文物考古研究院对媒体公布了最新考古成果：河南安阳西高穴大墓是一处内有垣墙、外有壕沟、地面上建有神道和上千平方米的陵寝建筑的高规格陵园，但在后世遭到"毁陵"，陵园内所有地上建筑都被有计划地"拆除"。

考古学家发现，高陵陵园呈现一种特殊现象：包括陵园垣墙在内的所有地上建筑都只剩基础以下部分，但基槽和柱础表面都比较平整，出土遗物极少，几乎无建筑废弃物堆积。此外，柱洞中的基础石和柱子全部被取走，柱洞边缘留下取柱时挖下的椭圆形的坑。

这种现象与盗墓贼和后世的军队故意盗墓和毁墓的行为有很大差别。因为如果存在盗墓和毁墓的现象，那么现场会留下大量的废弃物，所以，高陵考古队领队周立刚博士推测，这个特殊的现象与魏文帝曹丕为贯彻曹操"薄葬"制度而进行的官方"毁陵"活动有关。[1]

值得一提的是，《晋书·礼志中》曾经记载了这么一件事，曹丕称帝后于黄初三年下诏要求"高陵上殿屋皆毁坏"，目的是"以从先帝俭德之志"。所以，考古学家认为这样的毁陵行动后，会进行大范围的清理工作，而不是草草了事。

之后，曹操墓还遭遇到了有计划的官方毁墓，这发生在西晋时期，下文会进行详细解读。

另外，此次的发掘显示，陵园由壕沟、垣墙、神道、东部和南部陵寝建筑等部分组成。陵园壕沟南北跨度 93.4 米，东西残长 70 米，基槽宽度都在 3 米左右，陵园整体规模不大，明显小于洛阳东汉帝陵陵园，但是又高于东汉诸侯王的规格，因为东汉的诸侯王之墓都没有发现陵园的存在。周立刚博士推测，这与当时的曹操身份有关系，因为曹操当年死亡的时候，并没有称帝。

曹操高陵外围的基槽和柱础（2021 年） 考古人员进行了回填保护，这是在原位置复原后的柱础。

高陵陵园中的壕沟（2021 年）

※东汉帝陵陵园在 2006 年被发现，当时洛阳的考古人员在进行铁路建设工作中的考古工作，他们在伊滨区庞村镇白草坡村东北发现了这个巨大的陵园。陵园遗址坐落于一座夷平墓冢的东北方向 100 米左右，是一处外围构筑夯土垣墙的建筑遗址群。经考古钻探，南北长 380 米，东西宽 330 米，面积约 12.5 万平方米。建筑遗址群外围夯土垣墙宽 3.4 米，内部发现纵横交错的夯土墙基、夯土基址和人工沟渠。

潘伟斌接受笔者采访时说，曹操墓发掘时，就已经发现了地面建筑遗迹。由于当时揭露的面积有限，地面建筑的全貌、结构、建筑规模等都无法搞清楚。这次发掘，让我们看清楚了其基本面貌。

对于陵园的组成，潘伟斌则有不同的看法，他根据曹操在建安二十三年六月所下的《终令》中"其公卿大臣列将有功者，宜陪寿陵，其广为兆域，使足兼容"这一要求，推测陵园面积一定会很大。目前所发现的垣墙内仅有 1 号墓和 2 号墓两座墓葬，面积太小，不可能是陵园。潘伟斌认为应该是寝园。陵园的四界目前还不清楚。他说，发掘 1 号墓时，在其北侧就发现了寝园北墙的地下基槽，当时他就有了这个认识，并将其写进了《曹操高陵》的考古报告中。这一发现如果成立的话，这将是研究古代帝王陵园的又一重大发现，对古人的事死如事生这一丧葬习俗记载的印证和内涵的进一步丰富。

经过调查，在寝园外围还发现有同时期的一些墓葬，它们应该是曹操高陵的陪葬墓，作为陪葬墓不可能在陵园之外。

潘伟斌指出，这次发掘所谓发现的壕沟，是宋代所建，并非当时的壕沟，因为其既打破了曹操墓东面的建筑，又打破了 1 号墓的格局。

二、曹操墓曾经遭遇的西晋官方毁墓

2018 年 3 月，一篇题为"邺人张承基之乱与曹操高陵被毁事件"的文章出现在网络上，非常轰动，作者是华南师范大学历史文化学院陈长琦教授。这篇文章先前刊发在 2012 年 6 月出版的中文核心期刊《历史研究》上，原名《曹操高陵早期被盗问题考略》。

这篇文章非常有深度，它从曹操高陵被毁的历史事实出发，剥茧抽丝，从文献中找到了与西高穴大墓出土石牌相对应的文献资料，并且找到了曹操高陵被盗的蛛丝马迹和历史原因。

陈长琦曾经来到安阳进行西高穴大墓的现场考察。他发现了一个奇特的现象，那就是西高穴大墓古代的盗洞很有问题。一般的古代盗洞都很小，但是西高穴大墓的盗洞很大很宽阔，似乎是故意和公开的，毁墓者对自己的行为毫不隐蔽和掩饰。毁墓者并不是求财，而是有其他目的，他们捶打曹操遗骸的头盖骨，打断所有具有"魏武王"字样的

背面刻有"魏武王常所用慰项石"的石枕
潘伟斌供图

曹操高陵遗址博物馆展示的高陵出土石枕

刻铭石牌，而未有"魏武王"字样的刻铭石牌则大多完整保留下来。其中刻有"魏武王常所用慰项石"字样的石枕，由于石质坚厚，没有被成功打碎。但"魏武王"三字之上亦有硬物多次击打的显著遗痕，石枕边缘有击打破损痕，说明毁墓者采取的是一种选择性的破坏模式。

如此从容不迫地去毁墓，只有两种可能性，一是毁墓行为得到当时邺城统治者的允许或者由其组织；二是当时邺城统治失控。

陈长琦之所以会得出曹操墓最早盗掘时间是西晋是因为以下两个原因，首先是鲁潜墓志中的信息，鲁潜墓志成文的时间在后赵建武十一年（345 年），也就是五胡入华时期。安葬鲁潜并为鲁潜写墓志的人，为何知道曹操高陵的准确位置？答案只能有一个，即此时曹操高陵业已被盗并暴露，成为尽人皆知的所在。后赵政权贪求财富，疯狂盗墓，必定早已经光顾过曹操的高陵。第二，这样的判断还来自文献，西晋八王之乱中成都王司马颖镇守邺城，时任司马颖属吏、镇北大将军府司马的陆云，在与其兄陆机的书信往来中，曾经详细披露曹操高陵被盗的信息。这些书信保存在清代文渊阁《四库全书》所收陆云文集《陆士龙集》中，有数十封之多，其中一封谈到他在视察邺城时所见曹操之遗物。

西晋文学家陆机和陆云两人都出生在当时的华亭，即今天上海市松江区的小昆山一带。陆机有诗云："仿佛谷水阳，婉娈昆山阴。"今天在松江小昆山上还有二陆读书台。上海五大古典园林之一的松江醉白池的前身就是宋代朱之纯用以纪念陆机陆云而建的"谷阳园"。今松江老城中还有一条谷阳路，就是为了纪念这两位文学家。

陆机的《平复帖》是我国现存最早的名人墨迹，真迹存于故宫。陆机和陆云的父亲陆抗以及祖父陆逊均为三国时期吴国著名的将领。陆氏兄弟在吴国灭亡后归顺了西晋，一直在西晋做官，两人感情很深，经常有书信往来。

根据陈长琦的分析，他认为这些书信中至少可以说明以下几个事实。

1. 陆云曾见到过大量曹操遗物

晋元康八年（298 年），当时的陆机刚刚以台郎出补著作郎，有机会在秘阁翻阅旧时的各种文献，他意外发现曹操《遗令》，读后不禁为之动容，写下名篇《吊魏武帝文》，抒发自己的伤感之情。这一名篇重要片段如下：

元康八年，陆机以尚书郎出补著作郎，经常在秘阁里面，由此读到魏武帝的《遗令》。读了之后，不禁怃然叹息，为之感伤很久。

……雄心被病中之情所摧毁，宏图因为死亡的到来而结束。长远的谋划因为所剩的生命没有几天而被迫丢弃，远大的功业，因为短促的人生而被迫中止。唉！难道只是掌日蚀的史官因为日被蚀而感到奇异，百姓因为高岸塌坏而感到怪异吗？看武帝临死的时候，嘱咐嗣子曹丕，又对丕、植、彪、彰四个儿子交代遗谋，治国的方略可以说是很远，兴家的训诫可以说是很大。他又说："我在军中，执法是正确的。至于有时也会生些小小的愤怒，也会犯些大的过失，这些你们四个不应该仿效。"这些说得很好，不愧为通达的人的正道之言。他又抱持姬妾所生的小女，同时指着小儿豹，对四位儿子说："把他们交托给你们了！于是哭泣起来。可悲啊！从前以拯救天下为己任，现在也不得不把爱子托付给人。"……他又说："我的婕妤妓人，在我死后，都要把她们安置在铜雀台上。并在台堂上放一张八尺的床，床上照样挂着繐帐，每天早上傍晚，给我供上干肉干饭之类的食物。每月初一、十五两天，就让妓人对着繐帐奏乐跳舞。你们几个也要不时地登上铜雀台，望望我的西陵墓田。"他又说："多余的香料，可以分给众位夫人。众妾无事可做时，可以让她们去学习编织鞋上的丝带去卖钱。我历来做官所得的绶带，可以都藏于一处。我多余的衣裘等，可以另外藏个地方。如实在做不到的话，你们兄弟几个可以共同分掉。"他死后不久，这些衣裘果然被分掉了。将死的人，可以不必提出这样的要求，活着的人，也不应该违背死者的意愿，但现在死者竟求了，活着的人也违令分了。不是两伤吗？真是可悲啊！……

武帝承接了大汉的末业，适逢国家政令多有背谬。……他在人事上的大成就，可以说没有什么是办不成的。打算在深谷里覆土为山，建立大业，就在这山高达九天，大业快要建成的时候，他却颠坠不起。……建安二十四年，公受天命以来遇到了艰难。虽然他光辉显耀于过去的岁月，然而却将要在这一年停止人生的历程。

武帝这位君王，的确是盛大显赫，终古难得。他的威严为天下之先，盖世无双；他的威力可以激烫大海而拔起高山。有什么样的危险他不能度过，有什么样的强敌他不能消灭呢？他每因祸患而得安福，虽身陷危境，却必定能转为平安。到现在，却因患了重病，而被弄得神智不清，担心开不了口，说不出他的遗令。只得委弃身命，坐待死亡的到来。因而感到哀病，反复交代后事。手抚着四个儿子，表示自己很深的怀念，同时又摸着自己的体肤，发出悲叹。趁着魂魄没有离体而去的时候，藉着尚未灭绝的气息，交代他的遗令。手执着小女，蹙眉而悲，手指着幼子豹，泪流满面。气喘吁吁，直冲衣襟，呜呜咽咽，哭泣不止，涕泪不断地从眼睫里流淌出来。

他不得不丢弃天下，而长眠不醒，不得不收敛他高远的志向，而被放进小小的棺木之中。……下令把他平生所穿的礼服陈列于帷座之上，又令美人住在铜雀台华丽的房中陪侍。把他生前用过的物品日日虚设在那里，让那些乐妓们照样演唱哀音。乐妓们只好面露忧戚，一边按着节拍演唱，一边就遮掩泪眼，向前进酒。……令人怨苦的是，向西陵望过去，所看到的只是草木茫茫。登上铜雀台，大家悲伤，美人们凝目远望，又能看到什么呢？……可叹生命、财产等最可留恋的东西存在，便是圣哲之人也是无法能忘情不顾的。读了武帝留下的遗籍，感慨不已，献上这篇吊文，内心凄怆。

陆云也读过《吊魏武帝文》，同样对曹操的身后故事格外关注。根据两人书信中的内容看，陆云在邺城任司马颖的大将军司马时，以公务巡察邺城，曾经发现有关曹操遗事、遗物、遗迹，常以书信告知陆机。

那么陆云看到了什么呢？书信这样描述：

一日案行，并视曹公器物。床荐、席具、寒夏被七枚。介帻如吴帻。平天冠、远游冠具在。严器方七八寸，高四寸余，中无隔，如吴小人严具状，刷腻处尚可识。疏枇、剔齿纤挺皆在。拭目黄絮二在，垢，垢黑，目泪所沾污。手衣、卧笼、挽蒲棋局、书籍亦在。奏案大小五枚，书车又作岐案，以卧视书。

扇如吴扇，要扇亦在。书箱，想兄识彦高书籍，甚似之。笔亦如吴笔，砚亦尔。书刀五枚。琉璃笔一枚所希闻。景初三年七月，刘婕妤折之……见此期复使人怅然有感处。器物皆素，今送邺宫。大尺间数，前已白。其穗帐及望墓田处，是清河时……台上诸奇变无方，常欲问曹公，使贼得上台，而公但以变谲，因旋避之，若焚台，当云何？此公似亦不能止。文昌殿北有阁道，去殿文（丈），内中在东，殿东便属陈留王内，不可得见也。

陈长琦在文中解释说，在书信中，陆云见到的曹操遗物，有床荐、席具、寒被、夏被、介帻、平天冠、远游冠、严器（具）、疏、枇、剔齿纤绖、拭目黄絮、手衣、卧笼、挽蒲棋局、书箱、奏案、书车（岐案）、扇、要（腰）扇、笔、琉璃笔、砚、书刀等。

因为陆机和陆云出生在东吴，看到曹操的遗物容易想起故乡的器物形态，所以就开始比较和联想了，如"介帻如吴帻""如吴小人严具状""扇如吴扇""笔亦如吴笔，砚亦尔"，意思是这些器物和当时他们在吴国看到的很多东西相似。而景初是魏明帝的年号，刘婕妤当为魏明帝之婕妤，本与曹操遗物琉璃笔没有关系，但是陆云可能看到过刘婕妤的琉璃笔，两者估计非常相似。文章中还透露，这些曹操遗物，在陆云检视之后的归宿是当天就送邺宫，也就是送到当时被监视居住的曹操后人、曹魏逊帝陈留王曹奂的王宫中。

2. 曹操遗物应该来自高陵

这些遗物会从哪里来呢？陈长琦认为，只有两种可能，第一是陈留王宫，第二是曹操的高陵。陈留王宫在当时是戒备森严，曹奂被迫禅让，退居邺城之后，被晋武帝降封为陈留王，陈留王表面上接受晋朝礼遇，但实际上受到晋朝软禁，被监视居住，不得与民间交流，为防范曹魏宗室作乱、复辟，西晋在邺城设有"监邺城诸军事"一要职，这个职务除泰始六年至泰始八年间，由竹林七贤之一的山涛担任外，其余均在西晋宗王中替换，因为这是国本问题，西晋皇室内部对于这件事的重视程度是相当高的。从文献上可以发现先后担任这一职务的有：济南王司马遂、高阳王司马珪、彭城王司马权、高密王司马泰、赵王司马伦、河间王司马颙、南阳王司马模、范阳王司马虓、新蔡王司马腾等 10 位宗王，其中任职最久的是赵王司马伦，在职 15 年。陈留王等被软禁的曹魏宗室，不得擅离邺宫，不得与民间联系；晋王朝的官民也不得因私进入邺宫，与陈留王等被软禁曹魏宗室交往。所以，当时想要跑到陈留王的王宫中偷点东西几乎是不可能的。其次，陆云记载的东西都是日常用品，并不值钱，普通的贼跑到陈留王的王宫一次，应该顺手拿点值钱的东西，何必要拿出这些大大小小没用的物件，不符合逻辑。所以，陈长琦推测，陆云所检视的这些曹操遗物，应当来自被盗的曹操高陵。

从陆机陆云讨论曹操遗物的情况判断，曹操墓被盗的时间应该在书信出现之前，而且在书信撰写前的不长时间中。陆云是在"案行"即巡察邺城的过程中看到这些曹操遗物的，案行邺城，应该是陆云任大将军右司马时的职务行为。陈长琦根据考证发现，陆云任大将军右司马是在齐王冏被杀之后，而齐王冏被长沙王乂所杀，时在晋太安元年（302 年）十二月。由此推测，陆云任镇北大将军右司马之时，最早是晋太安元年十二月。陆云卒年则与其兄陆机同。晋太安二年（303 年）八月，陆机被成都王司马颖任命为大都督，率军 20 万，伐长沙王乂。十月兵败，他为成都王司马颖责杀，陆云同时连坐被杀，即陆云卒年同为晋太安二年十月。所以，陆云任大将军右司马的时间为在晋太安元年十二月至晋太安二年十月，不足一年。换言之，陆云看到被盗曹操遗物的准确时间，是在晋太安元年十二月至晋太安二年十月这一段时间内。

在这 10 个月，邺城的统治并没有失控，从现有史料来看，自魏晋禅让，曹奂退居邺宫，至晋太安元年左右时陆云看到曹操墓葬遗物，在这近 40 年中，西晋王朝一直在邺城驻有重兵，保留着强大的军事存在。邺城驻军的数量，史书上虽然没有明显记载，但成都王司马颖于晋太安二年起兵伐长沙王司马乂，以陆机为都督，陆机统帅的军队有 20 万人。西晋一直用重兵牢固控制着邺城，邺城秩序没有出现过失控，不可能产生民间盗墓的情况。

这里还有个问题需要关注，那就是曹魏末代皇帝曹奂去世时间是 302 年，具体月份不详。这里也可知，曹操墓葬的遗物应该没有跟随曹奂下葬。

3.西晋王朝为什么要毁坏曹操墓

毁墓的凶手只能是来自镇守邺城的成都王司马颖，那么司马颖为什么要毁掉曹操墓呢？

史料中之蛛丝马迹，或许能够说明问题。陈长琦发现，成都王司马颖出镇邺城的当年，邺城曾发生过一次反对西晋政权的叛乱。关于这次叛乱，史料记载十分简略。《晋书》卷四《惠帝纪》记载，晋元康九年（299年）正月，以"成都王颖为镇北大将军，镇邺。夏四月，邺人张承基等妖言署置，聚党数千，郡县逮捕，皆伏诛"。陈长琦认为这是一条值得注意的史料。因为这是自魏晋禅让至陆云看到曹操墓中遗物的近40年间，正史中唯一一条有关邺城发动过动乱的记载。

在中国古代，妖言是带有政治色彩的，因为古人生产力不发达，比较信奉神力，制造妖言的人经常是打着鬼神的旗号，来传播各种蛊惑人心的言论，妄图变革朝政，实现个人目的。妖论的目的是颠覆当时的政权，所以一直是被严惩的对象。邺城张承基的叛乱能够为晋史所载，足见西晋政府对其相当重视，当时肃反的力度肯定也不小。

张承基的暴动发生于邺，邺都曾是曹操为魏王时的国都、是曹操的根基所在，利用曹操的亡灵则有利于动员邺城当地的民众。张承基的"妖言"极可能利用曹操的亡灵，与曹操的亡灵有关。陈长琦进行这一推测的依据，是在曹操墓被毁的同时，邺城三台上与曹操有关的建筑亦遭毁坏。

曹操在邺城修三台也是有目的的。"平夷""平虏"，是平定乌丸之意。曹操率军，经数次苦战，歼灭乌丸20余万，收编乌丸骑兵数万，最终平定乌丸，解除了北边威胁。平定乌丸，是他一生中最重要的战功之一。故建安十八年（213年），汉献帝册封曹操为魏公诏书，历数其功勋有："乌丸三种，崇乱二世，袁尚因之，逼据塞北。束马县车，一征而灭，此又君之功也。"建安十五年（210年），曹操在平定乌丸之后，为加强邺城防御而筑铜雀台，台上建平夷堂，有镇平、平定乌丸的意义。曹魏王朝后在都城洛阳亦建有"剪吴堂"，也是仿效曹操、亦有要剪灭孙吴的意义。

在这段书信中，陆云告诉兄弟陆机，曹操在三台上所建之蔽屋已近百年，至今只有"平夷堂"没有破败，得以保留。但是，这座保存近百年的平夷堂，到如今却被以"斧砍之"所毁。当时邺城处于政局稳定时期，敢对铜雀台上的平夷堂动手的只有西晋统治者。

陈长琦认为，排除外来因素的前提下，大张旗鼓地毁曹操高陵，毁三台上的曹操纪念性建筑平夷堂就只能是成都王司马颖可为与能为的行为。回顾历史，统治者为了清除旧王朝的影响，毁坏旧王朝的陵寝及庙堂建筑，以为厌胜之术，早已有之，如王莽篡汉，忧刘氏反抗，又担心西汉王陵中鬼魂跑出来作怪，就跑到汉朝王陵里去搞破坏。陈长琦推断，邺人张承基的"妖言"很可能效仿陈胜吴广的方式，假借曹操的亡灵，以复兴曹魏为号召，因而引起成都王司马颖的惊恐，那么，毁"平夷堂"以破"妖言"，毁曹操高陵以泄"妖气"，就成为成都王司马颖的厌胜工具。

因此，整个曹操高陵被毁的来龙去脉应该是这样的：晋元康九年（299年）正月，成都王司马颖受命，以镇北大将军、监邺城诸军事的身份，出镇邺城，负责监制曹魏逊帝——陈留王曹奂。四月，邺人张承基等以曹操亡灵为号召，建立权力组织，"妖言署置，聚党数千"，图谋叛乱。叛乱图谋平息后，为破除"妖言"，震慑叛乱者、铲除叛乱者的精神寄托，成都王司马颖派人毁曹操高陵，并毁三台上的曹操纪念性建筑平夷堂。晋太安元年（302年）十二月，陆云由清河内史转任镇北大将军右司马，到邺城任职。陆云以司马身份视察邺城时，看到曹操高陵中运出的曹操遗物，致信其兄陆机，告知其所见曹操遗物概况，其后，这批遗物被送往邺宫。太安元年，曹奂去世，死因不明，他死前有没有看到曹操遗物，此时邺宫里还有谁居住，也未可知。

4. 陆云看到的曹操遗物与西高穴大墓出土遗物有一致性

值得一提的是，陆云与其兄陆机书信中所列之曹操遗物，与西高穴大墓出土的石牌所载之物有对应性。

石牌有"樗蒲牀一"，陆云与其兄陆机书信中有"挽蒲棋局"。

石牌有"木轵机一"，陆云和陆机的书信中有"书车""岐案"的说法，根据陈长琦推断是同一种物件。

西高穴大墓出土的"樗蒲牀一"石牌　　　西高穴大墓出土的"木軵机一"石牌

潘伟斌供图　　　　　　　　　　　　　潘伟斌供图

石牌有"绒手巾一"一块，陆云与陆机书信中有"拭目黄絮二在"。

石牌有"竹簪五千枚"一块，陆云与其兄陆机书信中还提到了"剔齿纤"。根据陈长琦推断是同一种物品，就是今天的牙签。因为其随葬量大，不足为贵，所以，陆云在察看曹操遗物之时，可以随手拿取"剔齿签"一枚，送给其兄陆机。

西高穴大墓中出土的"绒手巾一"石牌　　西高穴大墓中出土的"竹簪五千枚"石牌

潘伟斌供图　　　　　　　　　　　　　潘伟斌供图

5. 司马颖果断毁墓背后的深层原因

那么对司马颖来说，为什么会果断利落地做"毁墓"这样的处理呢？陈长琦认为这和西晋晚期的历史有很大联系。

当时西晋宗室正在经历八王之乱，八王之乱是中国历史上比较严重的皇族内乱之一。当时司马氏掌握国家政权后，大封宗室，而之后即位的晋惠帝司马衷在历史上也是比较有名的白痴皇帝，根本无法控制局势，皇后贾南风祸乱朝政，独揽大权。

战乱参与者主要有汝南王司马亮、楚王司马玮、赵王司马伦、齐王司马冏、长沙王司马乂、成都王司马颖、河间王司马颙、东海王司马越八王。

起初是统领禁军的赵王司马伦联合齐王司马冏起兵杀贾南风，并以惠帝为太上皇，将其囚禁于金墉城。后来，齐王司马冏与成都王司马颖起兵反司马伦，群臣共谋杀司马伦党羽，迎晋惠帝复位，诛司马伦及其子。立襄阳王司马尚为皇太孙，并以羊献容为皇后。但是又开启了司马冏的专权时代，东莱王司马蕤试图推翻司马冏的专权，后失败。302 年，司马颖、司马颙、新野王司马歆和范阳王司马虓在洛阳聚会反司马冏的专政。司马乂乘机杀司马冏，成为朝内的权臣。这一年也是陆云在司马颖帐下，任大将军右司马。303 年，也就是陆机和陆云兄弟通书信的第二年，司马颖和司马颙又联合起来讨伐司马乂，陆机因为攻打司马乂不利，被司马颖杀害，夷三族，陆云也牵连而死。最后司马乂兵败被杀。司马颙成为晋朝举足轻重的人物，西晋王朝又迎来的司马颖和司马颙专政。

在曹操墓被毁的 302 年，作为"八王之乱"的主角，当时的成都王司马颖一方面要应对与诸王的争斗，一方面要巩固邺城的根基。两者之中，巩固邺城首当其冲。镇守邺城、监控陈留王及曹魏宗室、防止曹魏死灰复燃，是西晋王朝赋予成都王司马颖的主要任务，而且只有邺城巩固，他才能够放心逐鹿、问鼎中原，投身于与诸王的皇位争夺中去。所以，陈长琦认为，司马颖不会容忍邺城萌生动乱，不会宽容曹操及曹魏子遗的精神影响。一旦有与曹魏相关的风吹草动，将其消灭于萌芽之中，便是他的不二之选。因此，邺人张承基之乱平息之后，毁曹操高陵、毁平夷堂，不仅是成都王司马颖的厌胜之术，也是他巩固邺城的重要举措。而将曹操高陵中遗物送往陈留王所在的邺宫，也含有威慑之意。

这篇文章不仅用翔实的资料印证了安阳西高穴大墓中出土石牌的历史价值，也将曹操墓古代被盗的历史脉搏梳理了出来，有很大的史学价值。

三、西高穴 1 号墓的归属被认定

2018 年 3 月 25 日，一篇来源于红星新闻，但是作者不详的文章被各大媒体纷纷转载。文章的题目是"曹操墓有新进展，曹操遗骸基本被确认"。

这篇文章对西高穴 1 号墓地的归属有了解释。文中说，考古队领队潘伟斌推测，1 号墓应是曹操长子曹昂的衣冠冢，两者同时安葬的可能性很大。因为曹昂死于与张绣的战争中，最后也没有找到尸首。史料记载曹操临终时曾说，自己一生唯一对不起的就是长子曹昂，曹操说，如果到阴间遇到曹昂，曹昂若问母亲安在，我将何以作答？加上曹丕如此孝顺，他不可能容不下对自己政治地位没有丝毫威胁的哥哥。

已经被回填的西高穴大墓 1 号墓

西高穴 1 号墓的铺地石，和 2 号墓完全一致 潘伟斌供图

特别重要的是，在 1 号墓的前堂底部出土有一把铁刀，与曹操墓内出土的铁刀完全相同。

为什么最终的认定是曹昂的衣冠冢呢？翻阅《曹操高陵》一书，笔者找到了潘伟斌给出的答案。

1. 1 号墓和 2 号墓属于同一时代

首先是两座墓的地层是一致的，都是在东汉地层之上，叠压于魏晋地层之下。更为重要的证据是，在 1 号墓的墓室中出土了在 2 号墓中发现的规格一样的墓葬专用砖。另外，《曹操高陵》一书中介绍说，在 1 号墓中，出现了一把铁刀，其与 2 号墓出土的铁刀的形状、大小完全一样。1 号墓和 2 号墓一样都是地面没有封土。这些说明两座墓之间有特殊联系。

更值得一提的是，西高穴 1 号墓地面的柱洞布局和 2 号墓柱洞布局基本相同。

2. 曹昂是曹操临终前的最大牵挂

曹昂是曹操的长子，曹操的正室丁夫人没有给曹操留下子嗣，但是随嫁的丫鬟刘氏给他生了两个儿子：曹昂和曹铄。刘氏很早过世，两个孩子由丁夫人抚养长大。所以，丁夫人一直把两个孩子当作自己的孩子呵护。

根据《三国志》记载，建安二年（197年），曹昂随曹操出征张绣，张绣投降，曹操纳了张济（张绣的叔父）的遗孀邹夫人，张绣因此怀恨曹操。曹操听说张绣不高兴，就秘密准备杀掉张绣。结果计划泄露，张绣偷袭曹操。根据《魏书》记载，当时曹操战败，曹操的坐骑绝影也因为张绣军的伏击而身亡在宛城。根据《魏晋世语》记载，当时曹昂把生存的机会让给了曹操，主动将自己的坐骑战马让给父亲曹操逃脱，步行保护其父脱身于宛城。非常可悲的是，曹昂死后，遗骨最终也没有被寻到。

丁夫人得知曹昂战死的消息痛哭不已，从此与曹操恩断义绝。

曹昂是长子，又救过自己的性命。曹昂在曹操心中始终有很高的地位。《魏略》一书中记载，曹操在去世前，曾经对大臣们说过："我一生做事，没有什么后悔的。假如死后还有灵的话，子脩如果问我他的母亲在哪，我将怎么回答啊！"

《曹操高陵》一书认为，在1号墓中没有发现遗骨和葬具，也符合曹昂去世后的情况。这是一座衣冠冢。曹昂是曹操临终前的最大牵挂，死后相随也是情理之中的事情。

3. 类似葬法出现在安徽亳州曹氏家族墓地

2010年6月19日，复旦大学古籍所教授、博士生导师吴金华在《文汇报》撰写了题为"高陵一号墓墓主的第四种推测：曹冲"的文章。

曹冲，字仓舒，是曹操特别疼爱的儿子，在历史上留有"曹冲称象"的典故。208年，曹冲12岁时夭折。217年，曹操封他为邓侯。吴金华猜测的根据是魏文帝曹丕在《策邓公文》中郑重其事地宣布"今迁葬于高陵"。[2]

但是《曹操高陵》一书对这种可能性进行了否定，认为其是曹昂之墓，理由如下：

第一，曹操曾经留下了"凡诸侯居左右以前，卿大夫居后"的旨意，1号墓位于曹操墓的右前方，处于尊位，是陪葬诸侯的位置，不可能是卞皇后等女性之墓地，至少是曹操分封为列侯的儿子。曹冲虽然是心爱的庶子，但是并非长子，地位低于长子曹昂。另外曹冲的遗骨也是完整的，没有丢失的说法。1号墓如果是曹冲大墓，那就不符合古代的"昭穆制度"，也就是古代宗庙的排列次序。今天很多祠堂的摆放次序就是沿用昭穆制度，始祖居中，左昭右穆。父居左为昭，子居右为穆。第二，这样的葬法在安徽亳州曹操家族墓地中也有体现，曹操父亲曹嵩和祖父曹腾的董园1号墓和董园2号墓，两座墓都是坐西向东，曹腾名义上的长子曹嵩的1号墓也在曹腾2号墓的北方，略微向前突出一点，和西高穴两座大墓的分布情况完全一致。

4. 百辟刀归属的猜测

曹操曾经做过一篇散文《百辟刀令》。原文是：往岁作百辟刀五枚，适成，先以一与五官将，其余四，吾诸子中有不好武而好文学者，将以次与之。

百辟刀是曹操为宝刀起的名字，这个名字的寓意是辟除不祥。根据曹植撰写的《宝刀赋》，记录到几把刀的去处，一把刀送给了五官将曹丕，一把刀送给了曹植，一把刀送给了曹操第十子曹林。还有两把刀下落不明，鉴于西高穴1号墓和2号墓出土了两把特征一模一样的刀具，《曹操高陵》一书中，考古专家推测这是另外两把百辟刀。

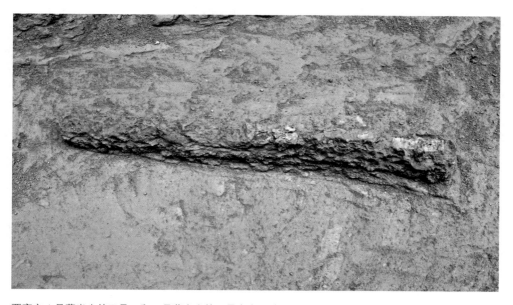

西高穴 1 号墓出土的刀具，和 2 号墓出土的刀具完全一致 潘伟斌供图

四、潘伟斌"再论"曹操墓

2019 年 3 月，潘伟斌在《中原文化研究》发表了题为"再论曹操墓"的学术论文，对曹操墓的学术价值和学术意义进行了梳理总结。该文同时被转载在中国社会科学网上。

这篇论文的几个重要观点如下：

1. 言而有信，曹操墓的发现证实了薄葬制度存在

历史上有很多君王宣称要薄葬，但是为了追求死后生活的奢靡，人们发现当年的他们言不由衷，开创"文景之治"的汉文帝就是其中之一，他当年曾要求对自己进行薄葬，此举受到历代儒家学者的推崇。但是最后依然逃脱不了厚葬的诱惑，据《汉书·文帝纪》的记载，当年文帝葬霸陵时尚动用 3 万余人，其规模之大可想而知。据《晋书·索琳传》记载，此墓葬早在西晋时就已被盗掘，当时传闻其陪葬品中有大量珍宝。

但是曹操没有说一套做一套，他确实是薄葬的"实践者"，而且这样的模式一直延续到子孙后代。

文章认为曹魏时代的薄葬制度有两大特点：第一是不封不树，地表上没有封土，陵墓前不树碑。这一时期的墓葬不仅在地表上未留下任何标记，更没有墓志等记述墓主人以及纪年等文字性的东西，通俗说就是看上去不像今天看到的各种坟墓。但是这种墓葬为判断墓主人身份造成了很大困难。这也是后来一些墓葬产生墓志的原因，至少在地下也要让那里的"人们"知道自己姓甚名谁。第二是随葬品皆以陶质明器为主，金银器十分稀少。

2. 填补教科书空白，曹操墓的发现学术意义重大

曹魏王朝介于汉晋两大统一王朝之间，相较于前面的东汉和后来的西晋，其存在的时间比较短暂，随葬品既有东汉时期的某些特征，又兼具西晋王朝的文化特征，过去学术界很难对其进行准确辨识，将其从东汉末年和西晋时代的文物中区别出来。关于曹魏时期的考古发现，在大学的考古专业教科书上，其一直是空白点。

这也是为什么在曹操墓发现之前，曹魏时期的墓葬很少被发现的主要原因。最

典型的事例便是洛阳地区发现的曹魏正始八年墓，其所属年代曾经引起了学术界的长期争论，有人认为其是曹魏墓，也有人坚持认为应该是西晋墓。如果不是西高穴大墓和西朱村大墓的考古发现，争议还会持续下去。

3. 曹操墓的出土文物超过千件，种类繁多

虽然曹操生前要求"无藏金玉珍宝"，实行薄葬制，也曾经遭遇过多次盗墓，但是出土文物却非常丰富，种类繁多。曹操墓中已修复的文物多达900多件，但这还远不是随葬品的全部，如果全部修复结束，估计文物数量会超过千件。

曹操墓出土的文物有以下几种：

标明曹操地位身份的文物，包括大量礼器，如圭、璧、鼎、卤簿、车、黄绫袍锦领袖、大型错金铁镜，以及标注有格虎大戟、格虎短矛、长犀盾、格虎大刀（盗走已被追回）等的大量石牌。

象征其权柄的文物，包括刀、剑等兵器，及绛色、绯色勋带两条；还有表明其生前职业特征的铠、铁镞、墨饼和陶砚等。

其生前"常所用"的文物，包括印符、渠枕（盗走已被追回）、铜钗、三珠钗、铜戒指、带钩、车、瓷器；工具类的有铁质剪刀、镊子、锤，微型刀、铁铲和类型

西高穴1号墓出土的石牌 潘伟斌供图

西高穴 1 号墓出土的帐构石牌 潘伟斌供图

繁多的刻刀。如果按照石牌中文字记载，随葬的其生前用品还有各种衣服、手巾、香囊、书案、屏风、木墨行清、槁蒲床、淶（漆）唾壶、刀尺、胡粉、文锟母、黄豆、姜函、水椀、文藻豆囊、衣枷、沐具、镜台、各种凭几、鐎（镫）萊薗、竹簪等。

曹操的葬具文物，如木棺、石棺床、帐幔、白缣画卤簿、簦、升帐、帐构、竹翣、水晶珠、玛瑙饼等，还包括入殓的各种殓衣、被子等。

为葬礼需要而专门定制的各种陶质明器，如豆、匏勺、鼎、甗、釜、仓、盘、碗、灶、案、熏、尊、漏勺、匕、叉、大小不等成套的陶耳杯（酒具），以及象征生活设施的陶井、陶圈厕等；潘伟斌推测这些陶质明器有可能就是文献中所记载的专门用来随葬在帝王陵墓中的所谓东园秘器。

※ 所谓东园是指汉朝专造王公贵族丧葬器物的官署，而秘器就是棺木。史书中东园秘器的记载很多。如《汉书·孔光传》载："及（孔）霸薨，上素服临吊者再，至赐东园秘器、钱帛。"《后汉书·和熹邓皇后纪》载："赠以长公主赤绶，东园秘器，玉衣绣衾。"《晋书·王祥传》载："诏赐东园秘器，朝服一具。"

大批刻铭的石牌，记录了随葬器物的名称和数量。这些应该是遣策（遗册）。这种以石牌形式出土的遣策，在我国尚属首次发现。

※ 遣策是古人在丧葬活动中记录随葬物品的清单。过去发现的遣策载体一般是竹简，如长沙马王堆一号汉墓遣策有竹简 312 支，记录的随葬物品有漆器、陶器、衣物、食物、乐器等。江苏海州西汉霍贺墓、海州网疃庄木椁墓、盐城三羊墩一号墓等出土木牍主要记录衣物的名称和件数。

4.年代问题的再探讨

曹操墓内出土有大量陶器，器物时代特征十分明显，具有某些典型的东汉末年文化特征，从而界定了该墓葬的时代不会早于东汉末期。但是个别陶器又兼具西晋时期陶器特征，比如陶质多子槅是西晋时期的典型陶器。但是，曹操墓内出土了一个圆形多子槅。西晋时期的多子槅多为长方形和方形，而曹魏时期的却是圆形。说明这类器物其实早在东汉末期及曹魏时期就已经开始出现了，并不是西晋时期产物，只是在西晋时期变得更加普遍和多样化，主流形状开始发生改变，由原来的圆形演变成了长方形或方形，并成为西晋时期的代表器物。但是器形不可能毫无征兆地在某个时段突然流行起来，都有一个肇始、发展到流行的演变过程。

西晋墓葬出土的陶质多子槅

西高穴大墓出土的陶质多子槅 潘伟斌供图

此外，曹操墓是一座大型多墓室砖室墓。潘伟斌认为这种结构特征与东汉时期高等级贵族墓葬完全相符，与西晋之后帝王陵墓的单室砖室墓有着明显的区别。近几年的考古新发现证明，曹魏时期的高等级贵族墓葬均为多墓室砖室墓，反映了这种传承关系。这些都决定了该墓葬的时代只能是东汉末年。

5. 文武兼备的帝王级人物，这样的墓主人很稀少

《三国志·魏书·武帝纪》裴松之注引《魏书》曰："太祖自统御海内，芟夷群丑，其行军用师，大较依孙、吴之法，而因事设奇，谲敌制胜，变化如神。自作兵书十万余言，诸将征伐，皆以新书从事。"这段文字很好地总结了曹操的一生，对其武功进行了高度评价。曹操不仅是一位优秀的军事统帅，屡建奇功，而且还著有兵书，是中国历史上著名的军事家、战略家。与此同时，他又是一位著名的文学家，以诗赋享誉天下。

西高穴大墓中出土的"墨饼"石牌
潘伟斌供图

西高穴大墓中出土的"书屏风"石
牌 潘伟斌供图

西高穴大墓中出土的"书案"石牌
潘伟斌供图

这两点在西高穴的这座大墓中均得到了印证，比如在该墓葬中出土有大量兵器，如铠甲、铁刀、铁剑、铁镞等，证明了墓主人"武"的一面；同时还出土有陶砚，从该墓出土的石牌记载内容中看，其随葬品中还有墨饼、书案、书屏风等。另外，在清代文渊阁《四库全书》所收陆云文集《陆士龙集》中的陆氏兄弟书信中，陆云看到了曹操墓中的遗物，包括琉璃笔、书刀等，还对其评论了一番。这是曹操"文"的一面。对此，文章认为，这印证了墓主人生前文武兼备的双重身份。这种兵器与文具同时在一座墓中出土，在以往的考古发掘工作中是绝少出现的，唯曹操墓所独具。

墓内还出土有"一圭四璧"等重要礼器，这是天子所独享的礼制，说明了墓主人是以天子的礼制规格进行安葬的。另外，无论从墓葬的规模、结构和建筑材料来看，也都是帝王级别的。大型错金铁镜为天子所用之物。从出土石牌中可看到，随葬物品中还有"卤簿""车""竹翣"等，这些都是安葬皇帝时的专用葬具和礼仪。能够享有这种天子礼遇安葬的人在当时也只有曹操一人而已。

所谓卤簿，就是古代帝王驾出时的仪仗队，汉代蔡邕《独断》卷下有这样的描述："天子出，车驾次第谓之卤簿。"《晋书·赵王伦传》也有记载："惠帝乘云母车，卤簿数百人。"

6. 大量古代文献的记载被印证

有关曹操墓的记载其实并不少，文中举了几个案例。

如建安二十三年六月，其为自己预制寿陵时曾下令曰："古之葬者，必居瘠薄之地。其规西门豹祠西原上为寿陵，……其广为兆域，使足兼容。"该条文献被称为曹操的《终令》。

再如建安二十五年正月庚子日，曹操临终前曾留下《遗令》曰："'天下尚未安定，未得遵古也。……敛以时服，无藏金玉珍宝。'谥曰武王。二月丁卯，葬高陵。"

《三国志·魏书·武帝纪》裴松之注引《魏书》载，曹操生前"常以送终之制，袭称之数，繁而无益，俗又过之，故预自制终亡衣服，四箧而已"等。

特别是，唐代李吉甫在其所编纂的《元和郡县图志》相州邺县条中也有记载："西门豹祠在县西十五里，魏武帝西陵在县西三十里。"根据《水经注·浊漳水》记

曹操高陵遗址博物馆展示的曹操高陵附近的地图

载："漳水又东径武城南。……漳水又东北径西门豹祠前。祠东侧有碑隐起，为字词堂，东头石柱勒铭曰：'赵建武中所修也。'"西门豹祠的故址在今安丰乡丰乐镇北丰村东，京广铁路与107国道之间。那里确实出土过《水经注》中所提到那块勒铭石柱，现收藏于邺城博物馆内，上面的铭文与《水经注》中所记载的文字完全一样，从而证明了西门豹祠遗址的位置是准确的。曹操高陵所在西高穴村，恰好位于西门豹祠西7.5千米处，而西门豹祠西距邺城的距离也恰恰在7千米左右，与《元和郡县图志》记载的方位、距离完全相同。

曹操在《终令》中强调了"因高为基"这一点。西高穴大墓所处的位置正是在一高台地上，台地海拔约105米，高出周围地面5米左右。与曹操在《终令》中所要求的地貌特征是相符的。曹操《终令》中提到了"不封不树"，在发掘过程中，墓葬开口的汉代地面上没有发现有过封土痕迹，在墓葬之前的神道两旁也没有发现树有石刻碑刻遗迹，也符合曹操《终令》的记载。

曹植在为其父亲所写的《诔文》中描述道："明器无饰，陶塑是佳。"而曹操墓中随葬有大量陶器，器形矮小，做工粗糙，均为素面陶。文章认为，这也证明了曹植当年《诔文》的正确性。

7. 纠正了历史上对曹操形象的歪曲

在传统文学作品和戏曲中，曹操多以白脸奸贼的形象示人，极力表现出他阴险毒辣、性格狡诈、上欺天子、下压群臣，是文学史上典型的反面人物。关于曹操的形象和品德问题，曾经引起史学界和文学界的极大争执。

文章认为，曹操墓的考古，还原了一个真正的曹操，曹操敢于实行真正意义上的薄葬制，具有很大的政治勇气和胆识。不仅说明他本质上是一个无神论者，根本不相信真有来世，而且证明他是一个十分节俭、体恤老百姓疾苦、非常现实的统治者。不封不树，节省了大量人力财力，可以用于国家统一，这应该是他一生的追求。

高陵出土的文物多为陶质明器，证明曹操并不是虚言。这一点证明了曹操是一个言行一致的政治家。这应该是曹操能够取信于人，迅速崛起，平定各地割据势力，挽救东汉大厦于将倾的关键因素。用唐太宗李世民的话来评价他："帝（魏武帝）以雄武之姿，常艰难之运，栋梁之任，同乎曩时，匡正之功，异于往代。"这些都充分说明了曹操本人应该具有较高的道德操守和人格魅力，仅靠一时的欺诈、奸猾，是不可能聚拢那么多优秀人才，紧紧团结在他的身边，帮助他成就丰功伟业的。

五、相关的对外交流活动

与曹操墓有关的对外交流活动近年来也开始进行。2019 年 7 月 8 日下午，"三国志展"在东京国立博物馆正式开幕。为了配合该次展览，在中国文物交流中心办公室主任孙小兵带领下，潘伟斌和几位同行于当年的 7 月 29 日—8 月 2 日前往日本进行学术访问和交流活动。

2019 年 8 月 1 日，三国文化学术座谈会在东京国立博物馆举行，潘伟斌做了题为"从安阳高陵看曹魏时期的薄葬制"的演讲。

潘伟斌演讲中还原了一个真实的曹操，他引用了大量文献资料来论证曹操至死都是一个有功于汉朝的忠臣，作为汉室的诸侯王——魏王，始终坚守着底线，他还用其陵墓中出土的大量文物加以佐证这一结论。汉献帝能够亲自参加他的葬礼，到高陵为曹操送行，就是对他的功绩充分肯定。由于曹操生前居功至伟，已取得与皇帝同等的礼遇，这一荣耀在其葬礼上和随葬品上有所反映，这合情也合理，也是朝廷所允许的，不属于逾制，这也是其葬礼有别于东汉其他诸侯王的一大特征之一。曹操陵墓内出土的魏武王石牌和石枕，证明了他去世时的级别是魏武王，出土的石圭、石璧都证明了他是以帝王一级的礼遇进行安葬的。他的继任者儿子曹丕，为了确立自己的正统地位，巩固刚刚承继的魏王位，堵塞政敌攻击，只能在行动中忠实继承父亲的衣钵，也就有了黄初三年，宣布《终制》这件事，推行了更加严厉和具体的薄葬制度。为了借此树立自己的权威，他以"先帝躬履节俭，遗诏省约。子以述父为孝，臣以继事为忠"的名义，下令将高陵内的殿屋全部毁掉这件事的发生。可以说曹操、曹丕父子是曹魏薄葬制度的制定者和完善者。

在本次座谈会上，潘伟斌回答了日本专家提出的曹操墓出土瓷器的原产地问题和曹操为何没有安葬在亳州曹氏祖茔的问题，这也是公众特别感兴趣的话题。

对日本专家提出的曹操墓中出土的南方瓷器为何会出现在北方的问题，潘伟斌给出的解释是：虽然当时南北三方存在军事对峙，但是在外交、经济、文化、商贸上还是有一定的交流，特别是当时东汉朝廷还存在，名义上还尊奉着朝廷，孙、刘政权向朝廷进奉贡品也是不能或缺的。史料记载，曹操与诸葛亮虽为政敌，但是出于外交需要，他们还曾互赠礼品。因此，南方窑口出产的瓷器流进北方也是有可能的。作为朝廷的执政大臣曹操，完全有机会和资格享用这些瓷器，因此，它们出现在曹操的陵墓中，不足为奇。

对于日本专家提出了曹操为何没有回葬到亳州曹氏祖茔的问题，潘伟斌给出的答案是：古代封建帝王之所以称自己为天子，都是一些自命不凡的人，他们认为自己与父母的关系是一种托体关系，自己是上天之子，只是依托父母的躯体降生到人世间，代表上帝来统治这个世界，是世上最高的主宰者。而他们的父母即使被自己追尊为皇帝，也是由于自己功劳所致，是因为他们与自己特殊的血缘关系，自己对父母养育之恩的回报。这种至高无上的理念决定了他们不可能回葬到自己的祖茔中去。因为如果他们死后回葬在祖茔中，虽然贵为皇帝，也必须遵守宗法制度。按照

"三国志展"观展的日本市民 潘伟斌供图

宗法制度，父母和祖先都是自己的长辈，地位高于自己，因此，他们必然要占去祖茔中的尊位，而作为晚辈的自己，只能屈居于卑位，这是他们所不能够接受的，尤其是那些心高气傲的开国帝王，更不会做那种自降身份的选择，这也是出于政治的需要。故所有的皇帝都会选择在异地修建自己独立的陵园，成为自己陵地的主人。这些帝王陵园一般都是规模宏大，坟丘高耸，以突出自己至高无上的权力和天下之主的崇高地位。不仅帝王们如此，诸侯王一般也不会选择回葬到自己家乡的祖茔中去，而是葬在自己的封国内，建有自己的独立陵园，因为封国就是他们的家，守土有责是朝廷的要求和他们的天职。作为一代雄杰，曹魏王朝的奠基者曹操，更不可能选择回葬到自己家乡的祖茔中去，这既是封建礼制的需要，也是上述道理使然。

日本的"三国志展"参观人数突破 10 万人，为了加强宣传，扩大"三国志展"的影响，推进中日之间学术交流，增进两个学术界的相互了解，应九州国立博物馆的邀请，潘伟斌于 2019 年 12 月 13—17 日前往九州国立博物馆进行学术访问，他在九州国立博物馆做了题为"安阳曹操高陵的发现与洛阳西朱村曹魏大墓"的学术报告，介绍了曹操墓的考古发现成果和洛阳西朱村曹魏大墓的有关情况，及两座墓对比研究成果。

日本观众对曹操高陵也给予了极大关注，300 张门票被一抢而空。《朝日新闻》等多家媒体都进行了专题报道。77 岁的日本全国考古学会会长高仓洋彰亲自赶到博物馆看望潘伟斌。

之后，潘伟斌又参加了九州国立博物馆与东京国立博物馆、九州大学联合举办的"铁镜研讨会"，对曹操墓出土的铁镜与九州国立博物馆珍藏的"金银错嵌珠龙纹铁镜"进行了对比研究，同时，对铁镜产生的历史背景、原因、制作工艺和程序、外播途径、铁镜在古代镜子发展历史中的重要地位、等级划分、错金银铁镜使用者层级的界定，以及保护方法进行了深入研讨。结合史料记载当时魏明帝曾经接见过日本使者这一历史事件，中日学者认为九州国立博物馆珍藏的"金银错嵌珠龙纹铁镜"这面铁镜极有可能来自中国，有可能是曹魏皇室赐给日本使者的礼品。

潘伟斌在九州国立博物馆做学术报告

西高穴大墓中出土的错金铁镜 潘伟斌供图

六、一位考古工作站站长的回望和澄清

2018 年 5 月 31 日 21 点，中国社会科学院考古研究所研究员、中国社会科学院考古研究所安阳工作站站长唐际根博士，应掌上国学院"新国学公益讲座"邀请做了题为"九年前安阳高陵事件与曹操墓今日状况"的演讲，9 年前，他曾经在凤凰卫视《一虎一席谈》的节目"PK：安阳曹操墓是真是假？"中担任正方代表，支持西高穴大墓就是曹操墓的观点。

在演讲中，他透露，2009 年年末，整理的时候发现这个墓葬出土的文物有金银类的，有玉器、石器、铜器、铁器、陶瓷，还有骨质的器物和漆木器等，当时认为总数是 400 多件，后来整理完有 600 多件。现在为止整理出来的这个墓葬一共出了 900 多件文物。

时隔 9 年后，唐际根也讨论了一下当年质疑曹操墓的舆论倾向。他把当时对"曹操墓事件"的质疑分了几类。第一类质疑是说整个墓葬都是假的，都是造的假。这样一个墓葬造假不可能，没有人能够造一座完整的墓葬，把它说成是曹操墓；第二类质疑是这个墓葬是真的，但是里面的关键文物造假了，比方说石牌，认为石牌是假的；第三类质疑是墓葬为真的，墓里的文物也是真的，可是学术界在认定曹操墓的时候出现了学术失误；第四类质疑认为反正不着急，不要认定算了。

唐际根重点回答了石牌造假的质疑，他解释说，以"魏武王常所用格虎大戟"为例，对它造假是非常难的。看着是一块牌子，但这个牌子是非常复杂的，包括这种牌子的材料、这种牌子的工艺、这种牌子的字体。要造假每个方面都要对上，比如第一，牌子的材料要对得上。第二，牌子的工艺。第三，这个牌子穿的链子。第四，这个牌子的字体、字的结构还有字所形成的概念，还有每个概念背后的文化，造假全要造对。再加上牌子出土的时候还必须是很多人在场挖出来，而且这些人全都要做假证。加上墓里出的牌子还有地层关系，有些牌子是一种物书，比如说"镜台一"会形成一个组合关系，牌子上提到了镜台，意味着你不仅仅要造这块假牌子，你还要造一块铁镜给配上，这叫组合关系。所以，表面是一个牌子，看似很容易造，实际背后是极其复杂的事情。

当时有很多专家对西高穴大墓挖掘出厕所和猪圈的情况提出了质疑，认为出猪圈、出厕所就不会是高等级的墓葬。唐际根回应说，真正的考古研究表明，所有出猪圈的墓葬恰恰是等级高的墓葬，南京师范大学一个硕士研究生统计了大批的汉代墓葬，发现绝大多数高等级的墓葬都有猪圈。几乎所有的王陵都有猪圈。恰恰是最普遍、最低级的墓葬是没有猪圈的。所以，有猪圈是身份高的标志，而不是身份低的标志。

还有当时有人质疑曹操为什么不会埋在安徽亳州老家？唐际根的回答与潘伟斌不同。他说：在213年，曹操被封为魏公，216年曹操晋升为魏王。213年曹操封为魏公的时候，他的封地就在河北南部、河南北部。晋升为魏王的时候，追加了10个县，封地一直在河北、河南这一带，所以，他死了以后，应该葬在自己的封地。而他的老家亳州已经不是他的封地了，是整个曹操所控制地方的前线，那个地方跟东吴对峙，东吴大将朱然后来守在马鞍山一带，安徽北部离战场很近。曹操死了之后只能埋在自己的封地上，所以埋在安阳是再正常不过的。

第二节　人类将如何审视自己的历史和未来

关于曹操墓的争议已经淡出了舆论的视野。2023年4月29日，安阳曹操高陵遗址博物馆正式面向公众开放，自曹操墓出土的488件（套）精美文物首度在世人面前亮相，众多历史爱好者蜂拥而至，一睹文物的风采。

但"曹操墓事件"给我们留下了太多的思考，如何更好地迈向未来，这可能需要对这段过往细致梳理和深入探究。

一、一个疑惑，为什么西高穴大墓"阴谋论"的推断被广泛认同

经历了多年的争论，后续考古发掘的证据也逐步浮出水面。今天，西高穴大墓的主人归属问题，各界已经基本认同，它就是曹操墓。

但是我们无法忘怀，在2009年12月29日曹操墓被发现的新闻刊发后的10多年中，多次出现质疑的浪潮，多次成为社会新闻的热点。直到近年，争议之声才慢慢平息。一开始的争议只是聚焦于学术讨论，之后各种阴谋论就接二连三被抛出来，出现了口诛笔伐。2010年9月，新浪网的调查显示：高度关注和关注曹操墓的被调查者比例高达90.1%，不知道曹操墓的仅为0.7%。而腾讯网的调查则显示：认为曹操墓是假的受访者比例高达80.7%，相信曹操墓为真的仅为19.3%。

在历史的长河中，流言和谣言从来没有间断过，阴谋论的产生和发酵事实上是一件值得探究的事情，虽然看似纠缠不清的各种缠绕，但是慢慢揭开迷雾，却是有迹可循，有理可溯。曹操墓的"阴谋论"谣言同样也是如此。

曹操高陵遗址博物馆场景

1. 时代环境下的产物

2009 年，中央电视台《百家讲坛》易中天《品三国》节目带来的"三国热"依然在全国风行。自从 2006 年这档节目开播，就吸引了全国人民的目光。易中天生动、幽默的讲解，让全国人民沉醉于三国时代的金戈铁马和弯刀长弓中，节目对曹操人生的讲解，是系列节目中的点睛之作。三年后，曹操人物形象依然活跃于观众的心中，曹操人生中的各个瞬间，普通大众几乎是耳熟能详。2009 年年末，曹操墓被发现的消息会引发如此大的关注度，这与该节目带来的社会影响的知识铺垫密不可分。

2009 年是一个特殊的年份，2008 年的金融危机席卷全球，中国经济增速回落，出口出现负增长。为了应对这种局面，中国政府于 2008 年 11 月推出了进一步扩大内需、促进经济平稳较快增长的十项措施，总计投入了 4 万亿元，各地政府都在积极寻找刺激经济和恢复经济的办法。

21 世纪初，旅游经济还是非常受人瞩目的，湖南的凤凰古城、海南的三亚等都是依靠旅游经济的发展实现了城市的繁荣，当然今天还是如此，但是因为目前老百姓自主选择的增多，以及旅游市场的繁荣，一个景点的轰动效应远远不如十几年前。

令全国人民印象深刻的还有 20 世纪 80 年代平遥古城的保护，平遥古城始建于西周时期，距今已有 2 700 多年历史，6.4 千米长的古城墙内，完好围护着一个研究中国文化、社会、经济、宗教发展历史的"活样本"，是明清时期（14—20 世纪）中国汉民族城市的杰出范例。此外，平遥古城还是古代发达的金融城市，清道光三年（1823 年），中国第一家现代银行的雏形——日升昌票号就诞生在这里。当时，"平遥县总体规划"出炉，要在古城内纵横开拓几条大马路，古城中心开辟出一个大广场，纵横开拓了几条大马路，原有的市楼周围要造环形的交叉口，还要建设新的商业大街。同济大学教授阮仪三带着很多学生跑过去，及时阻止了平遥古城城墙的拆除，留下了"刀下留平遥"的美谈。

塔西佗陷阱，得名于古罗马时代的历史学家塔西佗，后被引申为一种社会现象，指当政府部门或某一组织失去公信力时，无论说真话还是假话，做好事还是坏事，都会被认为是说假话、做坏事。在类似塔西佗陷阱的情况下，当曹操墓的新闻袭来，因为延续的思维惯性，人们对安阳市政府和考古界的表现持质疑的态度。"曹操墓事件"中，各种热点此起彼伏，最后几乎成了社会情绪的宣泄口。这就如同布坎南在《隐藏的逻辑》里曾经说过：阴谋的说法之所以流传开来是因为它们所暗示的事，让人从心理上更容易接受！在社会情绪"共鸣"作用之下，阴谋论往往会形成"社会流瀑效应"。这也是我们在10多年后才能窥见和得以理解的。如果曹操墓的公布发生在20世纪末或者10多年后的今天，也许不会出现类似的情况。

2. 媒体未站在应有的层面去探讨这一历史问题

为什么对于曹操墓真假，社会舆论的质疑声四起？媒体的报道质量不佳也是一个原因。

首先，可能因为地区之间旅游产业存在竞争，河南周边省市媒体刊发的曹操墓的新闻报道持有质疑的态度。

其次，一些媒体人未遵循客观、公正、真实、全面的新闻准则，盲目下了结论，从一开始就设定了负面的宣传导向。

第三，部分媒体主观倾向明显的报道偏离了考古学范畴，对新闻信息及来源没有甄别和筛选，导致公众对曹操墓的认识出现偏差。

武汉大学博士生熊英就70余家媒体361篇曹操墓的报道分析后发现：各个媒体的立场从一开始就出现了分歧。她的数据来源是新浪网新闻中心收集的"河南安阳曹操墓遭质疑"专题。该专题刊登了2009年12月17日—2011年6月10日的361篇新闻报道，其中中国新闻网有50篇，新华网有34篇，《燕赵都市报》有19篇，《郑州晚报》有18篇，《大河报》有17篇，《京华时报》有16篇，《河南商报》有14篇，《东方今报》有12篇，《法制晚报》有12篇，中广网有11篇，《重庆晚报》有10篇，《新京报》有10篇。根据统计，新华网在曹操墓的报道上消息来源数量明显偏向支持该墓认定为曹操墓的一方。河南地区媒体如《郑州晚报》《大河报》《河南商报》等媒体在消息来源方面，选用的都是偏向支持认定曹操墓的消息来源。

最有意思的是某河北地区媒体，其选用的消息来源全部是质疑曹操墓的。在19篇报道中，消息来源分布为：现场观察1篇，电话或短信4篇（其中北京师范大学魏晋史博士、《颠覆曹操墓》作者张国安 1 篇，河北学者闫沛东 3 篇），微博或博客 3 篇（其中闫沛东微博 2 篇，邯郸文化学者"山尖子" 1 篇），专家个人 11 篇（其中河北律师韩甫正 1 篇，河北邯郸曹操墓研究专家刘心长 6 篇，南京书法家反曹派人士李路平 1 篇，闫沛东 1 篇，河南省文物考古研究所副研究员潘伟斌 1 篇，河北邯郸文物局局长王兴 1 篇）。安徽媒体的情况也类似。[3]

曹操墓的报道中，一线深度客观性的调查性报道并不多见。在关于曹操墓的 361 篇新闻报道中，所用采访方式数量及占总篇数的百分比为：电话采访 14 篇，占总篇数的 4%；通过互联网络进行资料的获取 15 篇，占总篇数的 4%；参加新闻发布会及有关会议 45 篇，占总篇数的 12%；综合分析加工其他报纸消息而不进行任何采访 72 篇，占总篇数的 20%；文中无法获知记者的采访方式的有 118 篇，占总篇数的 33%。在有关曹操墓的 361 篇新闻报道中，深入现场查证（包括通过与当事人面对面进行交流采访）97 篇，仅占总篇数的 27%。[3]

比较遗憾的是，在关于曹操墓的新闻报道中，始终没有一家媒体沉到第一线进行细致深入的调查性报道。

另外，一些有影响力的媒体对曹操墓的报道也呈现出一边倒的质疑。2010 年 1 月 15 日，某报刊发的题为"'曹操墓'果然未能盖棺定论"的稿件就言辞尖锐，文中写道，"文化搭台、经济唱戏"现象近年来在一些地方不断上演，遗迹、故里、墓地等纷纷成了吸引眼球、大搞旅游开发的噱头。"曹操高陵"刚被"确认"，当地有关部门便准备借此打造旅游景点，并着手规划建设"博物馆"，据说收益"每年可达 4 亿多元"，而另一些地方或者声称发掘当地的"曹操墓"，或者要与安阳"联手打造曹操旅游文化区"。考古和文化一旦成了某些地方借机博取 GDP 的道具，一些"断语"的可信度不免也要大打折扣。2010 年 8 月 27 日某报刊发的题为"曹操墓：石牌花 170 元买的？"的批评性报道，引用了后来证明是网上通缉犯的闫沛东的说辞。文中写道："近日又有学者闫沛东曝内幕：经过考察，他发现考古队宣布的出土文物石牌、画像石等，都是在南阳地下造假工厂生产出来的，在当地定制这种石牌，只需花 170 多块钱。"最后的结论是："所以，曹操墓被质疑是专家和地方政府联合上演的一出戏，自然不会让人意外。眼下之计，考古工作者应当自觉地与地方利益作切割，埋首不闻窗外事，站在客观、专业的学术立场上，好好搞清楚这处墓葬的底细，给公众真正权威的科学结论。此外，抱有责任意识的专家以及公众舆论，也应打破砂锅问到底，穷追不舍，不要给学术骗子有戏弄大众的机会。"

当时还有诸多考古领域的阴谋事件被拿出来解读，如臭名昭著的英国皮尔唐人骗局，日本考古学家藤村新一的考古造假事件。

最让人忍俊不禁的是当跳出来一个号称有造假证据的闫沛东时，一些记者在没有搞清楚此人的真实身份，没有任何事实调查的情况下，给了他极高的采访待遇，这对西高穴大墓的考古人员和河南方面的政府官员来说，着实是很不公正的。

刘庆柱在接受采访时表示，他至今对当年某些媒体预设阴谋论导向的采访报道仍心有余悸。

事实上，这种重大题材的考古类的新闻并不难做，但是需要耗费时间和精力，记者需要认真研究当时的考古记录，必要时到考古现场跟着考古人员实地走访，不仅要采访曹操墓质疑方，还要采访曹操墓认可方的意见，站在较高的立意和高度来审视这场重大考古事件，把内容做深做实，必要时还可以做系列深度报道和后续深度报道。

3. 帝王级规制特征的关键线索被考古部门和媒体忽略

值得一提的是，受到一些因素的干扰和制约，不少有分量、切中要害的考古资料没有及时向公众发布，没有及时回应媒体的质疑。

政府部门面对舆情的能力有待提高。学术团队的表现存疑。虽然他们是考古方面独树一帜的专家，但是他们不是宣传领域的能人。在 2009 年年末发布曹操墓被发现的新闻，中国社会科学院和当地的考古部门没有将曹操墓判定的考古事实和依据很好地展现出来。六大事实依据的表述中均没有将文物之间的关联以及文物的背景材料讲清楚，读起来很生硬，容易引起误解。这些问题虽然形成了完整的证据链，但是显得薄弱，可以作为内部学术讨论的依据，或者向上级领导汇报的普通材料，但是拿出来应对媒体和公众，显然有点站不住脚。媒体和公众毕竟不是考古学家，对考古的基本原理和论证方法不甚了解。

中国社会科学院的专家们不断在各大媒体刊发文章，这些学术性的文章可读性不强，没有产生很大的影响力，被淹没在众多报道中。

在新闻传播中，要让大众快速信服的是一些信得过的证据以及详尽的解读和分析。因为曹操墓的特殊性，它的认定是由证据链组成的。首先是从考古学上看，大墓的面积和规格是那个时代最大的，三国时期，战争不断，社会动荡，380平方米的墓室面积在东汉末年是一个超级大的体量，绝非一般人可以获得。其次，大墓中有很多帝王级文物出现。第三，出土的器物规格不同寻常，东汉末年的风格十分显著。第四，鲁潜墓志的佐证，而西门豹祠遗址位置是确定的，大墓位置与大量文献相符。第五，从地理角度看，大墓也不可能是十六国之后秦皇子姚襄和冉魏"武悼天王"冉闵的墓地。第六，古邺城有两座帝王级的陵墓，鉴于西晋末年的八王之乱和西晋帝陵的规模，大墓也不是曹魏末代皇帝的王原陵。第七，大墓中没有印玺是因为曹操下葬就要求"玺不存身，唯绋是荷"。第八，小石牌真正的名称是"遣策"，遣策是古人在丧葬活动中记录随葬物品的清单。目前来看，这种石牌样貌的"遣策"只能被放置在曹魏帝王级陵墓中。洛阳西朱村大墓出土的大量类似的石牌是最有力的佐证，该墓也是一座帝王级的曹魏大墓。第九，曹操不安葬在老家亳州是因为遵守宗法制度。按父母和祖先都是自己的长辈，地位高于自己，这是曹魏王朝的奠基者曹操所不能够接受的。另外，其封地一直在河北、河南这一带，老家亳州是曹魏与东吴对峙的前线。（参见附录二）

二、一种遗憾，全民参与的热情背后是考古科普的缺位

考古发掘从本质上说是一种探寻历史真相，改写历史的过程，它不仅和考古专业人才相关，还和整个社会群体的历史认知有很大关联度，大量的考古学研究资料和知识不仅有助于大众了解民族的过往，还成为人们集体认同的知识基础。

考古学在很长一段时间内都是专业人员的工作，考古学和公众的关系在很长一段时间内被绝大多数考古学家所忽略，考古似乎是一件很神秘的工作，它们和普通老百姓相距甚远，偶尔有考古新闻出来，也是介绍性和单向型告知的模式，考古的

细节一般都不会告诉公众。直到 20 世纪 70 年代和 80 年代，公共考古学才开始建立，倡导者主张考古学应当与更广泛的社会群体建立联系。日本的考古发掘工地定期举办面向当地民众的考古新闻发布活动；美国的考古工地也有"考古节"，向公众开设各种考古讲座。中国的考古工作也在拉近与公众之间的距离，大量的考古直播节目孕育而生。

在西高穴大墓发掘的过程中，虽然争议不断，社会关注度高涨，但是事实上这对考古研究者来说，是一个进行科普的好机会。2010 年 6 月 12 日，中央电视台科教频道直播曹操高陵发掘，是一次很好的实践。

这样的考古科普如果能继续下去，能够接纳公众的访问，能够把考古结束后推理出曹操墓的全过程开诚布公地展现给公众，那就是一个宣传和科普的绝佳案例，既可以平息外界的各种质疑，又可以普及考古知识，可以充分调动青少年学习历史的积极性。

笔者有时会有些感慨，如果当时有一些资深记者介入当时新闻发布工作中，整理相关证据，把考古的知识展现在公众面前，还会有之后铺天盖地的舆论浪潮吗？如果他们当时邀请公众代表走进西高穴大墓，耐心地一一讲解，细细评说，结果会如何？当时负责西高穴大墓的考古部门疲于应付来自各界的质疑声，有理有据、证据充分，却十分无奈。曹操高陵的考古工作丧失了一次绝佳的全国性的考古科普良机。

值得一提的是，殷墟遗址非常成功地开展了开放式的科普探索。多年来，通过对安阳殷墟国家考古遗址公园、安阳殷墟遗址博物馆的建设，以及举办中国汉字大会，打造出殷墟文化遗产价值传播的平台。管委会开发特色研学旅游，策划特色传播活动，通过开发科普应用、影视节目等创新传播手段，不断助推殷墟遗址文化遗产的科普工作，提高公众的参与度，得到了广泛的社会认可度。相信近在咫尺的殷墟遗址的考古科普的成功实践，未来会对曹操高陵遗址博物馆的发展带去诸多有益的经验。

三、一段惊喜，基因科学科普工作在全国范围内兴起

复旦大学的介入是"曹操墓事件"中一个最大的亮点，因为对曹操 Y 染色体的

推断式测定工作，基因科学的科学普及工作在不经意间全面开花，因为科学家的坦诚以待，和各大媒体的真诚介入，基因科学的科普工作推进地格外顺利。在破解曹操Y染色体之谜的过程中，复旦大学数次召开的新闻发布会，都引来媒体热情的报道，每一次都掀起了全民基因科学的大探究浪潮。不仅基因科学的新闻内容在各大媒体上出现频率很高。复旦大学的科研人员在这十多年中进行的基因科学的科普讲座的人气也是超乎寻常高。

正是因为这大量的基因科学的科普工作，我们对人类的遗传基因有了深入的了解，通过Y染色体可以追溯父系的遗传谱系，通过线粒体可以追溯母系的遗传谱系。

曹操的Y染色体类型揭秘的同时，复旦大学历史系的韩昇教授和生命科学学院的李辉教授的科研团队还破解了很多千古之谜，他们将事实告知公众，夏侯氏和曹氏没有血缘关系、曹操家族和曹参家族没有血缘关系、操姓人群与曹操家族没有血缘关系。复旦大学科研团队还根据曹操Y染色体研究的科研成果揭开了中国历史上其他的传承之谜。

而短短数年间，原本神秘的基因检测已经开始进入我们寻常人的生活。

基因测序需求虽然井喷，但是社会上也有很多质疑的声音，其中一个最大问题就是受检者对自己是否存在与某种严重疾病有关的基因过度关注，有些人虽然携带这些易感基因，但是绝大多数人终身不会发病，但是他们一旦获知自己的情况，心理负担就会直线上升，这样的获知对他们未来的人生真的就有好处吗？

复旦大学校长金力对基因检测表达了看法：目前人体全基因组检测的市场价格已经大大降低，花上几千元就可以完成检测，但是科学界内部对此有很大争议，因为就算检测出来基因有某些缺陷，但是他们也有可能终身不发病，一旦检测出来，会造成其情绪巨大波动，带来不良的影响。但是这不是人类全基因检测的问题，而是是否已经能够确定某些基因与疾病，或者易感疾病有密切关系。当技术确立，结果可信可靠后，这件事是完全可行的，前提是要把所有疾病与基因之间的关系进行破解。但是，我们还要考虑基因检测如何走向社会，为公众去服务。因为疾病与基因的关联度不是百分百的，只能说有多大的可能性，这个时候服务提供方怎么说，说什么非常重要，要让公众正确地理解自己的全基因检测报告，不要过度焦虑。[4]上海交通大学的贺林院士近年来就不断在呼吁建立遗传咨询师队伍，这个队伍可以帮助公众对基因检测进行正确的解读，减少不必要的焦虑。

四、一种感受，警惕书斋主义，防范科学主义

在曹操墓的争议中，基因科学的神秘面纱不断被揭开，人类内在的神秘密码已经不再神秘。过去，考古依赖于文物，依赖于文献，而今天随着体质人类学技术和分子生物学技术的发展，自然科学与历史学科正在史无前例地亲密靠近。

在中国的历史上，史书相互矛盾的情况时有出现，例如两本有名的史书《竹书纪年》和《史记》，它们关于禅让制度的叙述有很大的差别。但是，科学是不会说谎的，它会客观地还原一段历史事实。

但是值得警惕的是，在我们无限推崇基因科学的时候，一股科学主义的思潮也在向我们涌来。

科学精神包含求真、理性、创新、怀疑和批判等精神，代表的是一种工具理性。在人类早期的文明中，科学、技术、艺术、人文是一体化的，一直到西方理性主义兴起，科学与人文才开始分离。随着科学技术的发展，科技成果大大改变了世界的面貌，也让很多人开始对科学有了狂热的崇拜，认为科学无所不能，科学主义开始抬头，科学开始偏向"宗教化"的一个极端。中国的国粹中医药在科学主义的浪潮中，屡次遭遇"废医验药"的错误观点的攻击，令人扼腕和感叹。

在今天这样的一个时代，无论是科技工作者，还是科技传播者，我们需要满怀人文主义的思想，去追寻和普及科学真理，去了解一段历史，去解开人类自身的秘密，终极目标是更好地面向未来的世界，为全人类谋取福祉，科学虽然是理性的，但更是充满伦理和富有温度的，它的内在应该如同和煦的春风一样，惠及苍生。

五、一份欣慰，科学人文力量彰显，在迂回曲折中终将拥抱光明

在成功地破解了曹操 Y 染色体单倍群的秘密后，复旦大学多学科团队的脚步并没有停歇，他们不断通过现代生物技术和历史文献研究的结合，对中华民族的历史融合、演变发展的脉络展开研究，破解了中国人的祖先疑团、元代政治家赛典赤和

明代航海家郑和的家族起源、清朝皇室爱新觉罗家族起源、北魏皇室拓跋氏家族起源、司马氏家族起源、敦煌佛爷庙湾古墓群人群来源、河西走廊"古黑水国"人群身世之谜等一系列传统研究无法解答的历史谜案。

2018 年 1 月 20 日，复旦大学人类遗传学与人类学系正式成立。同年 10 月 31 日，第二届国际人类表型组研讨会在上海开幕，"人类表型组计划国际协作组"和"中国人类表型组研究协作组"宣告成立。2020 年 12 月 13 日，"一带一路"人类表型组联合研究中心在上海揭牌。中国科学家希望通过全景表型测量与数据汇算分析，帮助人们最终弄明白从基因到各尺度表型特征的关联机制及其对人体健康与疾病的影响。人类表型组计划的科学发现，最终将支撑人类更加精准地干预和治疗疾病，调控和管理健康。2021 年，全球首张"人类表型组导航图"已在中国初步绘制完成。

2021 年 3 月 30 日，复旦大学牵头进行的国家社科基金重大项目"三到九世纪北方民族谱系研究"正式启动。包含历史学、考古学、遗传学、民族学、语言学等不同学科背景的研究团队参与到项目的研究中，在相关人群中进行比较、分析，试图追踪中华民族的形成、演变与发展过程。

曹操遗骨鉴定也许在不久的将来会提上日程，喧嚣背后的真实解答不是一种终结，这只是科学牵手历史学科，服务社会发展，服务人类进步的历史长河中的一个小片段和小插曲。

德国小说家、诗人和散文作家，诺贝尔文学奖获得者赫尔曼·黑塞（H. Hesse）曾经说过："迂回曲折的路才是我想走的路，而每次的歇息，总是带来新的向往。"在遭遇黄州之贬后的第三个春天，北宋文学家、大词人苏轼在经历了一场突如其来的大雨后，写下了脍炙人口的《定风波》："莫听穿林打叶声，何妨吟啸且徐行。竹杖芒鞋轻胜马，谁怕？一蓑烟雨任平生。料峭春风吹酒醒，微冷，山头斜照却相迎。回首向来萧瑟处，归去，也无风雨也无晴。"

伴随着科学的春风，满怀着从容与豪迈之情的人类将在征途中不断审视自己，不断穿越幽暗，走向更加光明的未来……

参考文献

［1］ 桂娟. 曹操高陵被证实曾遭有计划毁陵或与其子曹丕有关［EB/OL］. 中国网，2018-03-01［2022-05-07］.https://guoqing.china.com.cn/2018-03/01/content_50628564.htm.

［2］ 吴金华. 高陵一号墓墓主的第四种推测：曹冲［N］. 文汇报，2010-06-19（学林版）.

［3］ 熊英. 试论复杂事件新闻报道真实性的维护——以曹操墓新闻报道为例［J］. 新闻知识，2012（6）：24-26.

［4］ 吴苡婷. 复旦副校长金力：情怀和责任并重 基因科学应对全人类负责！［EB/OL］. 搜狐网，2017-12-03［2020-11-22］.https://www.sohu.com/a/208078371_334409.

大事记

公元前 439 年，魏文侯封邺，把邺城当作魏国的陪都。

公元前 422 年，邺令西门豹打造引漳十二渠，即以漳水为源的大型引水灌溉渠系，其后被称为西门豹渠。

197 年（建安二年），长子曹昂随曹操出征张绣，张绣投降。张绣后偷袭曹操，曹操战败，其坐骑绝影因伏击而亡。曹昂将自己的战马让给父亲，最终战死，遗骨都没被寻到。

204 年（建安九年），曹操击败袁绍，攻入邺城，后开始大规模修建邺城。

218 年（建安二十三年），曹操写《终令》，其中称："古之葬者，必居瘠薄之地。其规西门豹祠西原上为寿陵，因高为基，不封不树。"

220 年（建安二十五年）正月二十三日，即公历 3 月 15 日，曹操在洛阳去世，谥号"魏武王"。遗体由夏侯尚、贾逵、司马懿等护送到魏王的国都邺城，事先营建的墓地在邺地西陵。下葬的时间是二月二十一日（丁卯），即公历 4 月 11 日。曹操临终前有《遗令》，明确了要穿着平时衣服入葬，不要珠宝陪葬，要葬在西门豹祠附近，还特意叮嘱了家眷，"汝等时时登铜雀台，忘吾西陵墓田"。

222 年（黄初三年），曹丕称帝后下诏要求"高陵上殿屋皆毁坏"，目的是"以从先帝俭德之志"。

260 年（魏甘露五年）五月，20 岁的少帝曹髦，举兵反抗权臣司马昭，被杀死。司马昭选择 15 岁的少年曹奂来当傀儡皇帝，特派长子司马炎前往邺县，迎接曹奂到洛阳。

265 年（咸熙二年），曹奂退位改封陈留王之后，回到 5 年前长期居住的邺县。他明确受命，居住在原来曹操当魏王时留下的宫殿内。

291 年（晋永平元年），西晋八王之乱开始，持续了 16 年，一直到 306 年结束。这是中国历史上最为严重的皇族内乱之一，当时社会经济遭到严重破坏，直接导致西晋亡国以及近 300 年的动乱。

298 年（晋元康八年），陆机刚刚以台郎出补著作郎，有机会在秘阁翻阅旧时的各种文献。他意外发现曹操《遗令》，读后不禁为之动容，写下名篇《吊魏武帝文》。

299 年（晋元康九年）四月，邺人张承基等妖言署置，聚党数千，疑似利用曹操的亡灵动员邺城当地的民众，后被逮捕诛杀。叛乱图谋平息后，为破除"妖言"、震慑叛乱者、铲除叛乱者的精神寄托，成都王司马颖派人毁曹操高陵，并毁三台上的曹操纪念性建筑平夷堂。

302 年（晋太安元年）二月至 303 年（晋太安二年）十月期间，陆云在邺城任司马颖的大将军司马。他以公务巡察邺城，发现有关曹操遗事、遗物、遗迹，常以书信告知兄弟陆机。

302 年（晋太安元年），曹魏陈留王曹奂去世，时年 56 岁。

307 年（永嘉元年），西晋诗人张载辞官归隐，不久做《七哀诗》，其中写道："北芒何垒垒，高陵有四五。借问谁家坟，皆云汉世主。"

345 年（晋永和元年），后赵的太仆卿、驸马都尉鲁潜去世，留下的鲁潜墓志记载了魏武帝曹操墓的所在位置。

352 年（晋永和八年），冉魏皇帝冉闵突围不遂，为前燕皇帝所擒，斩于遏陉山，安葬在辽宁省朝阳市附近。冉闵后被追谥为武悼天王。

357 年（升平元年），后秦姚襄在三原之役被前秦第三位皇帝苻坚所杀，亦被苻坚埋葬。姚襄其弟是后秦开国皇帝，他称帝后，追谥兄姚襄为魏武王。后秦帝国最鼎盛时，势力也未发展到邺城地区。另外，三原之役的发生地是陕西省咸阳市三原县，距离当时的邺城路途遥远。

580 年（北周大象二年），杨坚为了打击反对自己的势力，下令火焚邺城，之后又下令拆毁邺城，举世闻名的邺城就此没落。

813 年（唐元和八年），李吉甫编纂《元和郡县图志》，其中提道："西门豹祠在县西十五里，魏武帝西陵在县西三十里。"

977 年（太平兴国二年），李昉、李穆、徐铉等学者奉敕编纂的《太平御览》成书，《太平御览·卷九十三·皇王部十八》收录了《唐太宗皇帝祭魏武帝文》。

1063 年（嘉祐八年），北宋政治家、文学家王安石在出使辽国后，返程途径古邺城，写下《将次相州》。诗云："青山如浪入漳州，铜雀台西八九丘。蝼蚁往还空垄亩，骐驎埋没几春秋。"北宋文学家李壁为这首诗中的"八九丘"做注："余使燕，过相州，道边高冢累累，云是曹操疑冢也。"这就是曹操七十二疑冢之说的出处。

1084 年（元丰七年），司马光主编的《资治通鉴》完成。《资治通鉴·魏纪》中注明曹操高陵在邺城西。《资治通鉴·唐纪十三》记载：贞观十九年，上至邺，自为文祭魏太祖。

1195 年（庆元元年），南宋学者王明清完成《挥麈录》。其《前录》卷中提到，祖宗朝重先代陵寝：每下诏申樵采之禁，至於再三；置守冢户，委逐处长吏及本县令佐，常切检校，罢任有无废缺，书于历子。该卷明确指出，魏武帝葬高陵，在邺县西；陈留王葬王原陵，在邺县西。

1486 年（成化二十二年），《河南总志》编纂完成，卷十《彰德府》记载："西门大夫庙有二，一在安阳县北大夫村，北齐天保间建。一在临漳县西南仁受里，创始未详，后赵石虎建。"

1854 年，奥地利生物学家孟德尔开展杂交实验，研究植物的遗传规律。

1944 年，美国细菌学家埃弗里第一次发现遗传物质 DNA。

1950 年，生物学家查戈夫发现 DNA 的一个独特的现象，无论 DNA 的来源是动物、植物，还是微生物，截取其任一部分，其中的腺嘌呤与胸腺嘧啶数量几乎完全相等，鸟嘌呤与胞嘧啶的数量也一致。

1951 年 6 月，原平原省（1952 年撤销平原省，东阿划归山东省聊城地区）文物部门对曹植墓进行了发掘（2001 年 4 月，根据该墓的青砖铭文，几十位专家、学者达成共识，曹植墓所在地就是在东阿县）。

1956 年，河南洛阳发现曹魏正始八年（247 年）墓。该墓出土的部分器物与西朱村曹魏大墓、曹休墓出土的部分器物有明显的相似之处。鉴于其和曹休墓都没有出土石牌，专家们将其认定为曹氏皇族之墓。

1959 年 1 月 25 日，《光明日报》的专刊《文学遗产》第 245 期发表中国科学院院长郭沫若《谈蔡文姬的〈胡笳十八拍〉》。文中指出："曹操对于民族的贡献是应该作高度评价的，他应该被称为一位民族英雄。然而自宋以来所谓的'正统'观念确定了之后，这位杰出的历史人物却蒙受了不白之冤。"

1962 年，因提出 DNA 的双螺旋模型学说，美国分子生物学家沃森和英国生物学家克里克共获诺贝尔生理学或医学奖。

1968 年，有人在亳州城南刘园挖掘孤堆，掘出一个地洞。考古专家李灿从中搜寻线索，并查找资料，发现了让考古界震惊的曹操家族墓。

1980 年，因为创造出"双脱氧链终止法"的核酸测序方法，并开创性地完成了大肠杆菌 5SrRNA（120 个核苷酸）、噬菌体 DNA（5 375 个核苷酸）、人类线粒体 DNA 序列和 lambda 噬菌体 DNA 序列的测定，英国生化学家桑格与美国生物化学家伯格、美国生物化学家吉尔伯特共享了诺贝尔化学奖。

1980 年，湖南医科大学首次从马王堆汉代女尸中提取出 DNA，这是从古代遗骸中提取古 DNA 的最早尝试。

1985 年，古人类的 DNA 序列首次被报道，瑞典生物学家帕博等从一个 2 400 年前的埃及木乃伊提取出 DNA。基于分子克隆技术，一个多拷贝、长度为的 3.400 个碱基对的 Alu 序列被测序。

1990 年 7 月，美国将人类基因组计划正式列入国家重大项目。美国国会通过了 30 亿美元的研究经费，该计划正式启动。

1993 年，美国化学家穆利斯因发明高效复制 DNA 片段的"聚合酶链式反应（PCR）"方法荣获诺贝尔化学奖。

1994 年冬天，85 岁高龄的谈家桢坐了 10 多个小时的飞机飞往美国斯坦福大学，劝说正在做博士后研究的金力回国，担起复旦大学遗传学研究的重任。

1997 年，金力被聘为复旦大学生命科学学院兼职教授。

1998 年，西高穴村村民徐玉超在村西的砖窑附近烧砖取土时发现了鲁潜墓志。

2000 年 6 月 26 日，参加人类基因组计划的美国、英国、法国、德国、日本和中国六国科学家共同宣布，人类基因组草图的绘制工作已经完成。

2002 年 4 月，复旦大学成立现代人类学实验室。

2004 年，潘伟斌出版专著《魏晋南北朝隋陵》。根据历史文献和有关资料，他当时就做出曹操高陵在邺城西漳河两岸的判断。

2005 年起，金力全职任复旦大学生命科学学院教授。

2005 年 7 月起，河南省文物考古研究所研究员潘伟斌在西高穴村附近的固岸墓地进行抢救性发掘工作。

2006 年 1 月 28 日（除夕），曹操墓出现疑似盗掘。潘伟斌听说附近有座被盗墓地消息后，亲自前往实地勘查。

2006 年正月十五，《品三国》在央视正式开播，易中天生动、幽默的讲解，让全国人民沉醉于三国时代的金戈铁马和弯刀长弓中。

2007 年，潘伟斌撰写了一篇题为"曹操高陵今何在"的论文，后发表在中国台湾《故宫文物月刊》上。该文提出，"曹操陵墓高陵应该在河南省安阳县西高穴村附近"。

2008 年年初，曹操墓被盗，河南省文物局专家接到报告后，立即派专家前去鉴定，潘伟斌被指定为专家组成员之一。

2008 年 6 月，潘伟斌找刚上任的安阳县委副书记、县长徐慧前商量解决挖掘经费问题，获得支持。

2008 年 12 月，国家文物局批准了西高穴东汉大墓的申请，潘伟斌带队组织这次挖掘，西高穴大墓的挖掘正式开始启动。

2009 年 4 月 6 日，安阳市举行西高穴大墓的考古挖掘研讨会，应邀参会的有曾经发掘过北朝王陵的中国社会科学院研究员徐光冀、时任邺城考古工作站站长的中国社会科学院朱岩石研究员和专门研究汉魏丧葬制度的郑州大学教授韩国河。

2009 年 7 月，复旦大学历史学教授韩昇推翻了日本学者关于井真成系 717 年随使团来到唐朝的留学生的判定，得出其真实身份是日本准判官的结论，得到日本学术界的认可。

2009 年 11 月 11 日，考古队员信应超和尚金山在清理墓室淤土时突然发现了一个小石牌，上面赫然有"魏武王常所用格虎"几个字样。

2009 年 12 月 27 日，时任河南省文物局副局长的新闻发言人孙英民在北京宣布，西高穴大墓为文献记载中的曹操高陵，并公布认定西高穴大墓为曹操墓的 6 个原因。

2009 年 12 月 28 日，复旦大学教授高蒙河在接受记者采访时提出，是否能用检测遗骨 DNA 的方法来揭开考古谜团。

2009 年 12 月 31 日，时任河南省文物考古研究所所长孙新民在曹操高陵考古说明会上向媒体介绍说，要进行安阳曹操高陵出土男性人骨标本 DNA 鉴定，必须要先找到确定曹操后裔。

2010 年 1 月 5 日，凤凰卫视的《一虎一席谈》专门制作了名为"PK：安阳曹操墓是真是假？"的节目，各方辩论曹操墓真伪。

2010 年 1 月 7 日，《百科知识》杂志的副总编张田勘在《中国青年报》上撰文表示，安阳墓中曹操身份的真假非 DNA 鉴定莫属，只有 DNA 才是铁证，也才能平息各方质疑。

2010 年 1 月 9 日，时任复旦大学宣传部副部长方明、复旦大学历史系教授韩昇、复旦大学生命科学学院教授李辉三人在上海徐家汇某茶室相聚，商定进行安阳大墓的分子生物学鉴定，用科学的手段彻底揭开大墓的面纱，消除公众的各种疑虑和猜测。随即，复旦大学成立跨学科研究团队。

2010 年 1 月 10 日，深圳卫视新锐话题栏目《22 度观察》播出主题为"曹操墓 三英论真伪"的节目，各方辩论曹操墓真伪。

2010 年 1 月 11 日，复旦大学古籍所教授、博士生导师吴金华在《解放日报》上发表《曹操"七十二疑冢"到底是怎么回事》一文，认为所谓曹操"七十二疑冢"只不过是从南宋时代兴盛起来的民间传说，并非史实。

2010 年 1 月 11 日，中国社会科学院考古研究所派出一支 12 人的队伍赶赴河南省安阳市，考察备受公众关注的西高穴大墓。

2010年1月14日，中国社会科学院考古研究所在河南举行"二〇〇九年度公共考古论坛"，公布该所对"曹魏高陵"的考察结果。潘伟斌在论坛上公布了专家认定此墓葬为曹操墓的九大证据。

2010年1月19日、1月21日，《中国社会科学报》策划了两期关于曹操墓学术问题的专题报道。

2010年1月23日，复旦大学现代人类学教育部重点实验室正式向全国征集曹姓男性参与Y染色体检测。

2010年1月26日，复旦大学历史系和现代人类学教育部重点实验室联合宣布，将利用复旦大学在人类基因调查中积累的先进科学技术手段，调查分析曹氏基因，进而给曹操墓真伪的研究提供科学证据。

2010年3月7日，安阳·三阳开泰旅游推介会在北京举行。安阳旅游部门推出的关于曹操高陵的探奇之旅，涵盖安阳地界众多历史文化遗迹。

2010年3月，韩昇在《复旦学报》上发表《曹魏皇室世系考述》一文，阐明长黄须的曹彰并非鲜卑人。

2010年4月，韩昇在《现代人类学通讯》上发表《曹操家族DNA调查的历史学基础》一文，指出曹操肯定是有后代的。

2010年4月，韩昇的研究生秦蓁带领一个小组开始搜集曹氏家谱的工作，并进行了系统的整理工作。

2010年4月3日，中国秦汉史研究会、中国魏晋南北朝史学会在河南安阳首次召开两学会会长联席会议，考察和研讨河南安阳曹操高陵考古发现。

2010年5月，科学出版社出版河南省文物考古研究所编著的《曹操墓真相》一书。

2010年5月17日，河南省文物局在洛阳发布新闻，曹操族子曹休墓在河南洛阳孟津县宋庄乡三十里铺村现身。

2010年6月11日，时任国家文物局副局长童明康宣布"2009年度全国十大考古新发现评选结果"。河南安阳西高穴曹操高陵榜上有名。

2010 年 6 月 12 日，中央电视台科教频道直播曹操高陵发掘，又一断定墓主人为曹操的铁证——"魏武王常所用"刻铭石牌出土。考古人员清理墓室内被盗墓扰动的石质地板残块，铁质铠甲片、陶器、漆器、玉珠等遗物出土。

2010 年 6 月 14 日，媒体披露中国文化遗产研究院将承担曹操高陵的保护和展示规划工作。该院院长刘曙光表示，拟在曹操高陵规划建设国家级考古遗址公园，在曹操墓本体上规划建设遗址博物馆。

2010 年 6 月 19 日，吴金华在《文汇报》撰写了题为"高陵一号墓墓主的第四种推测：曹冲"的文章。其推测的依据是 217 年，曹操封去世的爱子曹冲为邓侯，魏武帝曹丕在《策邓公文》中郑重其事地宣布"今迁葬于高陵"。

2010 年 8 月，与曹操高陵相隔百米之遥的临时展馆开始搭建，展馆面积 787 平方米。

2010 年 8 月起，四川大学历史文化学院教授、原四川大学三国文化研究中心主任方北辰在博客上连续发表题为"曹操墓认定的礼制性误判"的五篇系列文章和题为"曹操墓应为曹宇、曹奂父子王原陵"的七篇系列论文。

2010 年 8 月 21 日，三国文化全国高层论坛在苏州召开。论坛上，学者们集体认为安阳西高穴大墓出土石牌中的"魏武王"称谓不合理，曹操墓系伪造。"三国学者"闫沛东号称手握曹操墓造假"铁证"。

2010 年 8 月 30 日，国家文物局官方网站在首页位置转载了两篇文章。一篇是 2010 年 1 月 14 日的新闻报道《专家公布认定曹操墓的九大证据》，另一篇是中国人民大学国学院教授、中国秦汉史研究会会长王子今撰写的《曹操高陵发掘者的判断是正确的》。两篇文章内容皆认定"曹操墓"的真实性。

2010 年 9 月 10 日，安阳市人民政府在郑州市召开新闻发布会，2010 中国·安阳殷商文化旅游节将于 9 月 16 日—10 月 15 日在安阳举行。文化旅游节其中两项重要活动是曹操文化论坛和庚寅年曹操诞辰 1855 周年纪念大典。

2010 年 9 月 18 日，来自我国各地考古文博机构、高等院校的 120 名专家学者，考察了河南安阳西高穴大墓及出土文物，并举行了"曹操高陵考古发现专家座谈会"。此次考察曹操高陵的专家学者的研究领域均为汉代考古或汉代历史文化。

2010 年 11 月，复旦大学现代人类学教育部重点实验室宣布，对 8 支家谱有明确记录曹操为祖先的曹姓人群进行 DNA 分析后，找到了其中 6 支人群共同拥有的特殊的 Y 染色体单倍群，其可信度高达 90% 以上，巧合概率仅为千分之三，符合法医学上的鉴定要求。此外，得出夏侯氏和曹氏没有血缘关系、曹操家族和曹参家族没有血缘关系、操姓人群与曹操家族没有血缘关系等结论。

2011 年年初，复旦大学科研团队来到曹操家族墓所在地——安徽亳州，在 20 世纪 70 年代曹操家族墓"元宝坑一号墓"出土的文物中寻找到曹鼎的牙齿。

2011 年 12 月 4 日下午，河北省邢台市公安局桥东分局的微博发布消息：自称拥有曹操墓造假的十多项铁证而一夜之间蹿红网络的"闫沛东"，真实姓名为胡泽军，是一名网上通缉的逃犯。

2012 年 3 月，中国社会科学院学部委员、考古研究所原所长刘庆柱在参加全国两会时，接受了中国网的采访。他反思了曹操墓的争论，认为曹操墓反映出来不是曹操墓的问题，建议安阳、邯郸两市在国家文物局或文化部的统一安排下，打破行政区域划分，整体规划，建设"陵城一体"的考古遗址公园和文物保护区。

2012 年 6 月，华南师范大学历史文化学院陈长琦在《历史研究》上发表题为"曹操高陵早期被盗问题考略"的论文，用翔实的资料印证了安阳西高穴大墓中出土石牌的历史价值，并梳理了曹操墓古代被盗的历史脉络。

2013 年，复旦大学现代人类学教育部重点实验室对曹鼎牙齿进行检测。在数据库中进行比对，得出其父系遗传类型属于单倍群 O2-F1462，与之前通过曹操现代后裔推定的曹操 Y 染色体类型一致。11 月初，复旦大学召开新闻发布会，公布曹操家族 DNA。

2015 年 7 月，西朱村曹魏大墓被发现。

2016 年 3 月，新华社发布一则题为"河北现一张清代地舆图标有曹操墓位置字迹清晰"的新闻。河北省临漳县地方志办公室在整理旧志时意外发现，一张清乾隆三十五年临漳县地舆图上标注的魏武帝陵曹操墓的位置，就在该县的习文乡习文村。

2016 年 10 月，由河南省文物考古研究院编著的《曹操高陵》出版，书中对西高穴大墓修复出土的近千件文物进行了详细介绍。

2016 年 11 月 16 日，在河南洛阳举办的"西朱村曹魏大墓专家论证会"上，专家认为该墓为魏明帝曹叡的郭皇后的墓葬。该墓葬出土了大量和西高穴大墓类似的小石牌。

2017 年 3 月，潘伟斌在《华夏文明》上发表题为"洛阳西朱村曹魏大墓墓主人身份的推定"的论文，认为西朱村 1 号墓属于魏明帝曹叡本人，2 号墓极有可能是魏文帝曹丕的首阳陵。

2017 年 9 月 23 日，复旦大学成立科技考古研究院。

2017 年 9 月底，安阳曹操高陵本体保护与展示工程开工建设。

2018 年 1 月 20 日，复旦大学人类遗传学与人类学系正式成立。

2018 年 2 月，河南省文物考古研究院对媒体公布了最新考古成果：河南安阳西高穴大墓是一处内有垣墙、外有壕沟、地面上建有神道和上千平方米的陵寝建筑的高规格陵园，但在后世遭到"毁陵"，陵园内所有地上建筑都被有计划地"拆除"。

2018 年 3 月，媒体披露，西高穴大墓的 1 号墓是曹操长子曹昂的衣冠冢。

2018 年 5 月 31 日 21 点，中国社会科学院考古研究所研究员、中国社会科学院考古研究所安阳工作站站长唐际根，应掌上国学院"新国学公益讲座"邀请做了题为"九年前安阳高陵事件与曹操墓今日状况"的演讲。

2019 年 5 月 17 日，"洛阳曹魏大墓出土石牌文字专家座谈会"在古都洛阳举行。来自国内高校、科研院所、文博系统等十余位专家学者汇聚一堂，对洛阳西朱村曹魏大墓出土刻铭石牌作了不同角度的论述，就该墓的墓主身份、铭文释读、名物考证等方面展开热烈讨论。

2019 年 7 月 8 日下午，"三国志展"在东京国立博物馆正式开幕。

2019 年 8 月 1 日，三国文化学术座谈会在东京国立博物馆举行，潘伟斌做了题为"从安阳高陵看曹魏时期的薄葬制"的演讲。

2019 年 12 月 13 日—17 日，潘伟斌前往九州国立博物馆进行学术访问，做了题为"安阳曹操高陵的发现与洛阳西朱村曹魏大墓"的学术报告。

2021 年 3 月 30 日，基于曹操 Y 染色体追溯的研究成果，复旦大学牵头的国家社科基金重大项目"三到九世纪北方民族谱系研究"正式启动。

2021 年 12 月，笔者前往河南安阳实地探访曹操高陵，鉴定曹操遗骨的合作有了眉目。

2023 年 4 月 29 日，河南安阳曹操高陵遗址博物馆正式向公众开放。

其他参考文献

1. 中国安阳市委办公室，安阳市人民政府办公室编.安阳市情概览2020［Z］.2021.

2. 余秋雨.寻觅中华［M］.北京：作家出版社，2008.

3. 河南省文物考古研究院.曹操高陵［M］.北京：中国社会科学出版社，2016.

4. 吴承洛.中国度量衡史［M］.北京：商务印书馆，1998.

5. 福冈伸一.生物与非生物之间［M］.曹逸冰，译.海口：南海出版公司，2017.

6. 薛定谔.生命是什么［M］.吉宗祥，译.北京：世界图书出版公司，2016.

7. 复旦大学.复旦名师剪影（文理卷）［M］.上海：复旦大学出版社，2013.

8. 吴金华.曹操"七十二疑冢"到底是怎么回事［N］.解放日报，2010-01-11（10）.

9. 韩昇.曹操家族DNA调查的历史学基础［J］.现代人类学通讯，2010，4（e8）：46-52.

10. 河南省文物考古研究所.曹操墓真相［M］.北京：科学出版社，2010.

11. 李辉，金力.染色体与东亚族群演化［M］.上海：上海科学技术出版社，2015.

12. 布坎南.隐藏的逻辑［M］.李晰皆，译.天津：天津教育出版社，2009.

13. 陈寿.三国志［M］.裴松之，注.天津：天津古籍出版社，2009.

14. 顾炎武.中华传统文化百部经典·日知录［M］.黄珅，解读.北京：国家图书馆出版社，2021.

15. 罗贯中.三国演义［M］.北京：人民文学出版社，1990.

16. 方北辰.《曹操墓研究》上篇　曹操墓认定的礼制性误判［J］.成都大学学报（社会科学版），2010（6）：31-42.

17. 方北辰.《曹操墓研究》下篇　曹操墓应为曹宇、曹奂父子王原陵［J］.成都大学学报（社会科学版），2010（6）：43-63.

18. 倪方六.三国大墓［M］.南京：江苏人民出版社，2010.

19. 潘伟斌.洛阳西朱村曹魏大墓墓主人身份的推定［J］.黄河 黄土 黄种人，2017（3）：29-35.

20. 陈长琦.曹操高陵早期被盗问题考略［J］.历史研究，2012（6）：16-29.

21. 潘伟斌.再论曹操墓［J］.中原文化研究，2019，7（3）：42-51.

22. 朱炳达.旧闻新反思——"曹操墓事件"新闻报道批判［J］.新闻研究导刊，2018，9（12）：156-157.

23. 松田明，冈村克幸.全球公共考古学的新视角［J］.南方文物，2014（3）：168-172.

24. 程中兴.谣言、流言研究——以话语为中心的社会互动分析［D］.上海：上海大学，2007.

参考资料

1. 中央电视台百家讲坛·易中天品三国.

2. 中央电视台纪录片《发现曹操墓》.

3. 韩昇.日本遣唐使的历史真相——从井真成墓志释读说起.复旦大学人文经典论坛讲座之二十八.

4. 冉智宇.讲座纪要 | 古 DNA 与人类历史 北京大学考古文博学院微信公众号.

5. 严实."一席"演讲·Y 染色体携带的历史.

6. 中央电视台纪录片《洛阳曹魏大墓发掘记》.

7. 唐际根."新国学公益讲座"·九年前安阳高陵事件与曹操墓今日状况.

附录一　科技考古中的断代法

碳-14 断代法是由美国芝加哥大学教授、加州大学伯克利分校博士利比（W. F. Libby）发明的一种年代测定法，主要用于测定死亡生物的年限。

自然界中，碳的同位素有三种，分别是碳-12、碳-13、碳-14，前两者是稳定的同位素，一般不会发生变化，只有碳-14 具有放射性。碳-14 并不是天然形成的，与外来的宇宙射线有关。宇宙射线与大气作用产生宇宙射线中子，在地球的高空中，宇宙射线中子和大气中氮核起核反应，产生出碳-14。碳-14 并不稳定，会和氧离子结合变成二氧化碳。它参与地球上的物质交换过程。这些二氧化碳在光合作用中被植物吸收，成为植物的一部分，碳-14 进入动物体内，动物、植物死亡后，碳-14 进入土壤、海洋中。所以，凡是与大气中的二氧化碳进行过直接或间接交换的含碳物质都包含碳-14，各种生物体内碳-14 的水平差不多。

生物体活着时，会因呼吸、进食等不断地从外界摄入碳-14，最终体内碳-14 与碳-12 的比值与环境一致，该比值基本不变。但是一旦死亡，它们体内的碳-14 得不到补充，含量会因正 β 衰变而降低。生物体的每克碳含有大约 500 亿个碳-14 原子，每分钟大约有 10 个碳-14 原子衰变。生物体死亡后，每 5 730 年碳-14 数量减少一半。科学家通过测定碳-14 与碳-12 的比值来测定该生物死亡的年代。在人体中，碳占整个身体质量的 18%，可通过此测定方法知晓古人死亡的年代。

利比因为发明了碳-14 年代测定法获 1960 年诺贝尔化学奖。中国也在 1981 年制定出国家的现代碳标准——中国糖碳标准。但是碳-14 年代测定也有局限性，考古现场必须要有生物质的东西，如木制棺木等，否则无法测定。

热释光断代法测定的主要对象是器物。基本原理也是利用放射性来测定。很多陶瓷器内部有各种矿物质晶体，如石英、长石、方解石等；同时，还有一些极微量的放射性杂质，如铀 U、钍 Th、钾-40 等。一些天然的放射性核素每年都会放出一定剂量的 α 射线和 β 射线。器物周围的土壤中还有 γ 射线。γ 射线的穿透能力与能量都高于 X 射线。当然土壤中 γ 射线量是很微小的。

　　一定量的 α 射线、β 射线、γ 射线和其他宇宙射线被陶瓷内部的矿物质吸收，这些热辐射能量一部分被转化为热能消耗了，另一部分则被晶体储存起来。存在的时间越长，储存的能量就越多。如果将吸收射线的矿物晶体加热，这些能量会变成可见光放射，能量越强，那么光强就越厉害，两者呈正比。在人造陶瓷器物烧制时，温度可达到几百摄氏度，甚至上千摄氏度，原有矿物晶体内部辐射的储存能量会全部释放。所以，可以根据器物吸收的能量来判断它成型的时间。具体方法就是对从古代器物中取出的样本进行加热，其中的矿物晶体发光，测量出光的强度，进而具体计算出晶体储存的辐射能量，然后套用公式测定该器物成型的具体年代。

　　虽然专家的鉴定有一定的可信度，但若要确切测定古代器物的真实年龄，送到热释光实验室检测更精准。但是令人遗憾的是，近年来利用热释光原理造假的案例也开始出现。一些造假者为了谋求暴利，采用 γ 辐射或中子辐照一定的人工剂量，扰乱热释光鉴定，使现代仿古陶瓷变成"古代真品"。

　　之前所说的两种断代法大多数用在万年以内的事件判定。那么更加远古的时间该如何去测定呢？

　　钾氩断代法：测量尺度可以延伸到几百万年，甚至上亿年。目前，远古人类化石存在具体时间的测定就依靠它。钾是地球上一种常见元素，含量丰富，广泛存在于岩石和矿物中。钾有两个同位素钾-39 和钾-40，只有钾-40 具有放射性，钾-39则非常稳定。89% 的钾-40 会衰变成钙-40，其余则衰变成氩-40。氩很稀有，火成岩形成时因为高温熔融，原来的氩气不可能存在，所以，衰变产生的氩-40 就可以用来断代。氩-40 的半衰期为 13 亿年。测定的具体操作方法是：先将岩石熔化，分析计算钾-40 及氩-40 的含量，带入相关公式即可求出岩石的年龄。钾氩法经过多次改良，直到 20 世纪 60 年代才被应用到考古中。考古学上第一次使用钾氩法测年是在东非坦桑尼亚奥杜威峡谷。奥杜威峡谷纯由火成岩堆积，考古遗址被夹在两个地层中间，形成一份火成岩"三明治"，测定揭示，奥杜威文化距今大约 175 万年。

　　铅同位素断代法：20 世纪 60 年代，美国康宁玻璃博物馆的布里尔（R. H. Brill）

首先利用铅同位素的比值特征来寻找文物材料的产地，开创了铅同位素示踪方法在考古学和自然科学史研究中的应用。自然界中，铅有四个稳定的同位素，其中三个是铀和钍同位素放射性衰变而成，它们随时间积累，含量逐渐增多，称为高放射性成因铅。另一个则始终保持初始丰度，被称为非放射性成因铅或普通铅。由于地球上铜、锡、铅金属矿床中铀钍浓度存在差异，铅的同位素组成也各具差异，四种同位素含量的比率不尽相同。通过对器物中这四种铅同位素测定，可以得到确定的含量比率值，这便是各种矿地的身份标志，即矿物的独特"基因"。

三星堆附近没有铜矿，也没有古人开采的痕迹，如此庞大的铜矿资源究竟从何而来呢？早在20世纪80年代，中国科学技术大学科技史与科技考古教授金正耀首次运用铅同位素方法测定了殷墟出土的12件晚商青铜器，并发现部分商代青铜器中含有高放射性成因铅。他据此提出了轰动学界的商代青铜器材料来源"西南说"。此后30年，金正耀团队对中原地区、长江流域地区以及三星堆遗址出土的青铜器进行了全面测试，得出的结论是这三个地区的青铜器都含有高放射性成因铅，它们都与金沙江南岸的云南东北部地区的铜矿有关联。

金正耀等考古学家认为，为了争夺有限的铜矿资源，商朝与三星堆古国的冲突自然不可避免。这或许可以解释，为何甲骨文中一提到"蜀"字，就与战争如影随形。三星堆文明就是古代的巴蜀文明。因为铅同位素法的介入，三星堆的青铜来源水落石出。

附录二　曹操墓认定的完整证据链

考古报告述及，西高穴2号墓呈现"甲"字形，整个墓道长39.5米，宽9.8米，近墓道一端宽22米，远离墓道的西端宽19.5米，墓室东西之间的最大长度约18米。将墓道与墓室面积相加，2号墓总占地面积大约740平方米。

这是一座前后室各带双侧室的砖室墓，前、后室以甬道相连，各带两个侧室。前室为四角攒尖顶，平面近方形，东西长3.85米，南北宽3.87米，墓顶距墓底高6.40米；后室为四角攒尖顶，平面近方形，东西长3.82米，南北宽3.85米，墓顶距墓底高6.50米。四角攒尖墓顶的形制可以追溯到东汉中晚期。

这样的体量在当时称得上超级大，当然与东汉光武帝刘秀的大汉冢相比还是有差距，毕竟大汉冢的墓室面积达到惊人的2 278平方米。

一、东汉末至三国时期规格、面积最大的墓

梳理发现，同时期的大墓规格和面积均逊色于西高穴2号墓。

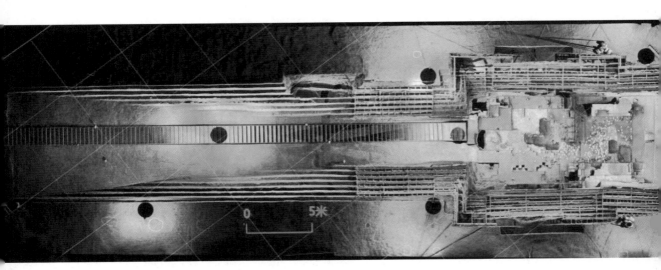

西高穴2号墓形制俯瞰 潘伟斌供图

1969 年，考古学家发现了东汉中山穆王刘畅之墓。其墓室南北长 27 米，东西宽 13.8 米。墓的结构和造型与西高穴大墓颇为相似，也是由墓道前后室和四个侧室构成，但面积要小于后者。

1987 年发掘的安徽马鞍山宋山东吴墓，被考古学家推测为东吴皇帝孙休（孙权第六子）的墓葬，该墓面积远小于西高穴大墓。甬道长 1.22 米，宽 1.31 米，高 1.67 米；横前室长 3.04 米，宽 5.76 米，高 3.8 米；过道长 3.12 米，宽 1.33 米，高 1.57 米；后室长 6.25 米，宽 2.53 米，高 3.65 米；墓全长 17.68 米。

2001 年，汉代下邳国王陵中的睢宁刘楼汉墓 1 号墓发掘。该墓呈现"凸"字形，南北长 18 米，东西宽 15 米，深 5 米。前室南北长 4.56 米，东西宽 2.22 米，东西两侧各有一间耳室，顶部是一层砖券顶；中室南北长 3.9 米，东西宽 2.22 米，东西各有一间侧室，用了上下两层砖券顶；后室南北长 4.3 米，东西宽 2 米，高 4.26 米，顶部同样是上下两层券顶。

2005 年在南京市江宁区上坊镇发现了孙吴时期的墓葬，其墓室结构与西高穴大墓相似。它在孙吴墓葬中形制最大，墓主人身份不明，考古学家猜测是东吴的一位帝王。墓道长 10 米，宽 4.3 米；墓室长 20.16 米，宽 10.71 米。这座墓葬的前、后室均为穹隆顶结构，甬道、过道及四个侧室为券顶结构。

2016 年挖掘的西朱村曹魏大墓的墓室是一个长方形结构，东西长约 18 米，南北宽 13.5 米，其规模逊色于西高穴大墓。目前推测该墓是魏明帝曹叡之墓。

曹操的族子曹休之墓的墓室长 15.6 米，宽 21.1 米，高 4.5 米。曹操的儿子曹植的墓室面积只有 21 平方米。

西高穴大墓墓室的铺地砖是所有东汉末年考古发现墓葬的最高规格，条砖长 0.5 米，宽 0.25 米。铺地石长 0.95 米，宽 0.9 米，厚 0.2 米，需要强调的是，此铺地石的规格是中国考古史上最高的，长度、宽度均为最大。

东汉中山穆王刘畅墓中的铺地砖长 0.48 米，宽 0.24 米，厚 0.1 米。南京市江宁区上坊镇孙吴时期的墓葬中的铺地砖边长 0.5 米。

魏晋时代大墓规模比较表

墓葬名称	墓向	墓葬总长／米	墓道长、宽／米	墓道台阶	墓葬形制	墓室长、宽／米	葬年
洛阳西朱村墓	西	52.1	长 33.9 宽 9.4	长斜坡 7 级	砖二室	长 18.2 宽 14.6	青龙三年 （235 年）
安阳曹操墓	东	近 60 米	长 39.5 宽 9.8	长斜坡 7 级	砖多室	长 18 宽 19.8～22	建安二十五 年（220 年）
洛阳曹休墓	东	50.6	长 35 宽 9.7	长斜坡 7 级	砖多室	长 15.6 宽 21.1	魏太和二年 （228 年）
东阿曹植墓	西／东	不详	不详	不详	砖二室	长 11.4 宽 4.35	青龙元年 （233 年）
洛阳正始八年墓	东	32.72	长 23.5 宽 2.7～2.8	长斜坡 5 级	砖多室	长 7.6 宽 3.25	正始八年 （247 年）
嘉峪关段清墓	北	约 32.8	长 25 宽 1.4	长斜坡 无台阶	砖多室	长 7.8 宽 6	魏甘露二年 （257 年）
西安郭杜镇墓	南	11.85	长 5.2 宽 0.7～0.88	长斜坡 无台阶	土洞二室	长 5.5 宽 2.6	景元二年 （261 年）
司马炎峻阳陵	南	不详	长 36 宽 10.05	不详	不详	长 5.5 米 宽 3 米	太熙元年 （290 年）

二、帝王级文物的出现

西高穴大墓中出土的错金铁镜直径有 21 厘米，是迄今为止最大尺寸的东汉铁镜之一。西朱村 1 号曹魏大墓出土的错金铁镜直径约 15 厘米，稍逊一筹。曹休墓出土的铁镜直径虽接近 15 厘米，但制作工艺一般，并非错金铁镜。

西高穴大墓出土了一圭四璧，石圭高 28.8 厘米，石璧直径达 28.9 厘米，按照汉代的度量衡换算，1 尺等于 23 厘米，两者均约为汉代的一尺二寸。《考工记》记载，镇圭尺有二寸，天子守之。西高血大墓的石圭的尺寸已达到天子级别。

西高穴 2 号墓中出土的石璧 潘伟斌供图

汉成帝陵园和汉昭帝陵园出土的石圭只有 10 厘米高，西安的阳陵（汉景帝的墓葬）出土的璧直径才 16 厘米。

西高穴大墓出土的石牌显示，随葬物品中还有"卤簿""车""竹翣"等，这些都是安葬皇帝时的专用葬具和礼仪。出土的小玉珠都较小，有穿线痕迹，鉴于汉献帝曾经准许其佩戴十二旒王冕的历史事实，这些小玉珠很可能来自曹操的冠冕。

西高穴 2 号墓中出土的玉珠 潘伟斌供图

三、显著的东汉晚期特征

石牌上"魏武王"的魏字下面多了一个山字，这是秦汉时期的写法，考古学家据此判定墓葬的时间是东汉末年。

西高穴大墓出土了一枚铜钱，它是典型的"剪轮五铢"——边廓连同部分钱肉均被剪去或錾切的五铢钱。这种钱币出现在东汉晚期。

另外，出土的绝大部分器物带有汉代文化特征。如陶瓷器中的灶、耳杯、盘、案、壶、鼎、瓿、罐、盆、熏炉、尊、厕、井、匕、砚、俑以及釉陶罐、青瓷罐等，铁器中的铠甲、剑、镞、削等兵器和镜、帐构架等，铜器中的鎏金盖弓帽、伞帽、铃、带钩、环、钗、带扣、印符等。最特别的器物是陶质圆形多子槅，之前学界认为它是魏晋文化较晚期的随葬物件。

值得一提的是，西高穴大墓出土的四五件瓷器具有东汉瓷罐风格，分别来自长江以南三个不同地域，东汉末到三国时期是中国陶瓷发展史上的一个重要时期，当时有名的窑口有江西洪州窑、浙江龙泉窑、浙江婺州窑、浙江德清窑、浙江上虞小仙窑等。墓中出土的瓷器多为青瓷，它们制作精细，胎质坚硬、不吸水，表面施有一层青色玻璃质釉。在此时期，一座墓葬中同时出现多个窑口的瓷器实属罕见，从侧面反映了墓主人的特殊地位，以及曹魏和东吴之间的商贸往来。

四、其他佐证材料

第一，西门豹祠遗址位置是确定的，曹操墓位置与史实相符。

《子游残碑》《刘君残碑》《元孙残碑》《正直残碑》四大安阳残石均在该西门豹祠遗址出土。该遗址出土的勒铭石柱上的铭文与《水经注》中所记载的文字完全一致。曹操高陵所在的西高穴村，恰好位于西门豹祠西 7.5 千米处，而西门豹祠西离古邺城也恰恰 7 千米左右，与《元和郡县图志》记载的方位、距离完全相同。

第二，并非他人墓地的证据确凿。

历史上与"魏武王"最相关的是十六国之后秦皇子姚襄和冉魏"武悼天王"冉闵。后秦的都城在北地和长安，统治地区包括今陕西、甘肃东部和河南部分地区。在最鼎盛时期，其势力也未发展到邺城。史料明确记载姚襄是在三原战死，由苻生所葬。姚襄去世时才 27 岁，死后被其兄弟追谥为魏武王。冉闵虽建国号为魏，都邺城，但是他被前燕将领慕容恪擒获，由前燕皇帝慕容儁送到龙城，在遏陉山（今属辽宁省）被斩杀，葬在当地，因此，他不可能以魏武王之礼葬在邺城。

西高穴大墓也不可能是曹宇和曹奂父子的埋骨之地——王原陵。首先，墓葬的土层年代属于东汉晚期，曹宇和曹奂下葬时间在魏晋前中期。其次，两者都是因病而亡，遗骨完整，他们都不可能以西高穴大墓 1 号墓的衣冠冢方式下葬。再次，以曹宇的地位，他不可能按如此高规格入葬西高穴 2 号墓。最后，曹奂去世和入葬时正逢西晋八王之乱的高峰期，他非司马氏姻亲，末代皇帝的丧葬都不可能达到西高穴 2 号墓如此的规制。

河南省鹤壁市淇县所谓的"魏王墓"一直被当地怀疑是袁绍之墓，然而证据缺乏。而临漳县习文村疑似曹操墓的证据不足。另外，曹魏正始八年墓的年代在魏国第三位皇帝曹芳执政时间之后。

第三，大墓中没有墓志、哀册、印玺的原因揭晓。

曹魏时代推崇薄葬制度。这一时期的墓葬不仅在地表上未留下任何标记，更没有墓志等记述墓主人以及纪年等文字性的东西，给墓主人身份的确定造成了很大困难。这也是之后不少墓葬有墓志的原因。皇帝死后用的是哀册，但是曹操一生没有称帝，墓中没有哀册是合理的。

曹植的《武帝诔》中记述了曹操下葬时的情形，"玺不存身，唯绋是荷"，说的是为了严格遵守曹操的《遗令》，曹操生前所用的印玺没有随葬，所以在西高穴大墓中，无论如何找不到曹操的印玺。

西高穴大墓中小石牌真正的名称是"遣策"，它们是古人在丧葬活动中记录随葬物品的清单。之前发现的遣策载体一般是竹简。目前来看，石牌样貌的"遣策"只放置在帝王级的陵墓中。洛阳西朱村大墓出土的石牌是最有力的佐证，其就是一座帝王级的曹魏大墓。

第四，曹操不安葬在老家亳州是出于遵守宗法制度。

曹操生前拥有至高无上的权力，虽然地位尊贵，也必须遵守宗法制度，不能超越祖先的尊位，在墓葬安排上只能屈居于卑位。对魏国的至高统治者而言，这是不现实的。纵观历史，各个时代的诸侯王均不葬在自己的家乡。曹操不安葬在家乡的另一原因是，他为魏王时，封地在河北、河南一带，亳州属于曹魏与东吴对峙的前线。

但是，西高穴大墓与亳州曹操家族墓一脉相承，曹操父亲曹嵩和祖父曹腾的董园1号墓和董园2号墓同样是坐西向东。这种朝向的墓葬在历史上并不多见。另外，这两者都符合"昭穆制度"，即古代宗庙的排列次序：始祖居中，左昭右穆（父居左为昭，子居右为穆）。曹腾名义上的长子曹嵩的1号墓在曹腾2号墓的北方，略微向前突出一点，与西高穴两座大墓的分布情况完全一致。

曹操高陵遗址博物馆位于河南省安阳市殷都区安丰乡西高穴村，东距邺城遗址15千米。这是一座集收藏、研究、展示、宣传教育等为一体的遗址类专题博物馆。

安阳高陵简介

从进门的"两出阙"到"六州台"，到中心广场的"魏武挥鞭"巨型雕塑，再到博物馆主体建筑，整个建筑群大气恢宏、令人震撼。

远眺曹操高陵遗址博物馆

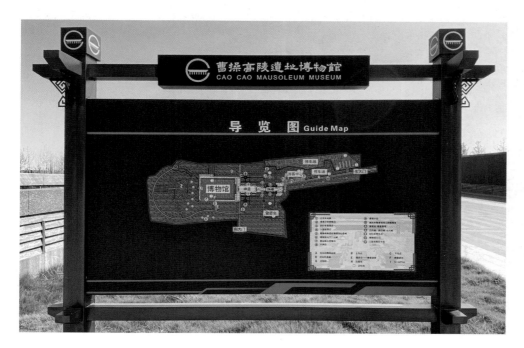

导览图

曹操高陵遗址博物馆依托曹操高陵而建，包括遗址展示区、博物馆展示区及陪葬墓展示区等。

遗址展示区建筑面积 18 488 平方米，由神道遗址、陵前建筑遗址、围壕遗址、垣墙遗址、南侧建筑遗址、曹操墓及陪葬墓组成。

博物馆展示区建筑面积 12 724 平方米，1∶1 复原的模拟墓室和大量文物在此进行了集中展示。

陪葬墓展示区则以地面植被标注的形式展示了四座陪葬墓。

景区介绍
Introduction to the Scenic Area

曹操高陵，又称曹操墓，位于河南省安阳市殷都区安丰乡西高穴村，占地面积约740平方米，始建于东汉建安二十五年(220年)曹操高陵由墓道、墓门、封门墙、甬道、前后主室和四个侧室组成，是一座多墓室的大型砖室墓，墓平面呈甲字形，墓葬坐西向东，是一座带斜坡墓道的双后砖券墓，斜坡墓道长39.5米，宽9.8米，最深处距地表约15米。墓室最宽处宽22米，西侧较窄处宽19.5米，东西长18米，墓圹面积接近400平方米。2010年6月11日，安阳高陵入选"2009年度全国十大考古新发现"之首。2013年3月5日，安阳高陵被中华人民共和国国务院公布为第七批全国重点文物保护单位。

Cao Cao Gaoling, also known as Cao Cao Tomb, is located in Xigaoxue Village, Anfeng Towaship, Yindu District, Anyang City, Henan Province. It covers an area of approximately 740 square meters and was first built in the 25th year of Jian'an in the Eastern Han Dynasty (220 AD). Cao Cao Gaoling consists of a tomb passage, a gate, a sealed wall, a corridor, a front and rear main chamber, and four side chambers. It is a large brick tomb with multiple chambers, with a star shaped surface and a tomb facing west to east. It is a double chamber brick voucher tomb with a sloping tomb passage, The slope cemetery is 39.5 meters long and 9.8 meters wide, with the deepest point approximately 15 meters above the surface. The plane of the tomb chamber is a trapezoidal shape with a width of 22 meters at the widest point in the east, 19.5 meters at the narrower point in the west, and 18 meters from east to west. The tomb chamber covers an area of nearly 400 square meters. On June 11, 2010, Anyang Gaoling was selected as one of the top ten national archaeological discoveries in 2009. On March 5, 2013, Anyang Gaoling was announced by the State Council of the People's Republic of China as the seventh batch of national key cultural relics protection units.

景区介绍

曹操高陵遗址博物馆内的多媒体场景

除文物展示外，曹操高陵遗址博物馆还采用了场景和多媒体相结合的展示手段，将汉末风云、官渡之战以及曹操对邺城的营建等历史事件多元化地展现给观众。

博物馆推出的"往事越千年——曹操高陵历史文化展"分为"高陵重现"和"超世之杰"两部分，共展出曹操墓内出土的陶瓷器、玉石器、金银器、铜器等各类文物近 500 件。

"往事越千年——曹操高陵历史文化展"现场

曹操高陵遗址博物馆展览场景

　　"高陵重现"以曹操高陵考古发掘出土的大量珍贵文物为主，辅以历史文献资料、影像资料等，突出展示曹操高陵的发掘源起、科学考古及有关专家的研讨会内容，让人们通过展览走近高陵、感悟高陵。"超世之杰"以汉末风云为引言，通过沉浸式体验和大量出土文物，介绍曹操在政治、军事、文学等方面的丰功伟绩，力求真实展现曹操的历史形象。

高陵一隅

曹操高陵 4 号陪葬墓 　　　　　　　　　　　　曹操高陵 6 号陪葬墓 曹操高陵遗址博物馆供图

曹操高陵 5 号陪葬墓 　　　　　　　　　　　　曹操高陵 3 号陪葬墓

　　安阳是曹操的发迹、封地、归葬的所在地，保存了丰富的"三国文化"遗迹，可视为"三国文化"的重要发源地之一，安阳周边的邯郸等地也是"三国文化"的富集区。未来，安阳将加强与周边区域的联动，建立协作机制，围绕大区域文化特色，着力打造"三国文化"片区。

　　曹操高陵遗址博物馆正积极与东亚、东南亚的相关机构合作，筹备推出"曹操高陵出土文物精品展""大三国文物精品展"等"三国文化"海外巡展和学术交流活动，扩大博物馆的世界影响力；着力打造保护研究、展示利用"三国文化"的国际平台，并以此吸引日本、韩国及东南亚地区的游客到中国研学，促进中外文化的交流。

高陵一隅

　　曹操高陵遗址博物馆日游客容量控制在 8 000 人次 / 天。为保证参观体验，游客可提前预约。曹操高陵遗址博物馆官方网站、微信公众号及小程序已开放预约通道。

（文字由曹操高陵遗址博物馆提供）

索　引

后记

吴苡婷

与曹操墓结缘纯属偶然。2010 年，我见证了"曹操墓事件"的是非曲直和争议不断。当年的 1 月 23 日，复旦大学现代人类学教育部重点实验室正式向全国征集曹姓男性参与 Y 染色体检测。作为《上海科技报》的记者，之后我又多次参加了复旦大学主办的新闻发布会。

依稀还记得第一次参加新闻发布会时的场景，2010 年 1 月的上海寒风刺骨，我和摄像张继东来到复旦大学逸夫科技楼一楼的会议室中，复旦大学宣传部的老师、历史系韩昇教授和生命科学学院李辉教授早早地在那里等待我们媒体记者的到来。听完了两位专家的介绍，媒体记者都非常感兴趣，两人被大家团团包围。

最近，我还翻出当时写的一些新闻报道，《复旦大学实验室将利用 DNA 技术辨别曹操后裔》《曹操遗传密码可能被破解》《现代基因反推古代祖先首获成功 复旦宣布完全确定曹操家族 DNA》等。

当时曹操墓的各种新闻都是社会热点，大家都十分感兴趣，都想知道背后的真相。

2013 年之后曹操墓的各种新闻开始慢慢减少，热度减弱。但是公众心中的疑问并未散去，我个人也满怀好奇地在等待相关的各种信息。

2015 年，很多记者都试水做自媒体，当时，身怀六甲的我也进入了这股浪潮，2015 年 8 月 1 日，我开始做公益类科普微信公众号"科坛春秋"，没有想到居然做起来了，粉丝量攀升到了 5 万左右。

我是 2016 年年末开始撰写曹操墓的科学人文书稿。

当时也是非常有戏剧性，因为"科坛春秋"的微信公众号做得比较好，在出版社中名气较大，复旦大学出版社让我帮忙宣传一些科普图书。宣传了几本，效果不错。记得有次一起喝咖啡，我询问复旦大学出版社科技部负责人梁玲老师，曹操遗骨最后的鉴定结果是什么？目前有没有可以供大众阅读的曹操墓的相关科普书？大

2024年9月，笔者在建成的曹操高陵遗址博物馆前

家都等结果，都很想了解最后的结果。遗憾的是，当时得到的答案是没有。但是梁玲老师的一段话，却让我有了一次接近曹操墓真相的机会。她当时鼓励我试着做做这项工作，写出公众渴望了解的曹操墓的故事。当时的我第一感觉是惊讶，然后是惊喜，一个记者的一生中这样的写作机会并不多，但是随之而来的又是压力。这不是一本一般的科普书，当时的我和其他公众一样，了解到的也只是"曹操墓事件"的一些皮毛，要想探究真相，给公众一个通俗、真实、完整的解答，谈何容易！

之后，我下决心去尝试一下。原因有以下几个方面：第一，当时曹操后代基因检测的新闻报道，我是全程参加的，没有落下一场新闻发布会，比较熟悉情况。第二是我个人的理想，当年参加高考前，我所填报的各个大学的第一志愿都是生命科学专业，我一心想做一名颇有建树的基因科学方面的科学家，当年没有实现梦想是我一生的遗憾。这次写书能让我弥补当年的职业遗憾。第三是我从小酷爱历史，熟读各种历史书籍，平时各种考古的节目都不落下，我对曹操墓的考古工作充满了强烈的好奇。

就这样，在机缘巧合中，在复旦大学经世书局楼上的咖啡厅中，我定下了撰写曹操墓科学人文书稿的计划。当时复旦大学出版社的党委书记赵文斌也鼓励我做好这项工作，特别感谢他的支持。虽然最后该书因为种种原因，没有在复旦大学出版社出版，但是几位老师的帮助让我非常受益。

《上海科技报》的采编工作强度还是挺大的，"科坛春秋"当时的粉丝活跃度也很高，大家期待我有很好的作品出来，我的孩子们还十分年幼，所以查阅资料的工

后记

作基本都在半夜进行。

在起初的几年中，我利用空闲时间收集了曹操墓当年所有的新闻报道和可以买到的所有相关图书，还查阅了相关论文。特别感谢梁玲老师，把复旦大学出版社出版的相关图书都快递给了我。

该怎样去撰写这样一本通俗的科普书，怎样让公众能够最深入地了解到这一考古事件和科学事件呢？怎样在一个宏观背景下去理解背后的原因和意义呢？如何让这本书既有深度又有广度，兼具知识性和人文性，能让读者饶有兴趣地读完呢？

首先我将自己设定在读者的位置上，尽可能将各种复杂广深的问题阐释得有趣和通俗。

其次，本书不仅要从基因科学角度解释清楚，还要从历史考古学、社会学、新闻传播学角度去阐述，这本书应该是知识量极为丰富，能让读者既兴趣盎然，又回味无穷的科学人文图书。

最初的工作重心是了解基因科学，并复盘当时复旦大学科研团队工作的来龙去脉。当时阅读的图书主要是复旦大学出版社出版的《我们是谁》和上海科学技术出版社出版的《Y染色体与东亚族群演化》等。

非常感谢韩昇教授，我曾多次拜访他，占据了他大量时间，他不厌其烦地将当年的各种细节一一向我还原，把自己当时的论文发给我，还推荐我阅读当时《中国社会科学报》上考古专家们撰写的相关文章。李辉教授和文少卿副教授也向我介绍了当时的各种情形，并把团队的一些最新的科研成果介绍给我。感谢复旦大学金力校长在百忙中接受我的采访，为我解答各种疑问，让我更深入地了解基因科学的价值和魅力。而在此过程中他们严谨的科学态度，源于科学本真、一切用数据说话的科学精神也时时感动着我，激励着我。在日常采写工作中，我也特别留意与基因科学相关的各种信息，把各种知识反复咀嚼弄懂，再用通俗语言呈现出来。

在此过程中，我还梳理了复旦大学科技考古工作的历史脉络，努力将科技考古中的先进技术一一呈现，这些技术包括碳-14断代法、热释光断代法、钾氩法断代法、铅同位素法等。

　　2014年，复旦大学筹备发起"人类表型组"国际大科学计划。我一直十分关注，对于基因科学，因为之前有各种采访，还阅读了大量的文献，我觉得自己已经比较熟悉，但是对于"人类表型组"，我感觉靠自己的力量，还是无法很好地理解。2021年9月初，机会来了，国际权威学术期刊《遗传学和基因组学杂志》在线发表了中国科学院院士、复旦大学教授金力团队题为"华表计划：5 000名汉族个体的全外显子测序"的研究成果。复旦大学宣传部邀请记者前去采访。下午的采访座谈会结束后，我找到了复旦大学人类遗传学与人类学系主任王久存教授，希望她为我具体讲讲什么是人类表型组。教授们的工作都非常忙碌，她当时一边吃午饭，一边向我耐心地讲解，很感谢王久存教授百忙中的支持。讲解结束后，她建议我作为志愿者亲自去体验表型组全景精密测量的科学研究过程，这是上海市首批市级科技重大专项"国际人类表型组计划（一期）"中的核心队列研究，科学家将采集1 000名

曹操高陵遗址博物馆建设工地（2021年）

后记

长期居住在上海的 20～60 岁的健康人的表型数据，每个志愿者将被检测 2 万多个表型指标。在两天一夜的志愿者工作中，我切实了解到了人类表型组研究背后的巨大意义，加深了对基因科学的认识。

在厘清科学部分的内容的同时，我也开始梳理历史考古学部分。

在写作方面，我的方法是选取各大报社相关稿件中的关键信息，然后根据时间主线进行梳理和展现。

筛选论文的过程也很是艰辛，我采用的方法是关键词搜索。让我印象最深的有几位教授的论文。其一是复旦大学古籍所教授、博士生导师吴金华教授在《解放日报》上发表了《曹操"七十二疑冢"到底是怎么回事》。其二是四川大学历史文化学院教授，原四川大学三国文化研究中心主任方北辰教授在自己的新浪博客上连续发表了题为"曹操墓认定的礼制性误判"的五篇系列文章和题为"曹操墓应为曹宇、曹奂父子王原陵"的七篇系列论文阐述自己的观点，这些文章后来被发表在《成都大学学报》上。其三是华南师范大学历史文化学院陈长琦教授在中文核心期刊《历史研究》上发表的《曹操高陵早期被盗问题考略》。他们精彩的考证过程，提出的新颖观点让我大开眼界，也更加深入地了解了魏晋南北朝那段复杂和悲壮的历史，对曹魏皇朝有了更深的理解。

2018 年 1 月 20 日，我接受复旦大学宣传部的邀请，前往复旦大学采访生命科学学院人类遗传学与人类学系成立仪式，中国社会科学院考古研究所前任所长、学部委员刘庆柱先生作为嘉宾上台致辞。看到刘庆柱先生，我惊喜万分，在查阅新闻和论文的过程中，我经常与这位老专家"接触"，现在可以直接交流了。在成立仪式的间隙，我找到机会与他交谈，并在之后进行了电话的交流。这次交流让我对曹操墓的理解又加深了几分。

随着了解的慢慢深入，我越来越觉得安阳西高穴大墓很可能就是真正的曹操

墓，但是这还需要深入验证，这也让我反思当时出现巨大争议背后的原因。我和研究生同学上海大学社会学系金桥副教授沟通了很多次，他向我推荐了相关图书和相关论文，非常感谢他的支持。一开始我们认为这种现象可以用哈佛大学历史系教授孔飞力著的《叫魂，1768 年中国妖术大恐慌》一书中的理论去解释，后来发现这是不对的。他又向我推荐了程中兴教授 2007 年在上海大学完成的博士论文《谣言、流言研究——以话语为中心的社会互动分析》。在阅读全文后，我觉得"曹操墓事件"背后的原因，可以用诺贝尔经济学奖得主布坎南的阴谋论理论去解释和阐述。

写作到了最后阶段，我去了安阳西高穴大墓现场看看，和考古专家们聊聊。

原本我打算 2019 年就去安阳看看西高穴大墓，但是当年做了一次大手术，等到康复能去安阳时，后来"新冠疫情"开始了，计划被耽搁了。

2020 年 10 月，我参加了在南京举行的海峡两岸科普论坛，也是发言的专家之一。河南是 2021 年海峡两岸科普论坛的举办地，原河南科学技术协会陈萍副主席和国际部周运山部长都来了，我和他们聊起曹操墓，他们让我明年趁着论坛机会，前去调研。

但是，没有想到去安阳的过程是一波三折。

2021 年海峡两岸科普论坛原本是计划 11 月 4 日在郑州召开，结果 11 月 2 日，郑州出现了严重的"新冠疫情"，论坛临时取消。11 月 2 日晚上 6 点，我跑去上海虹桥火车站退票。12 月 9 日，2021 年海峡两岸科普论坛终于在郑州举行，我作为发言专家参加了此次论坛。其间，我和河南科学技术协会领导、《河南科技报》的同行攀谈起来，对曹操高陵的情况有了更深理解。回到上海后，经过所在报社领导批准，与安阳市委宣传部沟通，终于办妥了去安阳的各种事宜。12 月 24 日，我如愿从上海出发去安阳。

后记

　　12月24日，正赶上大寒潮，下午到安阳时就是漫天大雪，洁白晶莹的大片雪花在空中飞舞，天气十分寒冷，但是空气非常清新，车站广场上的人不多。

　　安阳是一个历史色彩浓郁的古都，在3 000多年前，这里就是帝都。当我踏上这片土地时，内心充满了激动之情，还有几分震颤，这里的一草一木在我的眼中都格外的厚重，我的旅程即将开启，我就要触摸这段尘封已久的历史。

　　在曹操高陵遗址博物馆建设工地的临时工棚中，我获得了很多一手的信息。北方冬季天气的逼人寒气还是大大超越了我的想象，虽然我已经是全副武装，但是回到宾馆下车时，还是冷得全身发抖，牙齿打架。

　　第二天各种拍摄和走访顺利进行。我换上了提前准备好的羽绒裤，贴上了几个暖宝宝，冰冷的感觉终于不再那么强烈。第一站去的是西门豹祠，踏雪行进，几座碑刻都保存得很好，只是上面的文字不太清晰。然后是固岸墓地，南水北调工程现场，紧接着漫步西高穴村。穿过西高穴村，我还到了漳河旁，大河对面就是河北的邯郸市临漳县，望着白雪皑皑、苍茫壮阔的大地，听着汩汩的河水声，我闭上眼睛，努力去想象1 800多年前的场景，这里是否有万马奔腾、气势如虹的曹魏大军经过，这里是否因为有西门豹渠的灌溉，出现了万里沃野，庄稼丰收的欢乐场景……

　　中午，我就在曹操高陵管委会就餐，那里的饭食十分简单，人人一碗烩面。曹操高陵遗址博物馆还在建设中，路面还不是很平整，幸好此时已经不下雪了，走路时不用担心滑倒。

　　下午，开始探访曹操高陵的大墓，曹操高陵遗址博物馆的色调是红黑色的，大墓上方的蓝色钢架式保护结构已经被红黑色调的钢结构所替代，看上去非常壮丽，气势如虹。这种色调让人自然而然地想起了胡玫导演精心拍摄的《汉武大帝》的场景，很好地展示出曹操这位一代枭雄和英豪的贵气。曹操高陵遗址博物馆的设计由清华大学专家完成。

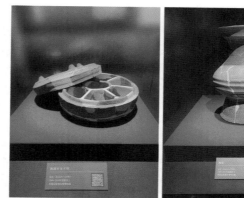

　　跟着工作人员走进大墓的墓道，那一刻我的心跳加速，看过那么多期考古节目，今天我居然有机会亲自走上1800多年前的土地，前行的每一秒我都是格外珍惜，不断地去体会和联想当年曹操遗体入葬时的场景，很久才走到了墓室之前，我抬起身凝视着1800多年前打造的墓砖，历史的厚重感又一次激荡在我的心中。

　　西高穴大墓的后面原本就是一个砖厂，因为取土形成了一个深坑，专家就将博物馆的主体部分设置在了深坑下方。这里还在建设中，内部有很多施工人员，机器的轰鸣声不绝于耳。这里有曹操墓一比一的复原结构，还有现代化的报告厅、影视厅、文物展示厅，设施一流。

　　结束全天拍摄前，我又去了附近的东高穴村走访，这里的村落规模要小于西高穴村，这里土丘很多，村里的人也说不清为什么两座村落的名字会如此奇特。

　　在曹操高陵的工棚休息时，我拨通了曹操高陵考古队队长潘伟斌的手机，他很热情地和我聊了起来，非常投机，我们居然一口气打了一个多小时的电话，他向我介绍了很多过去不了解的考古情况，也发给我很多相关的论文。

　　12月26日是离别的日子，我依依不舍地漫步在曹操高陵的建设工地上，担心遗漏任何一个拍摄的细节，所以又去了建设工地的每个拍摄地点补拍视频和照片。

后记

临别时，高陵管委会还将河南省文物考古研究院编著的《曹操高陵》一书赠送给我。回沪后，它陪伴着我度过多个笔耕的夜晚。

令人意想不到的是，回沪的归途亦如去时的征途一般也是一波三折。

12 月 26 日下午 2 点，当我赶到安阳东站时，意外获知高铁有长达 5 个小时的延误，原因是因为天寒地冻，铁路发生设备故障。改签时，我的身份证也差点遗失，万幸顺利回沪。回程中还接到了韩昇教授的微信问候，他很关心我在安阳的工作。回到上海后，我投入到日常工作中去，开始了本书的最后一轮修改。

当农历 2022 年新年的钟声即将响起，这本书完成了新一轮的修改工作，感谢潘伟斌和文少卿两位学者的审读，他们在繁忙的科研工作之外，经常要被我各种打扰，但是他们依然不厌其烦地帮助我精雕细琢，最终能完成最后的修改工作。还有中国社会科学院考古研究所前任所长、学部委员刘庆柱先生，在最后的修改中，他也给我提了很多宝贵的意见和建议。还感谢新华社上海分社吴振东记者和上海《社会科学报》的杜娟记者，他们为我的采访和修改工作提供了支持。

回沪后，潘伟斌陆续给了我一些资料，还告诉我西高穴村周边大量的历史遗存情况。我非常认真地对待每份材料，因为不是历史学专业、考古专业和古汉语专业毕业，对我来说，还是有点难度的，遇到不懂地就在网上各种查阅，或者去"打扰"他，请教他。在此过程中，我觉得自己的古汉语和历史学水平提高了不少。虽然每天都要凌晨才能入睡，但我依然是甘之若饴。

回到上海后，我又对书稿进行细致修改。之后又经历了几轮修改。

2024 年 9 月底，我第二次前往安阳，在曹操高陵遗址博物馆工作人员的陪同下，前往渔洋村实地走访。

在写书过程中，《中国科学报》原上海记者站站长、高级记者黄辛老师和时任上海科普作家协会的秘书长、《文汇报》原科技部主任、高级记者江世亮老师两位科技新闻领域老前辈不断鼓励我克服困难，写好这本重要的科普人文图书，他们对晚辈的关爱之情时时温暖着我，也支撑着我迎难而上，全力而行。同时感谢《科技日报》上海记者站站长、高级记者王春老师，上海大学终身教授戴世强老师，原上海市科普作家协会副理事长李乔老师，他们向我提出了很多建设性的写书意见。

特别鸣谢上海人类学学会和上海市遗传学会对我工作的支持，现任上海人类学学会会长和复旦大学人类遗传学与人类学系主任王久存教授、学会常务副会长和复旦大学现代人类学教育部重点实验室主任李辉教授及学会的专家们，从人类学的角度，对我的工作进行了细致指导，对整个书稿进行了详细的审读，并提出了大量针对性的意见；现任上海市遗传学会理事长、复旦大学生命科学学院的卢大儒教授和学会的专家们，认真为我讲述了遗传学方面的科学原理，对书稿的遗传学部分进行了把关，并提出了修改意见。两个学会专家的帮助大大提升了本书的科学性和准确性，让我受益匪浅。

同时也感谢上海科学技术协会的领导和同事们、《上海科技报》领导和同事们的支持和鼓励，特别感谢《上海科技报》的各位领导、国际部的林艳花老师和学术

后记

部的苏祺老师。也感谢"科坛春秋"微信公众号的粉丝们对我的支持，特别是深圳市福田区的黄伟民先生对一些文字提出了很好的修改意见。

上海科学技术出版社积极推进本书的出版工作。贾永兴总编辑不辞辛苦、严格把关，提出许多建设性的意见。戚永昌老师专赴安阳，拍摄了大量一手的高质量照片。在此，对出版社领导、编辑和相关工作人员表示感谢！

还要感谢我的父母和先生，父母细心照顾好我的孩子们，让我能有充裕的时间去完成这次的写书工作，我的先生毕业于复旦大学历史系，他向我提出了很多建设性的意见。

经历曲折，这本书从动笔到完稿经历了整整7年时间，女儿也从一名小学生成长为一名高中生，最近偶然看到她写的一篇题为"花开不止春天"的作文习作中，写到了她眼中我奋笔写书的种种，不由热泪盈眶。"这本书是我母亲写的，用时已经超过7年，从我幼小算起，彼时曹操墓的话题牵引人心，偏偏没有专业性和通俗性兼具的图书供人阅读，母亲未曾告诉我原因，我猜测是出自一时年轻时代尚存的热血涌上心头，她决定自己去做这件事，从此，数年心血消耗于此，笔耕不辍，电脑中各种文档占满内存……其间各种标注各种难以探查清楚的历史依据数不胜数……"

但历史总是有很多的偶然性和随机性，世界从来不是尽善尽美的存在，人类总是在真理和谬误的拉锯战中成长。这一万众瞩目的事件过去多年，回溯这一事件的来龙去脉，还原当时的一些场景，虽然历经波折，但是初心未改，我内心的唯一诉求只是希望更多的人，特别是年轻人能从中看到闪亮的科学之光，看到唯真求实的科学态度和精神，而为此做出的任何努力都是值得的。

图书在版编目（CIP）数据

追根寻迹 : 探寻"曹操墓事件"背后的真实 / 吴苡婷著. -- 上海 : 上海科学技术出版社, 2024. 11.
ISBN 978-7-5478-6927-7

Ⅰ. Q78；K878.84

中国国家版本馆CIP数据核字第2024HY4471号

策划编辑　张毅颖
责任编辑　刘小莉　张毅颖
装帧设计　戚永昌

追根寻迹——探寻"曹操墓事件"背后的真实

吴苡婷　著

上海世纪出版（集团）有限公司
上海 科 学 技 术 出 版 社　出版、发行
（上海市闵行区号景路159弄A座9F-10F）
邮政编码201101　www.sstp.cn
上海光扬印务有限公司印刷
开本 787×1092 1/16　印张 20
字数 200千字
2024年11月第1版　2024年11月第1次印刷
ISBN 978-7-5478-6927-7 / N · 290
定价：128.00元